无源滤波器设计

[美] J. C. 达斯 (J. C. Das)　　著

于海波　刘佳　李贺龙　王春雨　林繁涛　译

机 械 工 业 出 版 社

近年来，电力电容器组在电力系统中的大量使用，使得电能质量问题备受关注。如何有效减少系统中的谐波，合理设计谐波滤波器是广大学者关心的问题。

本书从电容器组入手，介绍了电力系统及各组件建模、谐波在电力系统中渗透的影响、无源滤波器的设计和典型应用，还介绍了太阳能和风力发电等新能源应用与各种谐波的关系。

本书适合高等院校电力系统专业师生阅读，并可以供电力研究、设计、生产、运行等专业技术人员参考，也可以作为电力系统谐波的自学教材。

图书在版编目（CIP）数据

无源滤波器设计/（美）J. C. 达斯（J. C. Das）著；于海波等译 . —北京：机械工业出版社，2019.11（2025.2 重印）
书名原文：Power System Harmonics and Passive Filter Designs
ISBN 978-7-111-63719-6

Ⅰ.①无…　Ⅱ.①J…②于…　Ⅲ.①无源滤波器-设计
Ⅳ.①TN713.02

中国版本图书馆 CIP 数据核字（2019）第 201024 号

机械工业出版社（北京市百万庄大街 22 号　邮政编码 100037）
策划编辑：刘星宁　责任编辑：朱　林
责任校对：陈　越　封面设计：马精明
责任印制：单爱军
北京虎彩文化传播有限公司印刷
2025 年 2 月第 1 版第 3 次印刷
184mm×260mm·17.5 印张·477 千字
标准书号：ISBN 978-7-111-63719-6
定价：99.00 元

电话服务　　　　　　　　网络服务
客服电话：010-88361066　机　工　官　网：www.cmpbook.com
　　　　　010-88379833　机　工　官　博：weibo.com/cmp1952
　　　　　010-68326294　金　书　网：www.golden-book.com
封底无防伪标均为盗版　　机工教育服务网：www.cmpedu.com

译 者 序

随着电力系统中非线性负载的增加，谐波问题日益严重，电网中的电压和电流波形畸变会使变压器过载和断路器误动作等。对于电能计量来说，谐波的入侵会对电能计量装置的准确度等产生影响。国际上电气工程领域内的权威学术性组织 IEEE 和 IEC 均对谐波限值做出了相应规定。由此可见，电力系统中的谐波问题已经引起广泛重视。

本书条理清晰、内容深入，详细地介绍了电力系统中谐波入侵以及无源滤波器设计等内容，显著特点是提供了很多说明性的实例研究和插图，能帮助读者快速有效理解所述内容。

本书第 1 章由于海波翻译，第 2 章和第 3 章由刘佳翻译，第 4 章由李贺龙翻译，第 5 章由王春雨翻译，第 6 章由林繁涛翻译。全书由于海波统稿。由于本书内容丰富，涉及的专业面相当广，限于译者水平，翻译不妥或错误之处在所难免，恳请读者指正。

盛媛媛和王兴媛在本书的翻译过程中提供了大量帮助，在此表示感谢。

本书由 2015 年度中国电力科学研究院专著出版基金资助。

译者

原 书 序

本书主要介绍电力系统谐波和无源滤波器设计等内容，包含电力系统中的谐波侵入、无源滤波器设计和典型案例，这些案例涵盖了多种新能源（例如光伏发电和风力发电）的应用。

以下是章节目录的概要。

第1章介绍了并联电容器组的构成、接地及保护，是无源滤波器设计的重要组成部分。通常，谐波滤波器故障的发生是由于并联电容器组单元的选型不恰当，以及忽略了保护和开关的瞬变特性。对进行滤波器设计的读者来说，本章显得尤为重要。

谐波分析的下一步是基于电力系统组成部分及系统自身特性的研究进行精确建模，这些内容将会在第2章和第3章进行详细描述。这两章是谐波分析的重要支撑。第2章中所述的输电线路、变压器、负载、电缆、电动机、发电机、换流器的建模以及第3章中介绍的工业用电、配电、输电和高压直流输电的系统建模，是对谐波感兴趣的读者应该清楚掌握的知识。

掌握了前面的内容后，第4章研究谐波的侵入。除了时域和频域的方法，本章还涵盖了最新的概率建模方面的内容。

谐波滤波器设计是谐波研究的最后一个环节，第5章是详细介绍无源滤波器的。本章结合一些新技术如遗传算法和粒子群理论，介绍了在行业中常用的几乎所有类型的无源滤波器。

最后，第6章介绍了大量谐波分析和无源滤波器设计的实例，包括电弧炉、输电系统、光伏电站和风电场等。如果读者有充分的建模工具和软件就可以再现这些实例，这也是一个很好的学习方法。

综上，这本书内容丰富，适用于研究谐波的初学者及提高者。实际上，本书也可作为谐波无源滤波器设计的标准参考书。书中很多例子以及实际系统的仿真可以加强读者的理解，并且每个章节都用相关图例进行了说明。

Jean Mahseredjian 博士
IEEE 会士、蒙特利尔大学工学院电气工程教授

原 书 前 言

电力系统谐波是一个经久不衰的研究课题，本书力求呈现谐波治理方面的前沿技术和进展。随着电力系统中非线性负载数量的不断增长，许多电力系统专业人士致力于谐波治理及其实际应用的研究。

本书从电容器组入手，介绍了电力系统的组成建模以及无源滤波器的设计等内容。本书可作为谐波治理方面的参考和应用指导。

初学者需要对谐波形成一个清晰的基础认知，高水平的读者可通过仿真探索提高兴趣，建议读者以严谨批判的眼光阅读本书。本书中众多实际研究场景、案例和图表力争客观易懂。很多高校甚至在研究生教育阶段中都未开设谐波课程。作者在编写本书时认为读者已具有本科层次的知识，各章节的重要内容具有很强的关联性。本书可作为本科生和研究生的高级教科书，亦可作为继续教育的教材和辅助资料。

谐波的影响会远距离传播，而且其对电力系统组成部分的影响是动态和不断发展的。这些影响可以被现有的研究手段分析。

继电保护被称作"艺术和科学"，在作者看来无源滤波器设计和谐波抑制技术亦是，这是因为其包含了太多的主观性。除了采用蒙特卡洛这类高级研究工具之外，现有计算机技术需要不断地迭代以平衡一系列相互冲突的需求。

本书的读者在进行滤波器的实际设计时需要先理解谐波的特性、电力系统组成部分的建模和滤波器的特征。第6章介绍了无源滤波器的应用设计及其在光伏发电和风力发电系统中的案例研究，读者可以通过模拟再现这些结果以理解复杂的迭代分析过程。

本书引用了CRC出版社出版的《电力系统分析：短路负载潮流和谐波》中的部分内容。在此，作者向该出版社的授权使用表达诚挚的谢意！

J. C. Das

作 者 简 介

J. C. Das 是佐治亚州斯涅乐电力系统研究公司的负责人和顾问。他曾长期担任 AMEC 公司电力系统分析部门的负责人，在公用事业、工业设施、水力发电和核能方面具有丰富的经验。他是电力系统研究，包括短路、潮流、谐波、稳定、电弧闪光、接地、开关瞬态和继电保护方面的专家，还开设了电力系统继续教育课程，并且是约 65 本国内和国际出版物的作者或合著者。他是以下几本图书的作者：

- 《弧闪故障危害与治理》，IEEE 出版社，2012 年。
- 《电气系统暂态：分析识别及减弱方法》，McGraw-Hill 出版社，2010 年。
- 《电力系统分析：短路负载潮流和谐波》（第 2 版），CRC 出版社，2011 年。

这些图书提供了大量的知识，共 2400 多页，并得到业界的一致好评。他擅长的领域包括电力系统暂态分析、EMTP 仿真、谐波、电能质量、继电保护等。他发表了近 200 篇关于电力系统的研究报告。

谐波分析方面，Das 先生设计了一些工业用大型谐波无源滤波器，这些滤波器已经成功运行超过 18 年。

Das 先生是美国电气电子工程师学会（IEEE）终身会士，IEEE 工业应用和 IEEE 电力工程学会会员，英国工程技术学会（IET）会士，印度工程师学会（IEI）终身会士，欧洲工程师联合会（法国）会员，以及国际大电网会议（法国）会员。他是佐治亚州、俄克拉荷马州、英国和欧洲的注册教授级高级工程师。2005 年获得 IEEE 纸浆和造纸工业的工程功勋奖。

他拥有俄克拉荷马州塔尔萨大学电气工程硕士学位及印度菅盘山大学高等数学专业学士和硕士学位。

目　　录

第1章 并联电容器组的应用

1.1 并联电容器组

电容器组是一个术语，它代表一个完整的组件，可以由多个串联和并联的电力电容器组、单个电容器熔断器或一组熔断器、避雷器，互锁接地开关，继电器，中性不平衡保护装置，初级开关等组成。它可以是操作现场的组件集合，也可以是一个或多个工厂组装的设备。

功率电容器可串联或并联连接到电路中。串联电容器用于高压（HV）输电线路的串联补偿，以提高功率传输能力。滤波器中也可以使用串联电容器（见第5章）。

并联电容器可应用于电气系统，在单个应用中可以执行多项任务。

1.1.1 提高功率因数

功率因数的提高可以通过感应电动机切换，或由配备负载开关的变电站提供，或者连接到中低压等级的母线来实现，功率因数提高的同时也降低了系统损耗。

$$功率损耗(\%) = 100\left(\frac{原始功率因数}{提高后的功率因数}\right)^2 \tag{1.1}$$

$$损耗降低(\%) = 100\left[1 - \left(\frac{原始功率因数}{提高后的功率因数}\right)^2\right] \tag{1.2}$$

如果功率因数由滞后0.8提高至整数，那么系统会减少36%的功率损耗。式（1.2）适用于滞后的功率因数。如1.11节所述，通过电容器提高感应电动机功率因数的方式具有一定的局限性。

供电公司对用户的低功率因数运行有一定的惩罚措施。对低功率因数可能有不同的收费标准，但费用是基于设备容量加上固定或灵活变动的能源消耗费用产生的。谐波滤波器可实现谐波抑制和功率因数提高的双重目标。

用于提高功率因数的设备成本与节能成本相平衡，许多程序提供了改善功率因数的最优水平：

$$PF = \sqrt{1 - \left(\frac{C}{S}\right)^2} \tag{1.3}$$

式中，C是每kvar电容器组的成本；S是每kvar系统设备的成本；PF是最优功率因数。

假设一个1000kW的负载：

- 将功率因数由0.7提高至0.8所需功率为270kvar；
- 将功率因数由0.8提高至0.9所需功率为366kvar；
- 将功率因数由0.9提高至1.0所需功率为484kvar。

将功率因数提高至0.95以上并不经济，也并不常用。

1.1.2 支撑电压

并联电容器可以为母线提供电压支撑，从而防止电压大幅度骤降或联络线故障。基本计算过程如下：

考虑一条呈感性主联络线的潮流分布（见图 1.1）。负载需求用 $P + jQ$ 所示，串联导纳 $Y_{sr} = g_{sr} + jb_{sr}^{\ominus}$，$Z = R_{sr} + jX_{sr}$。源母线（无穷大母线）的潮流方程如下：

$$P + jQ = V_r e^{-j\theta}\big[(V_s - V_r e^{j\theta})[((V_s V_r - V_r^2)g_{sr} + V_s V_r b_{sr}\sin\theta]$$
$$+ j[(V_s V_r \cos\theta - V_r^2)b_{sr} - V_s V_r g_{sr}\sin\theta]\big] \tag{1.4}$$

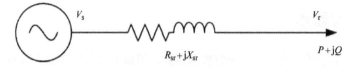

图 1.1   短传输线上的潮流

如果忽略电阻，则

$$P \doteq V_s V_r b_{sr}\sin\theta \tag{1.5}$$
$$Q \doteq (V_s V_r \cos\theta - V_r^2)b_{sr} \tag{1.6}$$

如果末端负载改变了 $\Delta P + \Delta Q$，则

$$\Delta P = (V_s b_{sr}\sin\theta)\Delta V + (V_s V_r b_{sr}\cos\theta)\Delta\theta \tag{1.7}$$
$$\Delta Q = (V_s \cos\theta - 2V_r)b_{sr}\Delta V - (V_s V_r b_{sr}\sin\theta)\Delta\theta \tag{1.8}$$

式中，$\Delta V^{\ominus}$ 是电压 V_r 的标量差；$\Delta\theta$ 是角度差。如果忽略式（1.4）的电阻和 θ，系统的动态电压方程如下：

$$V_r^4 + V_r^2(2QX_{sr} - V_s^2) + X_{sr}^2(P^2 + Q^2) = 0 \tag{1.9}$$

式（1.6）中的 θ 影响很小：

$$\frac{\Delta Q}{\Delta V} = \frac{V_s - 2V_r}{X_{sr}} \tag{1.10}$$

如果末端发生线路连接器的三相短路，末端短路电流可表示为

$$I_r = \frac{V_s}{X_{sr}} \tag{1.11}$$

假定电阻远小于电抗，空载时 $V_r = V_s$，那么

$$\frac{\partial Q}{\partial V} = -\frac{V_r}{X_{sr}} = -\frac{V_s}{X_{sr}} \tag{1.12}$$

因此

$$\left|\frac{\partial Q}{\partial V}\right| = 短路电流 \tag{1.13}$$

或者，我们可以说

$$\frac{\Delta V_s}{V} \approx \frac{\Delta V_r}{V} = \frac{\Delta Q}{S_{sc}} \tag{1.14}$$

式中，S_{sc} 是系统的短路容量。这意味着电压调节等于无功功率的变化量与短路容量之比。显然，末端电压降落会导致短路容量减少，或系统电抗增加。可靠性越高的系统越能支撑末端电压。

例 1.1：如图 1.2 所示的系统，母线 C 有两个电源：一个从 400kV 母线 A 获得电能，另一个通过传输线连接到 230kV 的母线 B。这些母线与 230kV 母线 C 并列运行。母线 A 和 B 维持在额

㊀ 原书为 $Y_{sr} = g_{sr} + b_{sr}$，有误。——译者注

㊁ 原书为 ΔV_r，有误。——译者注

定电压。母线 C 的特定负载需求导致电压降落了 6.47%。母线 C 的短路电流有效值为 8.3kA。那么母线 C 的无功补偿应为多大才可以将电压补偿到其额定电压?

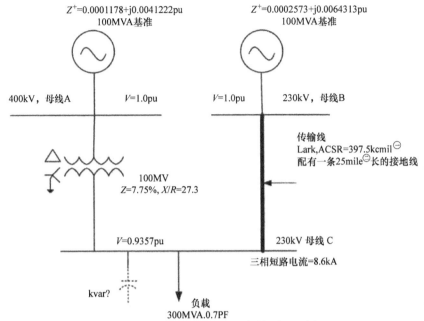

$Z^+=0.0001178+j0.0041222\text{pu}$
100MVA基准

$Z^+=0.0002573+j0.0064313\text{pu}$
100MVA基准

400kV，母线A　　　V=1.0pu

V=1.0pu　　230kV，母线B

传输线
Lark,ACSR=397.5kcmil⊖
配有一条25mile⊖长的接地线

100MV
Z=7.75%，X/R=27.3

V=0.9357pu　　　230kV 母线C

三相短路电流=8.6kA

kvar?

负载
300MVA,0.7PF

图 1.2　阐释电力系统中的无功补偿原理（例 1.1）

近似的求解结果如式（1.14）所示，它还可以写为

$$\Delta V \approx \frac{I_c}{I_{sc}} = \frac{Q_c}{S_c} \qquad (1.15)$$

式中，ΔV 是每单位电压上升；I_c 是电容电流；I_{sc} 是短路电流；Q_c 是电容器的三相无功容量；S_c 是系统短路容量。母线 C 的电压标幺值为 0.9，也就是说，电压降落了 23kV。因此，需要 213.5Mvar 的无功补偿。

当系统空载时，由于空载系统和传输线的法拉第效应（见第 2 章），母线 C 的电压会升高至 230kV 以上。式（1.15）中大致忽略了电阻。不同负载下的电力系统电压调节器是运行过程中的主要考虑因数之一。需要采用 ULTC、SVC、STATCOM 等设备来解决电压骤降、骤升的问题。在电力系统中，负载潮流计算提出了无功补偿的方法。

电压骤升可用下式近似地表示：

$$\Delta V \approx \frac{C_{\text{kvar}}(\% Z_t)}{T_{\text{kVA}}} \qquad (1.16)$$

式中，C_{kvar} 是电容器的容量（kvar）；$\% Z_t$ 是变压器的阻抗值（%）；T_{kVA} 是变压器容量（kVA）。如果 1Mvar 电容器组在阻抗值为 5.5%，1.0MVA 变压器在二次侧投入使用，电压将上升 5.5%。这里忽略了开关暂态，是稳态电压上升。

相反地，大型电容器组的开关过电压同样会带来隐患，因此，应将这样的过电压情况限制到安全水平。在一个系统中，一些电容器可能会长期投入运行，而其他电容器则可以使用电压、电流、功率因数或 kvar 开关进行控制。

⊖　1kcmil（半圆密耳）= 0.507mm²。

⊜　1mile = 1609.344m。

1.1.3　提升有功功率支撑能力

作为以伏安衡量大小的电气设备，电容器可以满足一定的无功需求，并提高设备的有功功率支撑能力。

1.1.4　电容器的应用

电容器是以下设备的必要元件：
- 有源和无源滤波器；
- 电力电子换流器、多电平换流器、开关电源、斩波电路等；
- 输电、变电和配电系统中的补偿设备；
- SVC（静态无功补偿器）；
- TCR（晶闸管控制电抗器）；
- TSC（晶闸管开关电容器）；
- 储能系统；
- 缓冲电路；
- FACT 控制器；
- 抑制浪涌设备。

这里重点介绍可削弱谐波无源滤波器中的并联电力电容器。

1.2　并联电容器的安装地点

在工商业配电系统中，由于没有非线性负载，并联电容器的安装地点要求较宽松：
- 低压变电站；
- 低压或中压开关电动机；
- 配电系统的中高压母线；
- 多电压水平。

由于工业电力系统中的杂散电容较小，自然谐振频率远高于负载产生的谐波。因此，谐振会发生在远高于非线性负载所产生谐波的频率处。随着电力电子设备的快速普及，无谐波环境是不存在的，因此需要有标准对谐波加以规范。荧光灯、家用电器和计算机及复印机、常用的开关电源、充电器和不停电电源系统都可产生谐波。

电容器可以安装在工厂或产生显著谐波的负载附近。由于这样的安装方式受谐振频率限制，除电容器可用于滤除谐波外，其他情况应避免采用。

当变电系统中的电容器安装在靠近或远离产生谐波的负载时，应该对通过内联系统传播的谐波进行研究。公共馈线系统为线性负载供电，也可以为非线性负载供电，并会对谐波失真变得敏感。

对此，有两种解决方法：
- 一种方法是从无功功率的角度放置电容器，然后研究其谐波效应。
- 第二种方法是同时考虑基频电压、无功功率和谐波效应。由于系统中含有谐波产生负载的用户，导致不含谐波产生负载的用户系统易受谐波污染影响。

配电系统中，寻求电容器的最优安装位置是较复杂的算法[1,2]。两条主要原则是电压分布和系统损耗。修正电压分布需要在馈线末端放置电容器，当关注减少损耗时，电容器需要放置在靠近负载中心的地方。为了检测消费者侧的电压和向电网反馈用电信息，可采用基于智能电能表的自动化装置[2]。

基于损耗减少和节能的电容器放置算法可能需要引入动态编程概念[3]。定义目标函数如下：

- 峰值功率损耗减少；
- 能量损耗减少；
- 电压和谐波控制；
- 电容器成本。

待求变量为开关电容器的数量、容量、位置和开关时间。在优化过程中，对馈线的负载情况、馈线的负载类型以及不同额定容量和电压下的电容器容量做出了假定。

高压传输线和远距离电力电缆具有自己的谐振频率（见第 2 章），而电容器通常变成合适的滤波器。

1.3 电容器的额定值

在谐振情况下，由于谐波的影响，电容器可能会严重过载，甚至毁坏。假定下述不等式成立，在应急系统和电容器组下，电容器可连续运行。

- 不可超过额定电压有效值的 110%。如果出现谐波，则

$$V_{rms} \leq 1.1 = \Big[\sum_{h=1}^{h=h_{max}} V_h^2 \Big]^{1/2} \tag{1.17}$$

- 考虑谐波但暂态除外的情况下，波峰电压不可超过额定电压有效值的 $1.2 \times \sqrt{2}$ 倍：

$$V_{波峰} \leq 1.2 \times \sqrt{2} \sum_{h=1}^{h=h_{max}} V_h \tag{1.18}$$

- 考虑基波和谐波电流，电流有效值不可超过额定容量和额定电压下电流标幺值的 135%：

$$I_{rms} \leq 1.35 = \Big[\sum_{h=1}^{h=h_{max}} I_h^2 \Big]^{1/2} \tag{1.19}$$

- 考虑谐波，负载无功功率不可超过额定无功功率标幺值的 135%：

$$kvar_{pu} \leq 1.35 = \Big[\sum_{h=1}^{h=h_{max}} (V_h I_h) \Big] \tag{1.20}$$

IEEE 18 标准中，额定无功功率限制在 135% 以内是基于稳态热力学实验基频下电介质的热效应得出的。电介质损耗可表示为

$$L_{电介质} = fCV^2 \tag{1.21}$$

式中，f 是额定频率；C 是额定电容。

电容应按照 UL 810 - 2008[6] 的要求制作，并按 UL 列举的设备规范进行维护。不在 UL 列举的设备规范内的电容器应额外配备限流熔断器或采用 UL 中列举的保护设备。

1.3.1 测试

IEEE 18[5] 中，室内电容器的内部绝缘终端测试应在有效值为 3kV（电容器额定电压不大于 300V）或 5kV（电容器额定电压在 301 ~ 1199V 之间）的电压水平下持续 10s。端对端测试应在额定电压有效值 2 倍（交流测试）或额定电压有效值 4.3 倍（直流测试）的电压水平下持续 10s。

1.3.2 放电电阻

每一个额定电压不大于600V的电容器均应配备放电电阻，以便在断电1min内将剩余电压从额定峰值降至50V以下，对额定值高于600V的电容器元件则为5min。

1.3.3 不平衡

由于电容器元件故障和个别熔断器工作会导致运行中的电容器组发生过电压，并引起电容器组发生不平衡运行。通常，在不平衡检测影响下，电容器组退出运行前，电容器电压允许升高10%以内。在滤波器组里，一个电容器元件的故障会导致失谐。

电容器组载荷限制成为电容型滤波器设计过程中的重要考虑因素。

1.3.4 短时过电压承受力

图1.3[4]展示了电容器组的过电压承受力。这表明在短时间内，电容器的过电压承受力限制在2.2pu内。根据IEEE标准18[5]测试的电容器可承受300种设备供电频率下的端对端过电压，而且没有暂态叠加或配备谐波元件，幅值和持续时间皆如图1.3所示。这是单个电容器单元而非电容器组的承受力。对于一个电容器组，允许出现电压不平衡的情况。图中X轴给出了单个事件中的最大允许时间。这意味着两个电压为1.73pu的连续性事件比两个独立事件的冷却和电晕气体吸收情况更严重。事件结束时比开始时对设备的损害发生得更加迅速。这是因为过电压导致电容器组里的局部放电损坏，并在第一个半周期里，存储了气体和电子，从而使得在第二个半周期里放电更加严重。对于频繁开关的电容器，电流和电压的峰值必须维持在更低的值。图1.4展示了随着每年经历暂态次数过电压承受力的变化情况[4]。由图1.4可知，电容器能承受暂态电压。需注意的是，假定一年中发生暂态次数不多于4次，电容器可以承受波峰电压的3.5倍（图1.4代表每单位额定电压下的情况）。

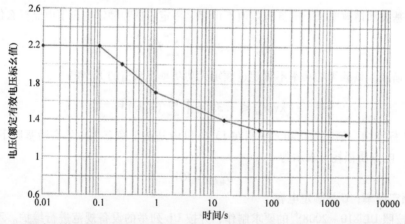

图1.3 最大可能工频过电压下电容器组的过电压承受力（来源：本章参考文献 [4]）

一个电容器能持续地承受10%的过电压；不过，这种程度的承受力需在有谐波滤波器设计的帮助下实现，对于滤波器中的电容器，有许多关于额定电压的选定标准。

暂态事件通常发生在工频半周期内，如电容器组开关和断路器重燃等情况，额定电压可按如下计算：

$$V_r = \frac{V_{tr}}{\sqrt{2k}} \tag{1.22}$$

式中，V_{tr} 是暂态电压的峰值；V_r 是电容器的额定电压有效值；k 是从图 1.4 中获得的系数。如果一年中发生 100 次暂态事件，$k = 2.65$。对于一个额定电压有效值为 13.8kV 的电容器，它的峰值为：$V_{tr} = 13.8 \times \sqrt{2} \times 2.65 = 51.70$kV。

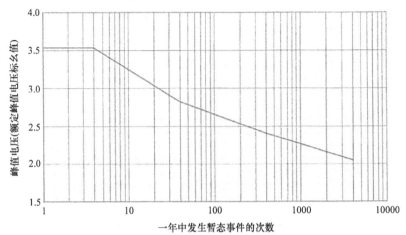

图 1.4　电容器的暂态峰值电压承受力

这意味着假定暂态电压峰值限制在 51.70kV 以下，电容器可以在一年中忍受 100 次幅值大约为 2.65 的浪涌电压。如果浪涌电压的频率减少，电容器则可承受更高幅值的浪涌电压。

对于一些持续数秒的基频周期动态事件，如变压器储能和母线故障清除，电容器的额定电压可按下式进行计算：

$$V_r = \frac{V_d}{\sqrt{2}} \tag{1.23}$$

式中，V_d 是动态过程中电容器的电压。图 1.3 强调的是工频短周期的过电压承受能力。一个电容器可以在 0.01 ~ 0.1s 内承受的额定电压为 2.2pu，而在 15s 左右承受力减少至 1.4pu。

在电力系统研究中，如 EMTP 开关暂态研究，要求系统对暂态和动态过电压做出要求。选定的额定电压如式（1.22）、式（1.23）所示为最高电压。在电压连续的基础上，可选定比系统基准电压高 8% ~ 10% 的运行电压。由于设备的无功容量与电压的二次方有关，设备运行电压下的无功容量减少。

1.3.5　暂态过电流承受力

在电力系统运行过程中，偶尔会出现高能闪变电流和由邻近故障引起的放电电流，我们希望电容器能承受这种内在的暂态电流。对于背靠背开关（1.9 节），电容器电流峰值应维持在比图 1.5 更低的值，电容器组的电流是各并联电容器可承载电流的乘积。由图 1.5 可知，最大峰值电流是一条基于基值大小 12kA 的直线，一年发生 4 次暂态事件使得变化曲线的斜率为基准电流的 1500 倍，一天发生 1 次的斜率为基准电流的 800 倍，1 天发生 10 次的斜率为基准电流的 400 倍。

例 1.2：计算电容器组在谐振情况下的负载大小。

根据有关资料可得谐波电压和谐波电流的信息，结果如表 1.1 所示。

由式(1.17) ~ (1.20)可得

$$I_{rms} = 163\%$$
$$V_{rms} = 1.032\text{pu}$$
$$\text{kvar}_{pu} = 1.256$$

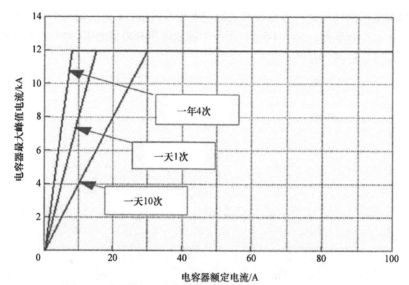

图 1.5　定期发生暂态电容器组的暂态电流承受力（来源：本章参考文献 [4]）

电流有效值超出了 135% 的限制。

表 1.1　电容器组负载的谐波电流和电压计算

谐波次数	5 次	7 次	11 次	13 次	17 次	19 次	23 次	25 次
V_h（%）	1.8	1	11	1.4	0.5	0.2	0.1	0.1
I_h（%）	8	7.8	128	8	6	4	3.6	2

例 1.3：一个电容器组基准电压为 13.8kV，容量为 400kvar 的星形联结，额定电压基于下述原则选定：

- 由于负载变化，运行电压可高于额定值 5%。
- 系统相间不平衡检测可用于在电压上升超过额定值 10% 时关断电容器组。
- 为了控制功率因数，每年需要进行 400 次开关操作。开关暂态过电压峰值按 25kV 计算。
- 对于背靠背开关系统，暂态浪涌电流限制为 6kA。

星形不接地结构的电容器额定相电压为 7967.7V。电容器能持续承受超过额定值 10% 的过电压，当一个并联熔断器动作时，该承受力能保证电容器组正常工作，为了保险起见，应对此能力进行保留，并能经受一定时间内的破坏。当增加 15% 的电压裕度时，电容器的电压变为 9162.9V。

基于商业流通的电容器标准体积如表 1.2 所示。虽然计算的额定电压为 9162V，但下一个可选的标准电容器额定电压为 9.54kV。对于 400 次开关操作，$k = 2.4$ 时，从式（1.22）可知，使用 9.54kV 电容器，可得 $V_{tr} = 32.37\text{kV}$。因此，应减少开关次数。动态电压 V_d 没有标注出来，但电容器的额定电流考虑了每一串电容器中并联的 5 个电容器，容量为 400kvar，额定电压为 9.54kV，在连接到电源为 13.8kV 的星形联结系统时，额定电流为 174A。浪涌电流峰值限制在 6kA 以下。因此，电容器需要有开关过电流的承受力。

表 1.2　膜式/箔式、ⅢB 类可燃液体、非 PCB 电介质、单相高压电容器的标准容量

电压/V	BIL/kV	50kvar	100kvar	150kvar	200kvar	300kvar	400kvar
2400	75	是	是	是	是	否	否
2770	75					是	否
4160	75					是	是
4800	75					是	是
6640	95	是	是	是	是	是	是

（续）

电压/V	BIL/kV	50kvar	100kvar	150kvar	200kvar	300kvar	400kvar
7200	95						
7620	95						
7960	95						
8320	95						
9960	95	是	是	是	是	是	是
12470	95						
13280	95						
13800	95						
14400	95						
19920	125	否	是, 仅限单个套管	是, 仅限单个套管	是, 仅限单个套管	是, 仅限单个套管	是, 仅限单个套管
21600	125						

注：仅适用于额定电压为 19920V 和 21600V 的单套管电容器。

1.4　并联电容器组设计

在谐波滤波器设计和无功补偿中，需要大小各异、电压等级不同的并联电容器组。根据标准电压等级、熔断器和继电保护器的最佳搭配使用方式，并联电容器可以按多种三相接法进行连接。为了满足无功容量和电压等级的要求，电容器组根据额定容量和电压选定电容器，并按串联或并联的方式连接。表 1.3[7] 展示了运行电压为 12.47kV ~ 500kV 下的星形联结电容器组所需的串联电容器数量。

并联电容器组设计主要考虑以下三点：

表 1.3　星形联结电容器组所需串联的数量

V_{ll}/kV	V_{ln}/kV	可用电容器电压/kV											
		21.6	19.92	14.4	13.8	13.28	12.47	9.96	9.54	8.32	7.96	7.62	7.2	6.64
500.0	288.7	14	15	20	21	22		29	30	35	36	38		
345.0	199.2		10			15	16	20	21	24	25	27		
230.0	132.8					10			14	16	17	18		20
161.0	92.9					7							13	14
138.0	79.7			4	6	6	6		8		10		11	12
115.0	66.4					5			7	8	9	9		10
69.0	39.8			2		3	3		4		5			6
46.0	26.56					2								4
34.5	19.92			1					2					3
24.9	14.4				1								2	
23.9	13.8					1								2
23.0	13.28						1							
14.4	8.32									1				
13.8	7.96										1			
13.2	7.62											1		
12.47	7.2												1	

- 电容器箱故障时，应控制并联电容器上的电压升幅不超过 10%。
- 当使用冲出式熔断器时，只有少数的并联电容器（总共 3200kvar）可以使用（见 1.5.2

节）。

- 当电容器故障导致失调，谐振频率变化时，如果滤波器中使用了电容器组，将增加系统 TDD。
- 额定电压的选定更重要（见例 1.3，并将在第 5 章进一步讨论）。

1.4.1 500kV 电容器组的组成

例如，对于三相 500kV 设备，需要一个星形联结电容器组提供所需的 200Mvar 功率。仅考虑电压时，相电压是 288.68kV。14 串额定电压为 21.6kV 的电容器，会提供 302.4kV 的电压，或 38 串额定电压为 7.62kV 的电容器，会提供 289.6kV 的电压。为了限制所用电容器数量，使用 14 串 21.6kV 电容器，如图 1.6a 所示。表 1.4 列出了并联所需的电容器数量，从而限制剩下的电容器电压升幅不超过 10%。从表可知，至少需要 11 个电容器串进行星形联结。

三相额定容量至少需要 200Mvar。这意味着每一个串联组功率均为 4.76Mvar[200/(3 × 14)]，因此，需要一个市场上没有的单位规格 476.2kvar 电容器。如 1.5.2 节所述，不能使用多于 3200kvar 的并联冲出式熔断器。因此，在单星形联结中，所需的 200Mvar 规格是无法达到的。

表 1.4　移出一个电容器组后，使剩余电压保持 110%，所需的并联电容器最少的数量

串联数量	星形或三角形接地	星形接地	双星形, 等效部分
1	—	4	2
2	6	8	7
3	8	9	8
4	9	10	9
5	9	10	10
6	10	10	10
7	10	10	10
8	10	11	10
9	10	11	10
10	10	11	11
11	10	11	11
≥12	11	11	11

继续使用上述电容器组的结构，但是串联使用 11 个 300kvar 的并联电容器。此时，每相输出 46.2Mvar，或总输出 138.6Mvar 功率，额定电压将为 523.75kV。对于额定电压为 500kV，单星形联结的结构，输出功率将为 126.7Mvar。

串联 14 组额定电压为 302.4kV 的电容器，线间电压为 523.7kV。这比额定电压 500kV 仅仅高出 4.75%，但这种情况下过电压的裕度是不够的。对于 16 个串联组，线间电压为 598.5kV，额定电压为 500kV 时，无功额定容量为 109.3Mvar。

当必须使用图 1.6b 的双星形联结，额定电压为 500kV 时，总的无功容量为 218.6Mvar，这个数据在可接受范围内。

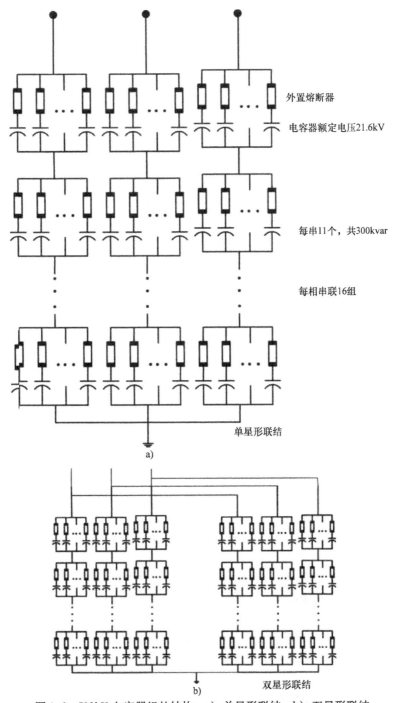

外置熔断器

电容器额定电压21.6kV

每串11个，共300kvar

每相串联16组

单星形联结

a)

双星形联结

b)

图 1.6 500kV 电容器组的结构：a）单星形联结；b）双星形联结

1.5 熔断器

电容器组可以内置、外置熔断器或不配备熔断器。

每相滤波器都应受熔断器保护。熔断器具有限流作用，通过 UL 列表，J 级或 T 级和故障位置应选择其额定值。

1.5.1 外置式熔断器

外置式熔断器按如下分类：

- 熔断器组；
- 单个熔断器。

1. 熔断器组

使用熔断器组，很多电容器单元能受到熔断器的保护。以三角形联结配置的低压电容器通常只在相导线中与熔断器相连（见图 1.7）。安装在柱上的电容器机架也采用组式保护。熔断器组的电容器组最大容量受可用熔断器的最大容量、限流值或冲出式的 T 或 K 接法熔断器所限制。冲出式熔断器常用于室外电容器组。

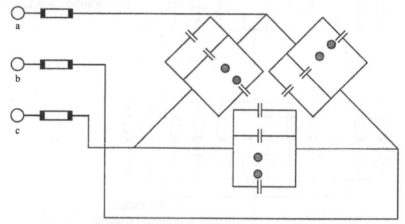

图 1.7　三角形联结电容器组的熔断器组（一般应用于低压系统）

2. 单个熔断器

单个电容器所使用的熔断器体积更小，所承受的暂态电流也更小。熔断器工作时，电容器组不需要退出运行，可以计算剩余电容器的不平衡和过电压值，并可以继续运行。在任何情况下，熔断器的作用都为防止熔断产生，进而提供进一步的保护，但使用额定值更小的熔断器可缩短清除时间。

熔断器的规格选定主要考虑以下因素：

- 包含谐波时的最大持续电流。
- 开断时的浪涌电流不会触发熔断器动作，其中包括背靠背开关（见 1.9 节）。即使对于"确定用途的断路器"，隔离和背靠背开关的开关电流值也应根据标准做出限制。
- 重燃电流；需考虑开关设备开通过程中的重燃现象，但这不在讨论范围内。
- 流入故障电容器的浪涌电流和放电电流。
- 运行中电容器的残余过电压。
- 应比较制造商关于电容器短路时的相关数据和可能出现的短路与设备清除时间。当电容器外壳接地时，即使电容器与接地装置相连，也仍有可能发生相对地故障。
- 在不接地星形联结电容器组中，最大短路电流仅仅是满载电流时的 3 倍，这使得选择满足所有标准和快速清除时间的熔断器组变得更加困难。
- 对于外置式熔断器组，熔断器应和快速不平衡继电器设置相匹配，且在开断过程或外部故障时不动作。

● 最主要的考虑因素是选定的单个熔断器可以保护电容器承受破裂/电流。熔断器应在发生故障时动作，以防止最大工频故障电流对系统造成影响。

● 熔断器的最大清除时间曲线和破裂曲线被画在一张图中。由于电容器的设计和容量不同，破裂特性也不一样，这些数据应从制造商处获取。时间和破裂曲线通常在 10% 和 50% 处的概率边界进行绘制。破裂事件发生的概率可以定义为接缝发生泄漏或套管破裂。在安全范围内，尽管有可能在一段时间内发生破裂事件，导致流出较小的短路电流，也没有比发生轻微浪涌更加严重的了。图 1.8 展示了本章参考文献 [4] 中的典型破裂曲线。由于电容器存在破裂的可能性，很多电网公司不采用电容器。

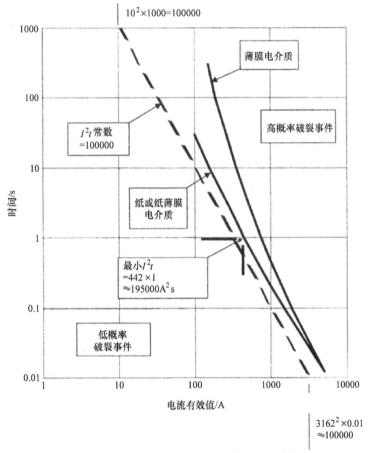

图 1.8　电容器容积近 30L 时的典型破裂曲线

● 电容器组破裂曲线表明，如果熔断器或保护装置和曲线相配合，电容器将不会发生破裂。这可以定义为零概率曲线。

● 适当的熔断器保护可以降低破裂事件发生的概率，但不能消除它。每一个电容器可能和其他多个电容器串联，并在故障点产生气体，向电容器加压。电容器应接有单独的压力开关，并且这些压力开关可跳开电容器组。

1.5.2　冲出式熔断器

当冲出式熔断器用于单个电容器保护时，单组并联电容器的个数会有限制。当熔断器动作时，需要根据熔断器特性限制故障点处的能量（见图 1.9）。释出的能量如下述公式所示：

$$E = 2.64 JkV [在额定电压（交流）] \qquad (1.24)$$
$$E = 2.64 (1.10)^2 J kV [在110\% 额定电压（交流）] \qquad (1.25)$$
$$E = 2.64 J (1.20)^2 J kV [在120\% 额定电压（交流）] \qquad (1.26)$$

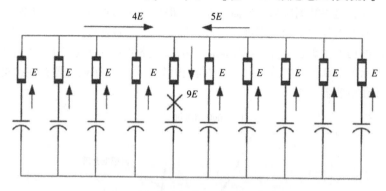

图 1.9　并联电容器能量流入产生的故障

通常来说，容量为 3100kvar 以下的电容器都可在配备冲出式熔断器的情况下并联连接。当配备限流式熔断器时，可能会超出上述限值（通常限制使用于金属封闭式装置）。

制造商根据电容器规格（见表 1.5），给出了冲出式熔断器的最大故障电流。

表 1.5　配备冲出式熔断器时的短路电流承受力

电容器规格/kvar	冲出式熔断器的最大故障电流/A
50	4000
100	5000
150	6000
200	6000
300 ~ 400	7000

当短路电流超过限值时，可以用限流熔断器。如果可能的短路电流并非如此大时，限流式熔断器是没有任何意义的，因为它需要多半个周期才能熔断。这意味着熔断器应该在限流区域内工作，而故障电流应该大于电流阈值（见本章参考文献［9，10］针对限流熔断器的部分）。

例 1.4：300kvar 电容器 50% 和 10% 的破裂概率曲线由生产厂商提供，如图 1.10 所示。K 型熔断器的时间 - 电流特性如图 1.11 所示。100K 熔断器特性和 300kvar 电容器的损害概率曲线如图 1.10 所示。应注意的是，除长时间基于 10% 概率曲线不受熔断器保护以外，50% 和 10% 概率曲线是受熔断器保护的。

不管是熔断器组还是单个熔断器，浪涌电流所产生的能量 I^2t 必须与熔断器发生熔断所需能量 I^2t 做比较。熔断器不应该在流过暂态电流时发生熔断。暂态持续周期不超过几个周波，在这段时间内，熔断器没有热传递。暂态电流产生的热效应该和熔断器的 I^2t 承受力做比较。

1.5.3　内置式熔断器

电容器的内部由许多串联、并联的部件组成。熔断器与每个电容器串联连接（见图 1.12）。在电容器短路或击穿时，通过熔断器的电流随电容器数量增加而成比例增加，导致熔断器在 ms 级内熔断。由于电容器组由大量元件并联组成，剩余运行部件的电压会升高。熔断器动作导致电容器组中运行的电容器数量减少。图 1.12 为各并联部件，包括 3 个串联组和两个熔断的熔断器。

通常，与外置式熔断器相比，内置式熔断器减少了串联部件，增加了并联部件。内置式熔断

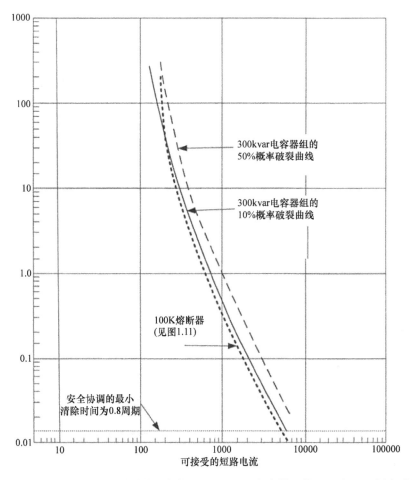

图 1.10　在 100K 的 T 形连接冲出式熔断器保护下，300kvar 电容器组的 50% 和 10% 概率破裂特性曲线

器组有两个套管，以便将一组串联的电容器单元与相邻串中的并联组隔离开。套管的基本绝缘水平（BIL）和电容器内部绝缘水平取决于支架所能承受的最大电压。支架与串联电容器组相连，由此会在支架上产生了电动势。

　　不平衡保护的设置考虑了内置式熔断器的承受能力和各部件的暂态过电压承受力，以及箱体故障和内置式熔断器故障的结果。正常电容器上的过电压应限制在额定电压的110%以内。

1.5.4　无熔断器

　　无熔断器电容器组是因为不需要使用熔断器，但它并非仅仅去掉了熔断器。当所有薄片式电容器发生电介质短路时，薄片烧毁会导致在箔处有焊点——引起低电阻短路。这种情况下，只要限制流过电介质的短路电流，就不会产生太多的气体或者热量，电容器就能够继续运行。这些设计没有在薄片式电容器中应用是因为电介质短路更可能在故障点处产生热量和气体。额定的三相容量通过安装并联的电容器实现。单个电容器的电压总和应该等于或超过正常情况下电容器相对地或相对中性点的电压。因此，无熔断器的电容器组需要有更灵敏的不平衡保护和隔离措施。

　　无熔断器的电容器组应该有两个套管。对低于 35kV 的系统电压，串联组中有 10 个或更少元件失效，就可能会导致剩余部件过电压，从而引起电容器组马上停止运行。图 1.13 展示了无熔断器电容器组的设计方案。图 1.13a 展示了一个串联连接的电容器单元，而图 1.13b 展示的是并

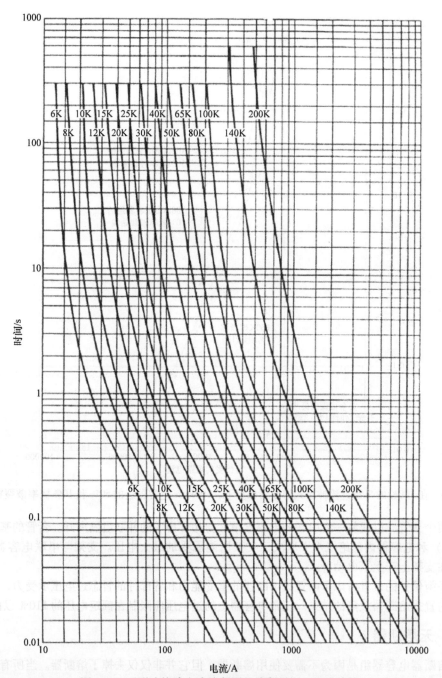

图 1.11 T 形连接冲出式熔断器的熔断时间 – 电流特性

联连接单元。两个串联连接单元各含 8 个元件，共 16 个元件。如果一个元件发生故障，剩余元件的电压是 15/16。串联组的电压会升高。并联连接展示了各含 2 个元件的 8 个串联组。

外置式熔断电容器在美国很受欢迎，它有液面高度指示牌，指示熔断器的工作情况。电容器组中原有的电容器在替换熔断器后可以继续工作，这对于谐波滤波器设计是非常重要的。谐波滤波器的容抗值变化并不理想，它会改变单调谐滤波器设计的调谐和谐振频率；事实上，也常常采用公差小的元件。

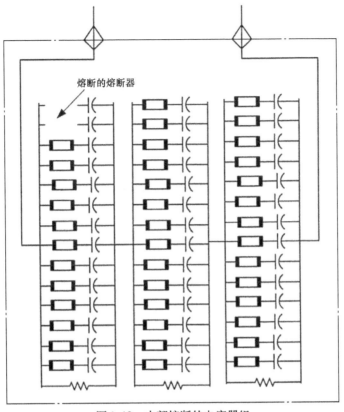

图 1.12　内部熔断的电容器组

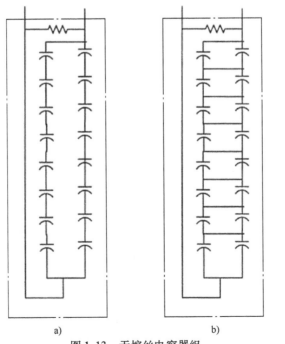

图 1.13　无熔丝电容器组

1.6 电容器组的联结方法

电容器组可能这么连接:
- 星形不接地联结;
- 双星形不接地中性点联结;
- 双星形接地中性点联结;
- 三角形联结;
- 大型电容器组的 H 桥形联结。

这些接法如图 1.14 所示。三角形联结通常用于只配有一个电容器组的低压设备。当运行电压

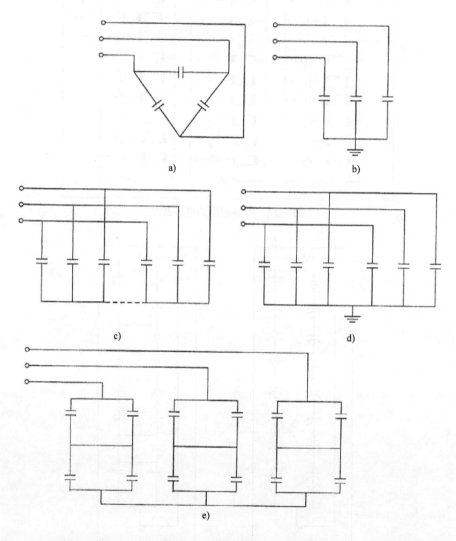

图 1.14 并联电容器组的三相连接: a) 三角形联结; b) 星形联结, 可用于接地或不接地;
c) 双星形联结, 不接地, 星形联结处可连接或不连接; d) 接地双星形联结; e) 大箱 H 桥形联结

和标准电容器额定电压匹配时，一个星形未接地组可以和各相相连。星形中性点常用于不接地连接。

1.6.1　接地和不接地电容器组

对于接地或不接地阻抗系统，电容器只能采用不接地星形联结或三角形联结。23kV、13.6kV、4.16kV、2.4kV 的中压工业系统的阻抗总是接地的，因此不接地连接适用于这些系统。

对于有效接地系统，可选择使用不接地或接地的星形联结电容器组。接地的星形中性点和多种串联连接常用于 34.5kV 以上的电压等级。多种串联组限制了故障电流。星形接地布局的优点如下所述：

- 不接地电容器为浪涌电流提供了低阻抗路径，并为阻止浪涌电压提供了保护；但是，三次谐波电流仍然存在并可能导致系统接地阻抗过热。
- 由于中性点不需要按全系统 BIL 进行隔离，因此电容器组的内在成本可能更低。
- 电容器开关恢复电压可能减小。

但是，接地电容器组也有下述缺点：
- 浪涌电流可能流入变电站及其接地点内，导致设备故障。
- 中性点可能会引入零序电流并产生通信干扰问题。
- 电容器组的一相短路可能会导致系统产生线对地故障的大故障电流（对于有效接地系统）。
- 由于存在大故障电流，对于只有一组电容器组的情况，需要安装限流熔断器。

在不接地星形串联电容器组中，不存在三次谐波，且整个电容器组包括中性点都应能承受线电压的绝缘。对于配备冲出式熔断器的电容器组，每组功率大于 3100kvar 时，应该投入使用双星形电容器组和多种串联组。

1.6.2　接地电网设计

接地电网的设计和电容器组中性点的连接非常重要。有两种接地方式：
- 单点接地；
- 半岛接地。

单点接地时，给定电压下电容器组的中性点通过一个绝缘电缆连接，该绝缘电缆在某一点处连接到电网。中性点母线和单点接地末端在开关期间会产生几十千伏的电压。采用屏蔽电缆有助于降低电压。发生故障时，高频电流会通过变电站的接地电网流入电力系统。

半岛接地时，母线类似半岛一样工作，接地电网建于电容器组下面。在这种方式下，每相每组电容器下都有一条或多条导线在工作，并与变电站的电容器底部连接。所有电容器的中性点皆与这种隔离半岛接地导体相连[7]。在电容器工作时，电容器组及相关电流互感器和电压互感器的电势都将升高。同样，对于半岛接地，所有在中性点末端的设备将会上升到与中性点处设备相同的电势，并避免出现差动电压。

1.7　不平衡检测

外置式熔断器的规格应该满足上述要求，然而，在每相包括多个串联组的电容器组中，熔断器发生故障时，在所有未接地的电容器组不考虑串联时，电容器将提高运行电压。

对于接地星形联结，双星形联结或三角形联结或双星形联结接地的情况，幅值可以按下式进行计算：

$$\% V = \frac{100S}{1 + \left(1 - \frac{\% R}{100}\right)(S - 1)} \tag{1.27}$$

式中，S 是串联组的数量，$S > 1$；R 是从一个串联组中退出运行的电容器百分比；$\% V$ 是剩余受影响串联组相对基准电压的百分比。例如，一个串联组有 5 个并联电容器，而每相有 3 个串联组（$S = 3$），且每个组有一个熔断器发生故障意味着 20% 概率停电，（$R = 20$），而 $\% V = 115\%$，如图 1.15 所示。

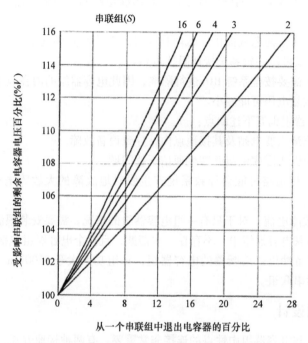

图 1.15　星形接地联结、三角形联结或双星形联结的电容器组：剩余电容器的电压随退出电容器的百分比变化的情况

对于不接地星形或不接地双星形联结的电容器组，隔离中性点，以下表达式可用：

$$\% V = \frac{100S}{S\left(1 - \frac{\% R}{100}\right) + \frac{2}{3}\left(\frac{\% R}{100}\right)} \tag{1.28}$$

对于接地电容器组，$\% V$ 为 118.4%，如图 1.16 所示。

对于不接地双星形电容器组，将中性点连接，式（1.28）可写为

$$\% V = \frac{100S}{S\left(1 - \frac{\% R}{100}\right) + \frac{5}{6}\left(\frac{\% R}{100}\right)} \tag{1.29}$$

这一关系如图 1.17 所示。本章参考文献 [7] 提供了不平衡情况下的更多细节。

1.7.1　熔断器故障导致的失谐

元件故障会导致滤波器失谐。一般情况下，电压升幅会限制在最大电压的 10% 以内，有时会更低。电容器组的设计使得其能在一个元件缺失的情况下正常运行，两个元件缺失时马上跳

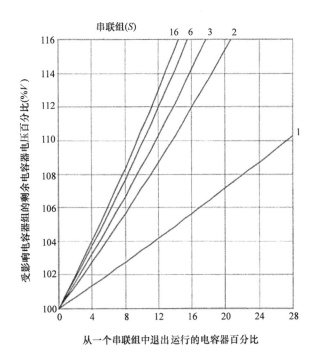

图 1.16　不接地星形联结或不接地双星形联结（隔离中性点）电容器组：剩余电容器
电压随退出电容器的百分比变化的情况

闸。检测不平衡的保护方案不在本章讨论范围之内；不过，随着现代微处理器保护的出现，确保
由串并联电容器组故障导致的不平衡度在 1% ~2% 范围内是没有问题的。

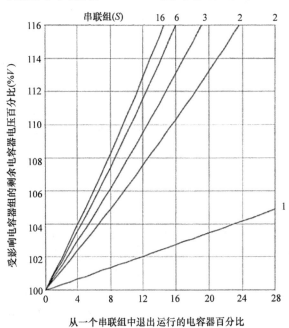

图 1.17　不接地双星形联结（中性点连接在一起）电容器组：剩余电容器
电压随退出电容器的百分比变化的情况

1.8　电容器组的失稳效应

并联电容器的输出无功功率由下式给定：

$$\text{无功功率} = \frac{V^2}{X_c} = 2\pi f C V^2 \tag{1.30}$$

并联电容器为恒负载阻抗，输出容性无功功率随电压二次方变化而变化：

$$Q_{V,\text{new}} = Q_{V,\text{rated}} \left(\frac{V_{\text{new}}}{V_{\text{rated}}} \right)^2 \tag{1.31}$$

假设电压下降 10%，那么输出无功功率将降低到额定无功功率的 81%。与同步发电机相比，如果电压降低，发电机励磁和电压调节器发生动作，从而让发电机在短时间内提供更多的无功功率。与同步发电机运行类似，这种并联电容器的特性称作失稳效应。

电力电容器是设计在系统额定频率下运行的。当不在额定频率下运行时，无功功率和容性电流都会减少：

$$Q_{\text{OP}} = \left(\frac{f_{\text{OP}}}{f_{\text{R}}} \right) Q_{\text{R}}$$

$$I_{\text{OP}} = I_{\text{NOM}} \left(\frac{f_{\text{OP}}}{f_{\text{R}}} \right) \tag{1.32}$$

式中，Q_{OP} 是电容器的运行无功功率；Q_{R} 是电容器的额定无功功率；I_{OP} 是在额定电压和运行频率下的电容器电流；I_{NOM} 是在额定电压和额定频率下的电容器电流；f_{R} 是电容器的额定频率。

例 1.5： 如表 1.2 所示，构建一个容量为 15Mvar、运行电压为 44kV 的星形联结电容器。冲出式熔断器用于单个电容器组。

线电压为 44kV，相电压为 25.40kV。如果考虑 10% 的过电压因素，允许相电压升到 27.94kV。根据表 1.3，可以选择由两个串联电容器组提供的能够承受 14.4kV 的元件。电容器组的容量为 15Mvar。这意味着每相的额定容量需要为 5Mvar。如果有两个串联电容器组，每一组的额定容量可以为 2.5Mvar。那么 $(2.5) \times \left(\frac{28.8}{25.40} \right)^2 = 3.214\text{Mvar}$。如果使用 400kvar 的元件，每相需要 8.03 个。若使用 8 个，那么 44kV 运行电压下的有效无功容量为 14.93Mvar 而非 15Mvar。检查电容器组是否满足表 1.4 对星形联结单元或熔断器数量的要求。电容器组的容量确定后，会比所要求的无功容量稍高或稍低一些，但本次研究必须证明电容器组的实际大小。

1.9　电容器组的开关暂态

已有文献对电容器开关暂态导致的问题进行了研究。20 世纪 70 年代末到 80 年代期间，输电系统中电容器组的开关状况引起变压器相对相电压升高，以及用户末端配电电容的电磁暂态。开关设备复燃可能会导致更严重的暂态现象。在备有电容器和直流驱动系统的工业配电系统中，这些问题都是很普遍的，随着 PWM 逆变器的出现，电容器开关状态产生了新的忧患。

当接通电源时，由于电容器的电压不能瞬间变化，电容器将发生瞬时短路。连接电容器的母线电压将会严重下降。电压下降和暂态变化与母线后的源阻抗有关，电压会在高频振荡之后恢复。在初始振荡下，暂态电压接近 2pu 的母线电压。初始条件的变化及随后的振荡需关注。这些变化会传播到配电系统中，通过变压器耦合之后，问题会更加严重。本章参考文献［11］记载了变压器故障。浪涌放电器和浪涌电容器可以限制过电压并降低其频率[12,13]。在部分绕组谐振中，暂态频率和变压器的自然频率相等。如有关文献所述，二次谐振是一个潜在问题，配电系统连接的敏感负载可能会跳闸。

浪涌电流和电容器的开关电流可按如下微分方程进行计算：

$$iR + L\frac{\mathrm{d}i}{\mathrm{d}t} + \int\frac{i\mathrm{d}t}{C} = E_\mathrm{m}\sin\omega t \tag{1.33}$$

微分方程的解如下：

$$i = A\sin(\omega t + \alpha) + Be^{-Rt/2L}\sin(\omega_0 t - \beta) \tag{1.34}$$

式中

$$\omega_0 = \sqrt{\frac{1}{LC} - \frac{R^2}{4L^2}} \tag{1.35}$$

第一项是强迫负载，指稳态电流；而第二项代表自由振荡，阻尼部分为 $e^{-Rt/2L}$。它的频率是 $\omega_0/2\pi$。忽略电阻，可进一步简化方程。当 $t = \sqrt{(LC)}$ 时，开关瞬间浪涌电流最大。为了衡量断路器的开关性能，开关时候的最大浪涌电流为

$$i_\mathrm{max,peak} = \frac{\sqrt{2}E_\mathrm{LL}}{\sqrt{3}}\sqrt{\frac{C_\mathrm{eq}}{L_\mathrm{eq}}} = 1.300\sqrt{\frac{\mathrm{kvar}_\mathrm{c}}{L_\mathrm{eq}}} \tag{1.36}$$

式中，$i_\mathrm{max,peak}$ 是浪涌电流的峰值，单位为 A，没有阻尼；E_LL 是线电压，单位为 V；C_eq 是等效电容，单位为 F；L_eq 是等效电感，单位是 H；kvar_c 是投入使用的电容器（考虑电缆和母线后，包含所有开关电路的电感）。浪涌开关电流的频率 f 由下式给出：

$$f = \frac{1}{2\pi\sqrt{L_\mathrm{eq}C_\mathrm{eq}}} \tag{1.37}$$

电容器上的电压，也就是母线电压，通过拉普拉斯变换如下式所示：

$$V_\mathrm{c}(s) = \frac{i(s)}{sC} = \frac{V}{LC}\left[\frac{1}{s(s^2 + 1/T^2)}\right] \tag{1.38}$$

分解后：

$$V_\mathrm{c}(s) = \frac{V}{LC(1/T^2)}\left[\frac{1}{s} - \frac{s}{(s^2 + 1/T^2)}\right] \tag{1.39}$$

逆变换后：

$$V_\mathrm{c} = V\left(1 - \cos\frac{1}{\sqrt{LC}}t\right) = V(1 - \cos\omega_0 t) \tag{1.40}$$

因此，电压最大时：

$$\omega_0 t = \pi \tag{1.41}$$

对于背靠背开关（例如，将同一母线的开关死区变为与带电部连接）会导致产生高幅值电流和频率，同一母线上的两个电容器组间的互联阻抗变小。

浪涌电流及其频率计算如下：

$$i_\mathrm{max,peak} = \frac{\sqrt{2}E_\mathrm{LL}}{\sqrt{3}}\sqrt{\frac{C_1 C_2}{(C_1 + C_2)L_\mathrm{m}}} \tag{1.42}$$

浪涌电流的频率：

$$f = \frac{1}{2\pi\sqrt{L_\mathrm{m}\dfrac{C_1 C_2}{(C_1 + C_2)}}} \tag{1.43}$$

式中，C_1，C_2 是电容器的容量；L_m 是电感的容量。除去断路器的应力，高频暂态也会在其他设备上产生应力。

图 1.18[14,15] 给出了开关动作时，电弧设备单调谐滤波器的电容器 C_2、C_3 的过电压情况。过电压与 C_2/C_3 的比例、系统短路水平 MVA_{sc} 及电容器 $Mvar_c$ 的有效 Mvar 有关，它们的关系由 $(V^2h^2)/[(X_c(1-h^2)]$ 给出。因此，需要对电弧炉暂态进行更深入的研究：

- 断路器重燃；
- 变压器开关状态；
- 母线故障；
- 谐波滤波器储能。

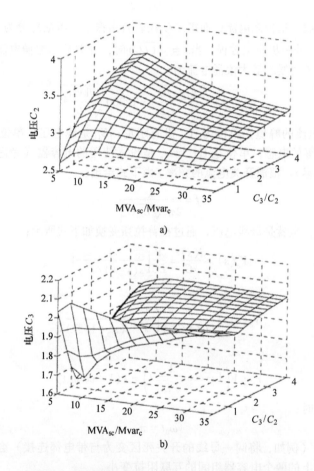

图 1.18   单调谐滤波器，电弧炉电容器的过电压情况

以上这些都可以导致谐波滤波器和母线过电压[15]。

1.10   开关暂态的控制

电容器开关暂态可以通过如下方式进行控制：

- 串联浪涌限流电抗器。不过，当串联电抗器仅用于限制浪涌电流时，可能会构成单调谐滤波器并引起谐波谐振。
- 开关电阻。
- 开关波点（同步断路器）。
- 采用浪涌放电器。
- 将电容器组拆分为更小的组。开关电容器组越小，暂态情况出现得越少。
- 避免在多种电压水平下采用电容器，从而避免二次谐振，在低压母线上可以采用 MOV。
- 将电容器组转换为电容器滤波器，因为滤波器电抗能降低浪涌电流幅值及其频率，尽管这可能会延长暂态时间。这是减轻暂态、消除谐波谐振和控制谐波失真的有效措施。根据系统对电容补偿和谐波消除的需求，可以使用有源滤波器。
- 对于背靠背开关，需要有适当电容器开关性能的断路器和开关设备，可以采用限流电抗器和扼流圈。
- 由于采用了电容器，稳态电压会上升。变压器开关因此要做出调整。

1.10.1　电阻开关

在交流电流开断技术中，高压断路器中应用的电阻开关可以很好地降低 TRV 的过电压和频率。在中压正方形或金属壳断路器中，由于电阻开关对于断路器并非是不可或缺的，因此可以预先安装两个断路器到电阻器中，经历短暂的 4~6 个周波，如图 1.19 所示。

图 1.20 展示了开关电阻的基本电路。断路器上并联了电阻 r，而 R、L、C 都是断路器源侧的系统参数。考虑到图中的电流环。方程可写作

$$u_n = iR + L\frac{\mathrm{d}i}{\mathrm{d}t} + \frac{1}{C}\int i_c \mathrm{d}t \tag{1.44}$$

$$\frac{1}{C}\int i_c \mathrm{d}t = i_r r \tag{1.45}$$

$$i = i_r + i_c \tag{1.46}$$

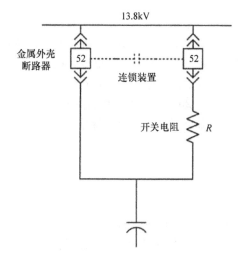

图 1.19　采用两个互联的中压金属
外壳断路器的开关电阻电路

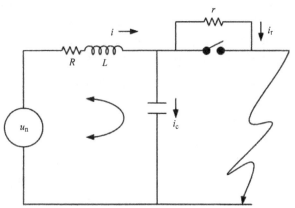

图 1.20　开关电阻的电路结构；
开关电阻的计算

如下所示：

$$\frac{d^2 i_r}{dt^2} + \left(\frac{R}{L} + \frac{1}{rC}\right)\frac{di_r}{dt} + \left(\frac{1}{LC} + \frac{R}{rLC}\right)i_r = 0 \tag{1.47}$$

暂态频率如下所示：

$$f_n = \frac{1}{2\pi}\sqrt{\frac{1}{LC} - \frac{1}{4}\left(\frac{R}{L} - \frac{1}{rC}\right)^2} \tag{1.48}$$

电力系统中，$R \ll L$。如果假定 $r < \frac{1}{2}\sqrt{L/C}$，则频率降低到零。当频率降低到零时，$r$ 成为临界阻尼电阻。根据系统短路电流 I_{sc}，临界电阻的计算如下所示：

$$r = \frac{1}{2}\sqrt{\frac{u}{I_{sc}\omega C}} \tag{1.49}$$

通过选定合适的电阻，除了第一个周波时的少量毛刺外，开关暂态能够完全被消除。

1.10.2　同步切换或同步运行

在上述例子中，所有暂态均是在电压峰值时开关闭合的情况下计算的。断路器在电压过零点时导通和关断。开关设备必须用足够的电介质强度来承受开关时的系统电压。导通时间可能需要 ±0.5ms。接地电容器组在 3 个依次相差如 60°、相对地电压过零时闭合。不接地电容器组通过在前两相电压过零时控制关闭，然后通过相对地电压过零时，第三相延迟 90° 来控制不接地电容器组开关。

1.11　带电动机的开关电容器组

在产生谐波的负载面前，带电动机的开关电容器组会增加谐振并影响滤波器的设计。由于电动机及其用来优化功率因数的电容器可能无法正常运行，因此，谐振频率在很大范围内都不同，这会给分析带来很大的影响。

工业电力系统中广泛应用功率因数优化电容器，这会提高电动机的运行功率因数。由于定子悬垂在绕组上存在泄漏电阻，低速感应电动机的功率因数会降低。通常，感应电动机不能在满载的情况下运行，这会进一步降低运行的功率因数。尽管电动机的功率因数随负载变化很大，但其无功功率要求并没有太大变化。因此，随着功率因数改善电容器的应用，从空载到满载的电动机功率因数变化不大。电容器可能：①直接和电动机端子相连，②电容器和电动机像一个单元一样开关，③通过与电动机起动断路器互锁的独立开关断路器，独立于电动机接触器开关电容器。

将电容器和电动机作为一个整体进行开关，可能会导致以下问题：
- 出现谐波电流。
- 自励磁导致过电压。
- 异相闭合导致的暂态转矩过大和浪涌电流。

由于自励磁导致的过电压对于带电动机的开关电容器组的合理使用影响很大。

感应电动机设计不同，其励磁电流会不一样，电动机运行的饱和程度要比之前的 U 或 T 形设计更低[16]。在终端电压下，电动机和电容器的并联会导致电动机和电容器之间流过电流，这种情况，称为自励磁，如图 1.21a 和 b 所示。由于电动机的励磁特性，同样大小的电容器应用于标准电动机和高效电动机将会有不一样的结果。如果是高效电动机，它会将终端电压提高到 700V。

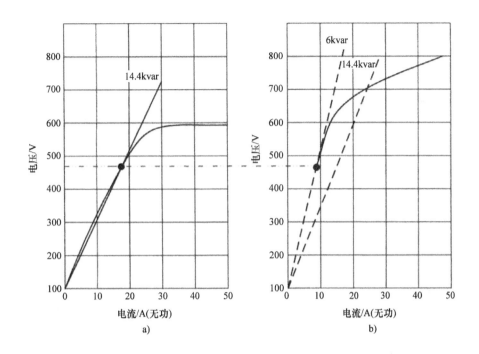

图 1.21 配有开关电容器电动机的自励磁情况：a）标准设计下的电动机；b）高效电动机

根据下述电压，可以确定优化功率因数的电容器规格：

$$\text{kvar}_c \leqslant \sqrt{3} I_0 \sin\phi_0 \tag{1.50}$$

式中，kvar_c 是使用的最大电容器；I_0 是电容器的空载电流；ϕ_0 是功率因数角。这意味着电容器的容量不能超过电动机空载时的无功功率。但是，这对空载励磁电动机不太适用，对于特殊电动机设计所采用的电容器规格应该参考生产商的建议。以下情况电容器不能直接和电动机相连：

- 采用固态起动器；
- 采用开放式过渡起动方法；
- 电动机重复开关、碰击、移动、接入/断开；
- 采用反向或多速电动机。

一个 250kvar 的电容器和一个 2000hp、2.3kV 的感应电动机一起投入运行，连接到一个 2.5MVA、13.8 ~ 2.4kV、阻抗为 6% 的变压器；三相短路电流有效值为 29kA 对称，惯性常数 $H = 0.5$。电容器的浪涌电流情况如图 1.22 所示，约是额定电流的 8 倍，这会使电动机的起动电流和暂态转矩变大。

在有谐波产生的情况下，最好避免使用电动机的功率因数优化电容器。

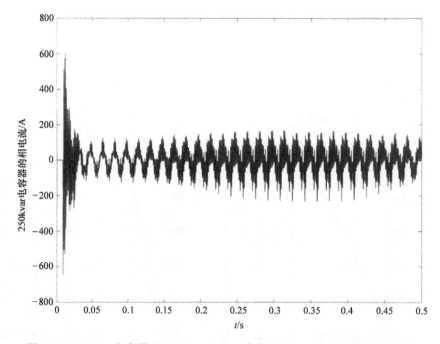

图 1.22　250kvar 电容器和 2.3kV、2000hp 感应电动机一起运行时的浪涌电流

1.12　开关设备

对于采用了断路器的电容器开关，应考虑：①应用范围是在架空线路、电缆、电容器组还是滤波器并联电容器，②工频和系统的接地情况，③单相或两相接地故障的情况。

ANSI 评估[8]了通用和特殊断路器的区别，发现它们的电容电流切换能力存在巨大差异。特殊断路器可能有不同的结构特征，也就是重型闭合和跳闸机制及测试需求。表 1.6[8]展示了容性电流开关时的额定值。通用断路器并没有任何针对背靠背电容的电流切换功能。一个 121kV 通用断路器的额定电流为 2kA，短路电流为 63kA，能承受架空线路通电电流或单个电容器开关电流有效值为 50A，但不能承受背靠背开关电流。

额定暂态浪涌电流是最高的量级，断路器可在任何电压到电压最大值的情况下闭合，不受断路器的影响；额定暂态浪涌电流的频率是固有频率的最大值，此时断路器需要在额定背靠背并联电容器或电缆开关电流下实现 100% 闭合。

线路存在以下几种情况：

1) 额定架空明线线路的充电电流是线路充电电流的最大值，要求断路器能在额定电压以下的任何电压开断。

2) 额定绝缘电缆和隔离并联电容器组开关电流是隔离电缆或并联电容器电流的最大值，断路器要求能在额定电压以下的任何电压开断。

3) 如果暂态浪涌电流变化率 di/dt 没有超过断路器在运行电压下对称短路的承受能力[8]，则认为电缆电路和开关电容器组是隔离的：

$$\left(\frac{di}{dt}\right)_{max} = \sqrt{2}\omega\left(\frac{额定最大电压值}{运行电压值}\right)I \tag{1.51}$$

式中，I 是以安培（A）为单位的短路电流额定值。

4) 如果开关闭合时的浪涌电流达到了能忽略电缆或并联电容器影响的限值时, 电缆电路和并联电容器组被认为是背靠背开关的。

表 1.6 121kV 及以上室外断路器的开关容性电流额定值, 包括

采用气体绝缘变电站所使用的断路器[8]

最大额定电压 /kV	最大额定电压下的短路电流额定值 /kA(rms)	60Hz 时额定持续电流 /A(rms)	架空线路通用断路器额定电流 /A(rms)	通用断路器额定隔离电流 /A(rms)	特殊断路器并联电容器或电缆的开关容性电流				
					架空线路电流 /A(rms)	额定隔离电流 /A(rms)	背靠背开关		
							浪涌电流		
							电流 /A(rms)	峰值电流/kA	频率 /Hz
123	31.5	1200, 2000	50	50	160	315	315	16	4250
123	40	1600, 2000, 3000	50	50	160	315	315	16	4250
123	63	2000, 3000	50	50	160	315	315	16	4250
145	31.5	1200, 2000	80	80	160	315	315	16	4250
145	40	1600, 2000, 3000	80	80	160	315	315	16	4250
145	63	2000, 3000	80	80	160	315	315	16	4250
145	80	2000, 3000	80	80	160	315	315	16	4250
170	31.5	1600, 2000	100	100	160	400	400	20	4250
170	40	2000, 3000	100	100	160	400	400	20	4250
170	50	2000, 3000	100	100	160	400	400	20	4250
170	63	2000, 3000	100	100	160	400	400	20	4250
245	31.5	1600, 2000, 3000	160	160	200	400	400	20	4250
245	40	2000, 3000	160	160	200	400	400	20	4250
245	50	2000, 3000	160	160	200	400	400	20	4250
245	63	2000, 3000	160	160	200	400	400	20	4250
362	40	2000, 3000	250	250	315	500	500	25	4250
362	63	2000, 3000	250	250	315	500	500	25	4250
550	40	2000, 3000	400	400	500	500	500	25	4250
550	63	3000, 4000	400	400	500	500	500	25	4250
800	40	2000, 3000	500	500	500	500	—	—	—
800	63	3000, 4000	500	500	500	500	—	—	—

对于背靠背开关, 振荡电流仅受电容器组阻抗及充电部分与开关组件之间电路的限制。

IEEE 标准 2005 修订版[17,18] 和 IEEE 标准[19] 将容性开关使用的断路器分类为 C_0、C_1 和 C_2, 机械承受等级划分为 M_1 和 M_2, 这些等级有不同的测试要求, 既和 IEEE 标准一致, 也是和 IEC 标准一致的一种尝试[20]。

C_1 等级断路器可以充当中压断路器, 也可以用于非频繁开关的传输线路和电缆的断路器。C_2 等级断路器建议用于频繁开关的传输线路和电缆[17]。诸多考虑中很重要的一点是, 关断时电弧重燃引起暂态过电压。暂态的影响可能是本地也可能是远程的。

例 1.6: 一个 13.8kV 的 6Mvar 电容器组不接地连接, 源阻抗为 $0.02655 + j0.236\Omega$, 星形未接地联结。计算峰值浪涌电流及其频率。它是否满足单个电容器组的开关要求呢? 在 13.8kV 下运行的 6Mvar 电容器组呢? 13.8kV 用于开关的特殊断路器有 ANSI/IEEE 要求的额定值如下:

得到额定电流为 1200A, 峰值浪涌电流的最大值是 18kA, 浪涌电流的频率为 2.4kHz, 断路器的短路电流额定值为 40kA[8]。

根据式（1.36），有

$$I_{peak} = \frac{\sqrt{2}}{\sqrt{3}} \times 13.8 \times 10^3 \sqrt{\frac{83.6 \times 10^{-6}}{(0.236)/2\pi f}} = 4.1 kA$$

频率为

$$f_{inrash} = \frac{1}{2\pi \sqrt{83.6 \times 10^{-6}(0.236/2\pi f)}} = 695 Hz$$

电流的最大变化率为

$$2\pi \times (695) \times (4100) \times 10^{-6} = 17.91 A/\mu s$$

根据式（1.51），断路器 di/dt 是

$$2\pi \times (60) \times \sqrt{2} \times (40 \times 10^3) \times 10^{-6} = 21.32 A/\mu s$$

这比 17.91A/μs 要大，认为电容器组不受影响。

图 1.23 展示了三相开关浪涌电流的 EMTP 仿真情况。当电压在 a 相过零点时，开关关闭，这使得此相获得最大电流。图 1.24 展示了母线电压波形，其衰减情况取决于系统电阻。

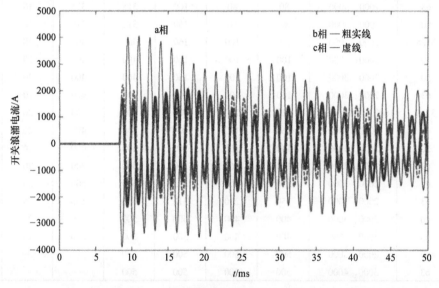

图 1.23　13.8kV、6Mvar 电容器组浪涌电流的 EMTP 仿真情况

例 1.7：在图 9.18⊖中，展示了一个 6Mvar 的电容器组。假设将两个 6Mvar 电容器组连接到同一条母线上，当母线其他电容器开通时，一个电容器组正在运行，一个背靠背开关投入运行，母线、电缆和电容器组的电感必须仔细计算，背靠背开关的电路如图 1.25 所示，由图可知电容器组含有一些电感。一旦计入所有电感，背靠背开关暂态可以估计出来。注意电源阻抗对暂态影响很小，在手动计算中，可以忽略不计。

开关组间的总电感为 16.9μH，利用式（1.42）和式（1.43），得出浪涌电流为 17.7kA，频率为 5.88kHz。这超过了"特殊"断路器的容量。背靠背电容器开关通过短电缆连接到同一条母线上是不可行的，需要引入额外的电阻。图 1.26 是背靠背开关的仿真情况，证明了手工计算结果的正确性。

⊖　见作者所写《Power System Harmonics and Passive Fillter Designs》一书中的图 9.18。

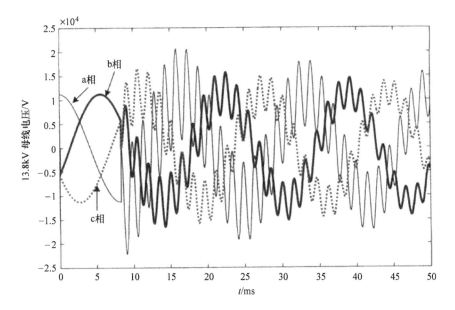

图 1. 24 13. 8kV 母线在 6Mvar 电容器组开关时暂态电压的 EMTP 仿真情况

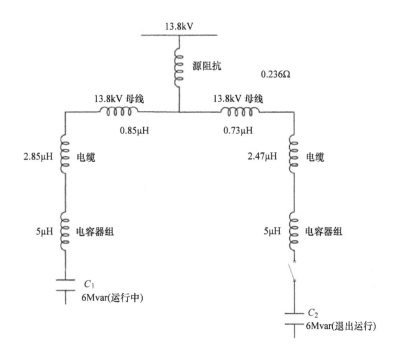

图 1. 25 6Mvar 电容器组的背靠背开关阻抗计算

前面所讨论的保护、暂态和开关设备充当了抛砖引玉的角色，感兴趣的读者可阅读本章参考文献 [21 - 26]。

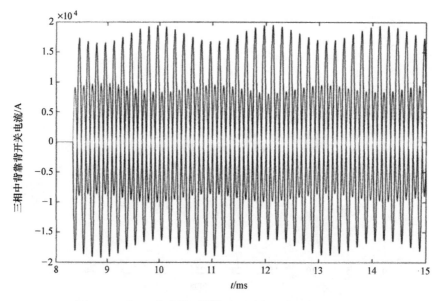

图 1.26 6Mvar 电容器组背靠背开关暂态电流的仿真情况

1.12.1 电流互感器二次侧的高电压

当母线上接有较多电容器，而与这条母线相连的一条馈线发生故障时，所有连接的电容器都会受到故障的影响。

BCT（套管式电流互感器）二次侧电压可能会很大，二次侧电压可按下式进行估计：

$$\left(\frac{1}{BCT\ 比}\right) \times (暂态电流峰值) \times \left[(继电器负载)\left(\frac{暂态频率}{系统频率}\right)\right] \tag{1.52}$$

高电压会对 CT 的使用寿命有影响，但 CT 本身的饱和与这些电压大小无关[7]。

例 1.8：考虑 44kV 的系统，采用 15Mvar 电容器组用于功率因数优化。将其接到这条母线的一条馈线上，离母线有一段距离的地方发生了三相短路，从电容器组安装位置到故障点的总线路电感很小，与电容器组连接和从故障点到母线之间有 20 多条电缆，包括一段母线。总电感值为 75μH。CT 的电流比为 600/5，CT 的二次侧负载为其二次侧电阻，CT 引线和继电保护负载为 $(1+j1)\ \Omega$，计算 CT 二次侧的电压。

15Mvar 电容器组的容抗为 20.40μF。

那么，振荡频率为

$$f = \frac{10^6}{2\pi\ \sqrt{75 \times 20.40}} = 4068Hz$$

浪涌电流的最大值为

$$\sqrt{\frac{2}{3}} \times 10^3 \times 44 \times \sqrt{\frac{20.4}{75}} = 18.73kA$$

因此，在 4068Hz 时，二次侧电流为 156A。

根据式（1.52），CT 二次侧最大电压为 $\sqrt{(156)^2 + 156^2 \times (67.8)^2} = 10.58kV$

如果 CT 电流比为 1200/5，大概能减少 5.29kV，仍然是非常高的。浪涌放电器安装在 CT 二次侧绕组上，如图 1.27 所示。

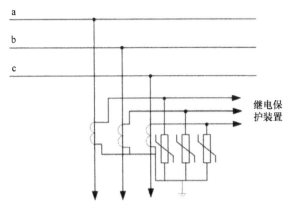

图 1.27 电流互感器的二次侧浪涌放电器，用于限制由电容器放电电流引起的过电压

1.13 开关控制

系统可采用电容器进行投切，但不能提供电压无级控制。如果一个大型电容器组长期处于运行中，它可能导致：

- 不可接受的过电压。
- 产生过量的无功功率，对滞后的负载无功需求过补偿，导致功率因数超前。可能会在电网中导致无功潮流逆流，保护装置误动作。
- 电容滤波器最大容量确定需要认真考虑开关暂态的影响。

通常来说，在一些预先确定的步骤中投切一定大小的电容器是很重要的。开关控制方法包括：

- 功率因数控制；
- 无功功率或有功功率监测；
- 负载电流决定控制；
- 电压决定控制。

本章对赞成和否定开关策略的意见不做讨论。由图 1.28 可知，无功功率开关控制能将电压维持在一个确定范围内。随着无功功率需求增长和电压降落（图 1.28 以线性关系做简要说明），第一个电容器组在 A 处投入，补偿了无功功率需求和突然上升的电压；第二步在 B 点处投入电容器。一旦负载需求减少，电容器组将从 A′、B′ 退出运行，时间延迟和开关暂态的方向密切相关。

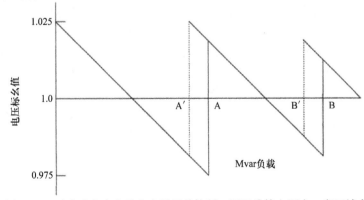

图 1.28 无功功率决定的电容器开关控制，用于维持电压在一定区域内

例1.9：100MVA 负载的功率因数为 0.8，由 13.8kV 的电源供电，传输线标幺阻抗为 0.943（基准值为 100MVA）。负载终端处的电容器组能将满载情况下的电压降低 2%。确定开关步长以及电容器规格，能将空载到满载期间的负载电压限制在额定电压的 ±2%。

100MVA 负载的功率因数为 0.8，由 13.8kV 的电源供电，电流为 4183A $\angle -36.87°$

V_r 是未知的。首先考虑 $V_r = V_s$（例如首端电压等于末端电压）。

线路阻抗 = 0.1pu = 0.1794Ω。

那么，线路上的电压降落是

$$I_r Z = (4184) \times (0.8 - j0.6) \times (j0.1794) = (4504 + j600) V$$

末端电压为

$$7967.7 - 4504 - j600 = 3464 \angle -9.8°$$

假设负载为恒阻抗负载，那么，负载阻抗为

$$Z_1 = \frac{13800}{\sqrt{3} \times 4183 \angle -36.8°} = (1.90 \angle 36.8°) \Omega$$

因此，在二次迭代中，负载电流为

$$\frac{3464 \angle -9.8°}{1.90 \angle 36.8°} = (1269 - j1346) A$$

末端电压为

$$7967.7 - (1269 - j1346) \times (j0.1794) = 7726.2 - j227$$

求解负载潮流方程可以得到末端电压，经过多次迭代为 0.941 $\angle -4.3°$pu。负载为 71MW 和 53.1Mvar。

电流为

$$\frac{7489 \angle -4.3°}{1.90 \angle 36.8°} = (2967 - j2600) A$$

传输到末端的每相功率 = $V_s I_s^* = (7967.7) \times (2967 - j2600) = 23.71 \times 10^6 + j20.73 \times 10^6$。

传输线损耗约为 10Mvar。

由于线路较短，因此，可以忽略线路阻抗。空载的时候，首端电压等于末端电压。满载的时候，首端电压下降 5.9%。限制电压下降 2% 以内的电容器大小可以通过以下的方程确定：

$$|V_{上升}| = |V_{可用}| + \left[\frac{X_{th}}{|V_{可用}|} \right] I_c \tag{1.53}$$

式中，X_{th} 是线路的戴维南阻抗。因此，$X_{th} = 0.1794\Omega$。

由此得出 $Q_c = 38.9$Mvar。如果这个等级的电容器组在最大负载时开断，那么电压会抬升至 0.98pu。但这仍然不能满足从空载到满载时，维持首末端电压在额定电压 ±2% 的要求。

当线路功率为 27MW 时，电压会下降 2%。如果我们在此时投入一个 26.4Mvar 的电容器组，电压会上升至 1.02pu。然后，当负载继续增加时，电压特性如图 1.29 所示。因此，通过在带载 27MW 时投入小电容器组，线性调节可以维持在 ±2%。实际上，电压 - 负载曲线并非线性。

上述例子表明，需要对确定并联电容器和它们的开关控制进行研究。

尽管我们已讨论过电容器的熔断器保护和不平衡保护，但这是一个很广泛的话题，内容很多，包括使用浪涌放电器的情况，需要系统和电容器组之间的协调。继电保护装置的应用在本书不做讨论。IEEE 并联电容器组保护指南[7] 是一个很好的切入点，并提供了进一步研究的阅读材料。

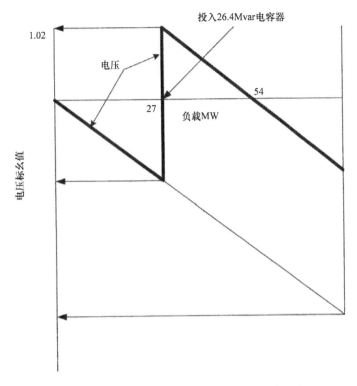

图 1.29 计算电容器组大小和开关控制从而维持一定电压

参 考 文 献

1. J.J. Grainger and S.H. Lee. "Optimum size and location of shunt capacitors for reduction of losses on distribution feeders," IEEE Transactions on Power and Systems, vol. PAS 100, no. 3, pp. 1105–1118, 1981.
2. S.H. Lee and J.J. Gaines. "Optimum placement of fixed and switched capacitors of primary distribution feeders," IEEE Transactions on Power and Systems, vol. PAS 100, 345–352, 1981.
3. S.K. Chan. "Distribution system automation," Ph.D. dissertation, University of Texas at Arlington, 1982.
4. IEEE Draft P1036/D13a. Draft guide for the application of shunt capacitors, 2006.
5. IEEE Standard 18. Standard for shunt capacitor banks, 2002.
6. UL 810. Capacitors, 2008.
7. IEEE Standard C37.99. Guide for protection of shunt capacitor banks, 2005.
8. ANSI/IEEE Std C37.06-1987 (R 2000). AC high voltage circuit breakers rated on a symmetrical current basis—preferred ratings and related required capabilities, 2000.
9. J.C. Das. Transients in Electrical Systems. McGraw-Hill, New York, 2011.
10. S.R. Mendis, M.T. Bishop, J.C. McCall and W.M. Hurst. "Overcurrent protection of capacitors applied in industrial distribution systems," IEEE Transactions on Industry Applications, vol. 29, no. 3, 1993.
11. R.S. Bayless, J.D. Selmen, D.E. Traux and W.E. Reid. "Capacitor switching and transformer transients," IEEE Transactions on Power Delivery, vol. 3, no. 1, pp. 349–357, 1988.
12. M. McGranagham, W.E. Reid, S. Law and Dgresham. "Overvoltage protection of shunt capacitor banks using MOV arresters," IEEE Transactions on Power and Systems, vol. 104, no. 8, pp. 2326–2336, 1984.
13. IEEE Report by Working Group 3.4.17, "Surge protection of high voltage shunt capacitor banks on ac power systems---Survey results and application considerations," IEEE Transactions on Power Delivery, vol. 6, no. 3, pp. 1065–1072, 1991.

14. R.F. Dudley, C.L. Fellers and J.A. Bonner. "Special design considerations for filter banks in arc furnace installations," IEEE Transactions on Industry Applications, vol. 33, no. 1, pp. 226–233, 1997.

15. S.R. Mendis and D.A. Gonzalez. "Harmonic and transient overvoltage analyses in arc furnace power systems," IEEE Transactions on Industry Applications, vol. 28, no. 2, pp. 336–342, 1992.

16. IEEE Standard 141. IEEE recommended practice for electrical power distribution for industrial plants, 2009.

17. ANSI/IEEE Standard C37.012. Application guide for capacitance current switching for AC high voltage circuit breakers rated on symmetrical current basis, 2005 (Revision of 1979).

18. IEEE Standard C37.04a. IEEE standard rating structure for AC-high voltage circuit breakers rated on symmetrical current basis, Amendment 1: capacitance current switching, 2003.

19. IEEE PC37.06/D-11. Draft standard AC high voltage circuit breakers rated on symmetrical current basis-preferred ratings and related required capabilities for voltages above 1000 volts, 2008.

20. J.C. Das and D.C. Mohla. "Harmonization with the IEC, ANSI/IEEE standards for HV breakers," IEEE Industry Application Magazine, vol. 19, pp. 16–26, 2013.

21. J.C. Das. "Analysis and control of large shunt capacitor bank switching transients," IEEE Transactions on Industry Applications, vol. 41, no. 6, pp. 1444–1451, 2005.

22. J.C. Das. "Effects of medium voltage capacitor bank switching surges in an industrial distribution system," in Conference Record, IEEE IC&PS Conference, Pittsburgh, pp. 57–64, 1992.

23. R.W. Alexander. "Synchronous closing control for shunt capacitors," IEEE Transactions on Power and Systems, vol. PAS-104, no. 9, pp. 2619–2626, 1985.

24. IEEE Power System Relaying Committee. "Static VAR compensator protection," IEEE Transactions on Power Delivery, vol. 10, no. 3, pp. 1224–1233, 1995.

25. H.M. Pflanz and G.N. Lester. "Control of overvoltages on energizing capacitor banks," IEEE Transactions on Power and Systems, vol. PAS-92, no. 3, pp. 907–915, 1973.

26. R.P.O. Leary and R.H. Harner. "Evaluation of methods for controlling overvoltages reduced by energization of shunt power capacitor," CIGRE 13-05, 1988 Paris Meeting.

第2章 电力系统组件谐波分析的建模

谐波潮流分析要求对系统组件根据频率进行恰当的建模，由于现有软件功能各异。本章为电力系统主要组件的建模提供了理论基础。

2.1 输电线路

2.1.1 *ABCD* 常数

任何长度的输电线路都可用一个四端网络表示（见图2.1a）。A、B、C、D 为常数，首末端电压和电流的关系可表示为

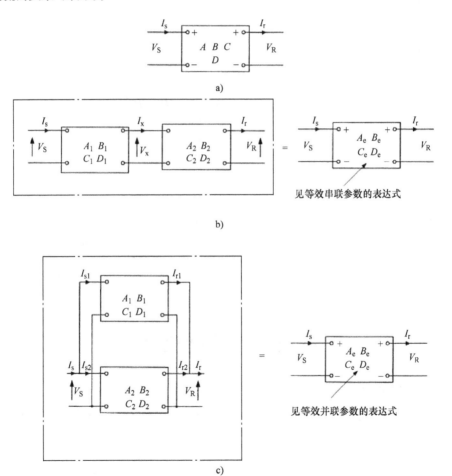

图2.1 a）使用 *ABCD* 常数的双端口网络图；b）两个串联网络；c）两个并联网络

$$\begin{vmatrix} V_s \\ I_s \end{vmatrix} = \begin{vmatrix} A & B \\ C & D \end{vmatrix} \begin{vmatrix} V_r \\ I_r \end{vmatrix} \tag{2.1}$$

当已知首端电压和电流时，末端电压和电流可以写作

$$\begin{vmatrix} V_r \\ I_r \end{vmatrix} = \begin{vmatrix} D & -B \\ -C & A \end{vmatrix} \begin{vmatrix} V_s \\ I_s \end{vmatrix} \tag{2.2}$$

常数的意义是:

当 $I_r = 0$、末端开路时，$A = V_s/V_r$，它是两端电压的比，无量纲。

当 $V_r = 0$、末端短路时，$B = V_r/I_r$，它代表阻抗，单位是 Ω。

当 $I_r = 0$、末端开路时，$C = I_r/V_r$，它代表导纳。

当 $V_r = 0$、末端短路时，$D = I_s/I_r$，它是两端电流的比，无量纲。

两个串联的 $ABCD$ 网络，如图 2.1b 所示，可简化为一个等效网络:

$$\begin{vmatrix} V_s \\ I_s \end{vmatrix} = \begin{vmatrix} A_1 & B_1 \\ C_1 & D_1 \end{vmatrix} \begin{vmatrix} A_2 & B_2 \\ C_2 & D_2 \end{vmatrix} \begin{vmatrix} V_r \\ I_r \end{vmatrix} = \begin{vmatrix} A_1A_2 + B_1C_2 & A_1B_2 + B_1D_2 \\ C_1A_2 + D_1C_2 & C_1B_2 + D_1D_2 \end{vmatrix} \begin{vmatrix} V_r \\ I_r \end{vmatrix} \tag{2.3}$$

对于图 2.1c 所示的并联 $ABCD$ 网络，整合 $ABCD$ 常数可得

$$A = \frac{A_1B_2 + A_2B_1}{B_1 + B_2}$$

$$B = \frac{B_1B_2}{B_1 + B_2}$$

$$C = \frac{(C_1 + C_2) + (A_1 - A_2)(D_2 - D_1)}{B_1 + B_2} \tag{2.4}$$

$$D = \frac{B_2D_1 + B_1D_2}{B_1 + B_2}$$

2.1.2　根据线路长度建模

可以认为长度小于 50 英里⊖的输电线路是短线路，线路的并联电容和并联电导可以忽略不计。对于长度为 50 ~150 英里（80 ~240km）的输电线路，并联导纳不可忽略，一般采用两种模型，Π形等效电路和 T 形等效电路。在 T 形等效电路中，并联导纳连接在线路中点;而 Π 形等效电路中，它均分在线路首末端两侧。Π 形等效电路和相量图如图 2.2a 所示。类似地，可画出 T 形等效电路。$ABCD$ 常数如表 2.1 所示。

表 2.1　输电线路的 $ABCD$ 常数

线路长度	等效电路	A	B	C	D
短	仅为串联阻抗	1	Z	0	1
中	Π形等效电路	$1 + \frac{1}{2}YZ$	Z	$Y\left(1 + \frac{1}{4}YZ\right)$	$1 + \frac{1}{2}YZ$
中	T形等效电路	$1 + \frac{1}{2}YZ$	$Z\left(1 + \frac{1}{4}YZ\right)$	Y	$1 + \frac{1}{2}YZ$
长	分布参数	$\cosh\gamma l$	$Z_0\sinh\gamma l$	$\dfrac{\sinh\gamma l}{Z_o}$	$\cosh\gamma l$

⊖　1 英里（mile）=1609.344m。

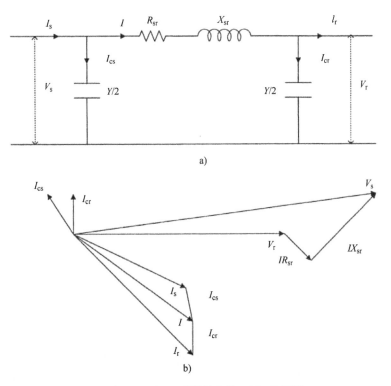

图 2.2　a）Π 形等效电路；b）相量图

例 2.1：证明 Π 形等效电路对应表 2.1 中的 A、B、C、D 常数。

首端电流等于末端电流，通过首末端并联 $Y/2$ 的电流为

$$I_s = I_r + \frac{1}{2}V_rY + \frac{1}{2}V_sY$$

首端电压是末端电压的向量和，通过串联阻抗 Z 的压降为

$$V_s = V_r + \left(I_r + \frac{1}{2}V_rY\right)Z = V_r\left(1 + \frac{1}{2}YZ\right) + I_rZ$$

首端电流可以写为

$$I_s = I_r + \frac{1}{2}V_rY + \frac{1}{2}Y\left[V_r\left(1 + \frac{1}{2}YZ\right) + I_rZ\right]$$

$$= V_rY\left(1 + \frac{1}{4}YZ\right) + I_r\left(1 + \frac{1}{2}YZ\right)$$

矩阵形式为

$$\begin{vmatrix} V_s \\ I_s \end{vmatrix} = \begin{vmatrix} \left(1 + \frac{1}{2}YZ\right) & Z \\ Y\left(1 + \frac{1}{4}YZ\right) & \left(1 + \frac{1}{2}YZ\right) \end{vmatrix} \begin{vmatrix} V_r \\ I_r \end{vmatrix}$$

2.1.3　长线路模型

线路导纳只是估计值：对于长度超过 150 英里（240km）的线路，采用分布参数线路模型。

每一段线路均用并联导纳和串联阻抗表示。长线路的运行可考虑用单位长度的导纳和阻抗表示（见图2.3）。

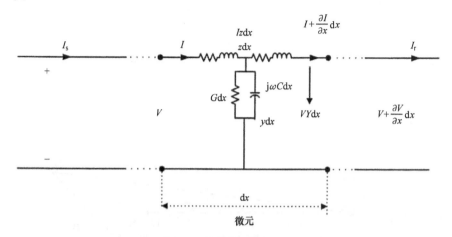

图 2.3 长线路的微元模型

从首端开始任意距离为 x 的电压可以表示为

$$V_s = \left| \frac{V_r + Z_0 I_r}{2} \right| e^{\alpha x + j\beta x} + \left| \frac{V_r - Z_0 I_r}{2} \right| e^{-\alpha x - j\beta x} \qquad (2.5)$$

行波可以采用上述表达式描述。方程的解包括两部分，每一个解都是两个变量，即时间和距离的函数。任意瞬间，入射波沿线路正弦分布，从末端开始幅值呈指数式增加。经过一个时间间隔 Δt，每相分布增加 $\omega\Delta t/\beta$，入射波朝着末端前进。第二个是反射波，经过一个时间间隔 Δt，每相分布减少 $\omega\Delta t/\beta$，反射波朝着首端前进。图2.4展示了线路末端开路时入射和反射电压波的情形。电压和电流反射波的相互作用情况将在第3章进行讨论。从电源到负载，入射波按 $e^{\gamma x}$ 变化，反射波从负载到电源，幅值按 $e^{-\gamma x}$ 变化，满足初始值=入射电压。总入射电压由两组波形组成。图2.4展示了4种随时间变化的情况。电流波按相同的规律变化，但反射系数不一样。

在上述方程中，复传播系数 γ 可以写为

$$\gamma = \alpha + j\beta \qquad (2.6)$$

式中，α 为衰减系数，单位是 Np⊖/mile 或 Np/km。忽略线路并联导纳，α 和 β 的等式可以写为

$$\alpha = |\gamma| \cos\left[\frac{1}{2}\arctan\left(\frac{-r_{sc}}{x_{sc}} \right) \right] \qquad (2.7)$$

$$\beta = |\gamma| \sin\left[\frac{1}{2}\arctan\left(\frac{-r_{sc}}{x_{sc}} \right) \right] \qquad (2.8)$$

式中，β 是相常数；r_{sc} 和 x_{sc} 是串联电阻和电抗，单位是 rad/mile。它的特性阻抗为

$$Z_0 = \sqrt{\frac{z}{y}} \quad \gamma = \sqrt{zy} \qquad (2.9)$$

求得此电流的公式为

$$I_x = \left| \frac{V_r/Z_0 + I_r}{2} \right| e^{\alpha x + j\beta x} - \left| \frac{V_r/Z_0 - I_r}{2} \right| e^{-\alpha x - j\beta x} \qquad (2.10)$$

也可以写为

⊖ 1奈培（Np）=8.686dB（分贝）。

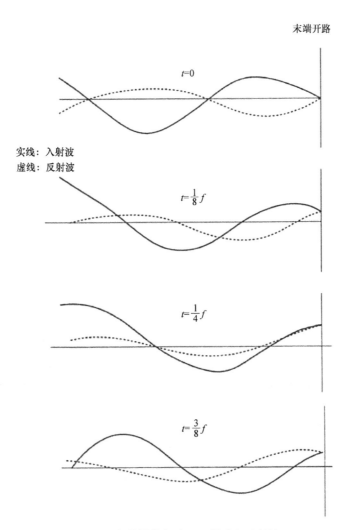

末端开路

$t=0$

实线：入射波
虚线：反射波

$t=\dfrac{1}{8}f$

$t=\dfrac{1}{4}f$

$t=\dfrac{3}{8}f$

图 2.4　长传输线行波、入射波和反射波

$$V_x = V_r\left(\frac{e^{\gamma x}+e^{-\gamma x}}{2}\right) + I_r Z_0\left(\frac{e^{\gamma x}-e^{-\gamma x}}{2}\right)$$

$$I_x = \frac{V_r}{Z_0}\left(\frac{e^{\gamma x}-e^{-\gamma x}}{2}\right) + I_r\left(\frac{e^{\gamma x}+e^{-\gamma x}}{2}\right)$$

（2.11）

矩阵的形式为

$$\begin{vmatrix} V_s \\ I_s \end{vmatrix} = \begin{vmatrix} \cosh\gamma l & Z_0\sinh\gamma l \\ \dfrac{1}{Z_o}\sinh\gamma l & \cosh\gamma l \end{vmatrix} \begin{vmatrix} V_r \\ I_r \end{vmatrix}$$

（2.12）

表 2.1 展示了长线路的 *ABCD* 常数。

2.1.4　线路常数的计算

实际上，输电线路或电缆系统采用计算机程序计算参数。对于简单系统，可使用本章参考文献 [1-4]。

正如我们看到的那样，线路的交流电阻取决于频率、趋肤效应、温度、螺线数及导线数的影响，在同等螺距情况下，导线长度会增加。考虑趋肤效应后，R_{AC}/R_{DC} 的比值如表 8.10[一] 所示。电阻随着温度升高而呈线性增加，如下式所示：

$$R_2 = R_1 \left(\frac{T + t_2}{T + t_1} \right) \tag{2.13}$$

式中，R_2 是温度 t_2 时的电阻；R_1 是温度 t_1 时的电阻；T 是温度系数，大小取决于导体材料，退火铜为 234.5，硬拉铜为 241.5，铝为 228.1。

一定长度的固态、光滑的、金属圆柱形的内部电感取决于其运载电流时的磁场，如下式所示：

$$L_{int} = \frac{\mu_0}{8\pi} \text{ H/m} \tag{2.14}$$

式中，μ_0 是空气的磁导率，$\mu_0 = 4\pi \times 10^{-7} \text{H/m}$。它的外电导取决于导线的磁通量，如式（2.15）所示：

$$L_{ext} = \frac{\mu_0}{2\pi} \ln \left(\frac{D}{r} \right) \text{ H/m} \tag{2.15}$$

式中，D 是从导体表面到任意点的距离；r 是导体半径。根据参考文献中的电感表格，$D = 1\text{ft}$，而对于大间距的导体，修正因子如表所示。总电抗为

$$L = \frac{\mu_0}{2\pi} \left[\frac{1}{4} + \ln \left(\frac{D}{r} \right) \right] = \frac{\mu_0}{2\pi} \left[\ln \left(\frac{D}{e^{-1/4} r} \right) \right] = \frac{\mu_0}{2\pi} \left[\ln \left(\frac{D}{\text{GMR}} \right) \right] \text{ H/m} \tag{2.16}$$

式中，GMR 是半径的几何平均值，等于 0.7788r，它可以定义为管状导体的半径，管壁极小时与半径为 1ft 的导体具有相同的外部磁通量，对于同样距离的固态导体，外部磁通量等于内部磁通量。

矩阵中用漏磁率 λ_a、λ_b 和 λ_c 来描述三相线电感的关系：

$$\begin{vmatrix} \lambda_a \\ \lambda_b \\ \lambda_c \end{vmatrix} = \begin{vmatrix} L_{aa} & L_{ab} & L_{ac} \\ L_{ba} & L_{bb} & L_{bc} \\ L_{ca} & L_{cb} & L_{cc} \end{vmatrix} \begin{bmatrix} I_a \\ I_b \\ I_c \end{bmatrix} \tag{2.17}$$

漏磁率 λ_a、λ_b 和 λ_c 按下式给定：

$$\lambda_a = \frac{\mu_0}{2\pi} \left[I_a \ln \left(\frac{1}{\text{GMR}_a} \right) + I_b \ln \left(\frac{1}{D_{ab}} \right) + I_c \ln \left(\frac{1}{D_{ac}} \right) \right]$$

$$\lambda_b = \frac{\mu_0}{2\pi} \left[I_a \ln \left(\frac{1}{D_{ba}} \right) + I_b \ln \left(\frac{1}{\text{GMR}_a} \right) + I_c \ln \left(\frac{1}{D_{bc}} \right) \right] \tag{2.18}$$

$$\lambda_c = \frac{\mu_0}{2\pi} \left[I_a \ln \left(\frac{1}{D_{ca}} \right) + I_b \ln \left(\frac{1}{D_{cb}} \right) + I_c \ln \left(\frac{1}{\text{GMR}_c} \right) \right]$$

式中，D_{ab}、D_{ac}、…是 a 相相对于 b 相和 c 相的距离；L_{aa}、L_{bb} 和 L_{cc} 是导体的自电感；L_{ab}、L_{bc} 和 L_{ca} 是互电感。如果我们假设一条对称线路，即 3 条线路的 GMR 相等，间距也相等。那么每相电感为

$$L = \frac{\mu_0}{2\pi} \ln \left(\frac{D}{\text{GMR}} \right) \text{ H/m} \tag{2.19}$$

三相对称线路的相对地电感等于一相线路对于另外两相线路的电感。

输电线换位图如图 2.5a 和 b 所示。每一相导体占另外两相导体长度的 1/3。输电线换位的目的是使相电感相等并减少不对称程度。对于图 2.5a，对称线路的电导依然存在，导体的等效电

一 见作者所写《Power System Harmonics and Passive Filter Designs》一书的表 8.10。

路如 2.1.6 节所示。式（2.16）的距离 D 用 GMD（几何平均距离）代替（见图 2.5a）。GMD 由下式给定：

$$\text{GMD} = (D_{ab}D_{bc}D_{ca})^{1/3} \tag{2.20}$$

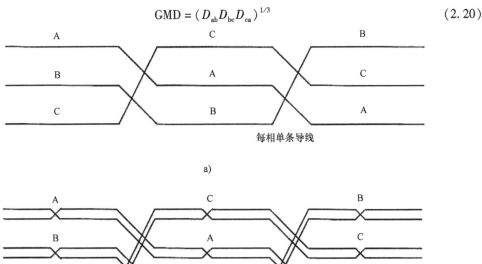

每相单条导线

a)

每相两条导线

b)

图 2.5　输电线的换位方式

旋转矩阵下输电线换位的详细推导过程见本章参考文献 [5, 6]。

采用复合导线的输电线路如图 2.6 所示。假设线路由 X 组 n 根并联导体组成，每一根导体运载 $1/n$ 线路电流，Y 组由 m 根并联导体组成，每一根导体运载 $-1/m$ 线路返回电流。那么，X 组的导体电感值为

$$L_{x} = 2 \times 10^{-7} \ln \frac{\sqrt[nm]{(D_{aa'}D_{ab'}D_{ac'}\cdots D_{am})\cdots(D_{na}D_{nb}D_{nc}\cdots D_{nm})}}{\sqrt[n^2]{(D_{aa}D_{ab}D_{ac}\cdots D_{an})\cdots(D_{na}D_{nb}D_{nc}\cdots D_{nn})}} \text{ H/m} \tag{2.21}$$

式（2.21）可以写为

$$L_{x} = 2 \times 10^{-7} \ln \left(\frac{D_{n}^{\ominus}}{D_{sx}}\right) \text{H/m} \tag{2.22}$$

类似地，

$$L_{y} = 2 \times 10^{-7} \ln \left(\frac{D_{m}}{D_{sy}}\right) \text{H/m} \tag{2.23}$$

总电感为

$$L = (L_{x} + L_{y}) \text{ H/m} \tag{2.24}$$

三相电路中，换位后的高压输电线路阻抗矩阵如下所示

$$Z_{012} = \frac{1}{3} \begin{vmatrix} Z_{s} + 2Z_{m} & 0 & 0 \\ 0 & Z_{s} - Z_{m} & 0 \\ 0 & 0 & Z_{s} - Z_{m} \end{vmatrix} \tag{2.25}$$

式中，Z_{s} 是相导体的自阻抗，认为三相相等；Z_{m} 是相导体之间的互阻抗。相间的耦合效应近乎

$\ominus$ 原书为 D_{m}，有误。——译者注

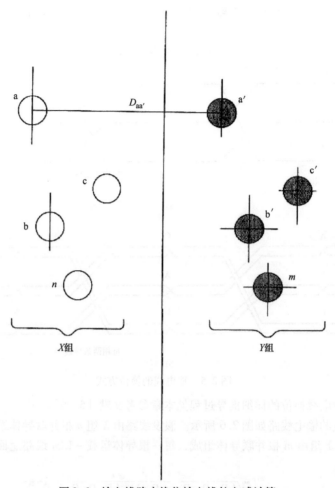

图 2.6 输电线路中换位输电线的电感计算

相等。不过，对于配电线路则不然，它们对应矩阵的非对角元并不相等。在大多数情况下，非对角元小于对角元，由非对角元造成的误差可以忽略不计。有时候，相等阻抗满足：

$$Z_s = \frac{Z_{aa} + Z_{bb} + Z_{cc}}{3}$$

$$Z_m = \frac{Z_{ab} + Z_{bc} + Z_{ca}}{3} \tag{2.26}$$

2.1.5 接地线的三相系统

假设三相输入端 a、b、c，两条接地线 w 和 v 及输出端是独立的。

以下矩阵适用于 w、v、a、b、c 端子和 w'、v'、a'、b'、c'端子间的电压差：

$$
\begin{vmatrix}
\Delta V_a \\
\Delta V_b \\
\Delta V_c \\
\Delta V_w \\
\Delta V_v
\end{vmatrix}
=
\begin{vmatrix}
Z_{aa-g} & Z_{ab-g} & Z_{ac-g} & Z_{aw-g} & Z_{av-g} \\
Z_{ba-g} & Z_{bb-g} & Z_{bc-g} & Z_{bw-g} & Z_{bv-g} \\
Z_{ca-g} & Z_{cb-g} & Z_{cc-g} & Z_{cw-g} & Z_{cv-g} \\
Z_{wa-g} & Z_{wb-g} & Z_{wc-g} & Z_{ww-g} & Z_{wv-g} \\
Z_{va-g} & Z_{vb-g} & Z_{vc-g} & Z_{vw-g} & Z_{vv-g}
\end{vmatrix}
\begin{vmatrix}
I_a \\
I_b \\
I_c \\
I_w \\
I_v
\end{vmatrix}
\tag{2.27}
$$

式中的符号与输出端口对应。

接地线输电线路的 5×5 矩阵可以简化为一个 3×3 矩阵。以矩阵相乘的形式可以写为

$$\begin{vmatrix} \Delta \overline{V}_{\mathrm{abc}} \\ \Delta \overline{V}_{\mathrm{wv}} \end{vmatrix} = \begin{vmatrix} \overline{Z}_{\mathrm{A}} & \overline{Z}_{\mathrm{B}} \\ \overline{Z}_{\mathrm{C}} & \overline{Z}_{\mathrm{D}} \end{vmatrix} \begin{vmatrix} \Delta \overline{I}_{\mathrm{abc}} \\ \Delta \overline{I}_{\mathrm{wv}} \end{vmatrix} \tag{2.28}$$

假设接地线电压为 0，有

$$\Delta \overline{V}_{\mathrm{abc}} = \overline{Z}_{\mathrm{A}} \overline{I}_{\mathrm{abc}} + \overline{Z}_{\mathrm{B}} \overline{I}_{\mathrm{wv}}$$

$$0 = \overline{Z}_{\mathrm{c}} \overline{I}_{\mathrm{abc}} + \overline{Z}_{\mathrm{D}} \overline{I}_{\mathrm{wv}} \tag{2.29}$$

因此

$$\overline{I}_{\mathrm{wv}} = -\overline{Z}_{\mathrm{D}}^{-1} \overline{Z}_{\mathrm{C}} \overline{I}_{\mathrm{abc}} \tag{2.30}$$

$$\Delta \overline{V}_{\mathrm{abc}} = (\overline{Z}_{\mathrm{A}} - \overline{Z}_{\mathrm{B}} \overline{Z}_{\mathrm{D}}^{-1} \overline{Z}_{\mathrm{C}}) \overline{I}_{\mathrm{abc}} \tag{2.31}$$

这可以写为

$$\Delta \overline{V}_{\mathrm{abc}} = \overline{Z}_{\mathrm{abc}} \overline{I}_{\mathrm{abc}} \tag{2.32}$$

$$\overline{Z}_{\mathrm{abc}} = \overline{Z}_{\mathrm{A}} - \overline{Z}_{\mathrm{B}} \overline{Z}_{\mathrm{D}}^{-1} \overline{Z}_{\mathrm{C}} = \begin{vmatrix} Z_{\mathrm{aa'-g}} & Z_{\mathrm{ab'-g}} & Z_{\mathrm{ac'-g}} \\ Z_{\mathrm{ba'-g}} & Z_{\mathrm{bb'-g}} & Z_{\mathrm{bc'-g}} \\ Z_{\mathrm{ca'-g}} & Z_{\mathrm{cb'-g}} & Z_{\mathrm{cc'-g}} \end{vmatrix} \tag{2.33}$$

2.1.6　导体组

假设每相导体组由两个导体组成（见图 2.7）。原电路的导体 a、b、c 和 a′、b′、c′ 可以转换为一个等效系统 a″、b″、c″。

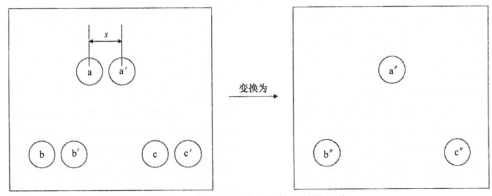

图 2.7　导体组和单相导体的等效电路

每组导体传输不同的电流，位置不同，自阻抗、互阻抗各不相同。导体中的电流分别为 I_{a}、I_{b}、I_{c} 和 I'_{a}、I'_{b}、I'_{c}。矩阵方程可以写为

$$\begin{vmatrix} V_{\mathrm{a}} \\ V_{\mathrm{b}} \\ V_{\mathrm{c}} \\ V'_{\mathrm{a}} \\ V'_{\mathrm{b}} \\ V'_{\mathrm{c}} \end{vmatrix} = \begin{vmatrix} Z_{\mathrm{aa}} & Z_{\mathrm{ab}} & Z_{\mathrm{ac}} & Z_{\mathrm{aa'}} & Z_{\mathrm{bb'}} & Z_{\mathrm{ac'}} \\ Z_{\mathrm{ba}} & Z_{\mathrm{bb}} & Z_{\mathrm{bc}} & Z_{\mathrm{ba'}} & Z_{\mathrm{bb'}} & Z_{\mathrm{bc'}} \\ Z_{\mathrm{ca}} & Z_{\mathrm{cb}} & Z_{\mathrm{cc}} & Z_{\mathrm{ca'}} & Z_{\mathrm{cb'}} & Z_{\mathrm{cc'}} \\ Z_{\mathrm{a'a}} & Z_{\mathrm{a'b}} & Z_{\mathrm{a'c}} & Z_{\mathrm{a'a'}} & Z_{\mathrm{a'b'}} & Z_{\mathrm{a'c'}} \\ Z_{\mathrm{b'a}} & Z_{\mathrm{b'b}} & Z_{\mathrm{b'c}} & Z_{\mathrm{b'a'}} & Z_{\mathrm{b'b'}} & Z_{\mathrm{b'c'}} \\ Z_{\mathrm{c'a}} & Z_{\mathrm{c'b}} & Z_{\mathrm{c'c}} & Z_{\mathrm{c'a'}} & Z_{\mathrm{c'b'}} & Z_{\mathrm{c'c'}} \end{vmatrix} \begin{vmatrix} I_{\mathrm{a}} \\ I_{\mathrm{b}} \\ I_{\mathrm{c}} \\ I'_{\mathrm{a}} \\ I'_{\mathrm{b}} \\ I'_{\mathrm{c}} \end{vmatrix} \tag{2.34}$$

也可写为

$$\left|\begin{array}{c}\overline{V}_{abc}\\\overline{V}_{a'b'c'}\end{array}\right|=\left|\begin{array}{cc}\overline{Z}_1&\overline{Z}_2\\\overline{Z}_3&\overline{Z}_4\end{array}\right|\left|\begin{array}{c}\overline{I}_{abc}\\\overline{I}_{a'b'c'}\end{array}\right| \tag{2.35}$$

对于对称排列的导体组，有 $\overline{Z}_1=\overline{Z}_4$。

修正上述方程，假定

$$\begin{aligned}V_a&=V_a'=V_a''\\V_b&=V_b'=V_b''\\V_c&=V_c'=V_c''\end{aligned} \tag{2.36}$$

矩阵上部分与下部分相减：

$$\left|\begin{array}{c}V_a\\V_b\\V_c\\0\\0\\0\end{array}\right|=\left|\begin{array}{cccccc}Z_{aa}&Z_{ab}&Z_{ac}&Z_{aa'}&Z_{ab'}&Z_{ac'}\\Z_{ba}&Z_{bb}&Z_{bc}&Z_{ba'}&Z_{bb'}&Z_{bc'}\\Z_{ca}&Z_{cb}&Z_{cc}&Z_{ca'}&Z_{cb'}&Z_{cc'}\\Z_{a'a}-Z_{aa}&Z_{a'b}-Z_{ab}&Z_{a'c}-Z_{ac}&Z_{a'a'}-Z_{aa'}&Z_{a'b'}-Z_{ab'}&Z_{a'c'}-Z_{ac'}\\Z_{b'a}-Z_{ba}&Z_{b'b}-Z_{bb}&Z_{b'c}-Z_{bc}&Z_{b'a'}-Z_{ba'}&Z_{b'b'}-Z_{bb'}&Z_{b'c'}-Z_{bc'}\\Z_{c'a}-Z_{ca}&Z_{c'b}-Z_{cb}&Z_{c'c}-Z_{cc}&Z_{c'a'}-Z_{ca'}&Z_{c'b'}-Z_{cb'}&Z_{c'c'}-Z_{cc'}\end{array}\right|\left|\begin{array}{c}I_a\\I_b\\I_c\\I_{a'}\\I_{b'}\\I_{c'}\end{array}\right| \tag{2.37}$$

可以写为

$$\left|\begin{array}{c}\overline{V}_{abc}\\0\end{array}\right|=\left|\begin{array}{cc}\overline{Z}_1&\overline{Z}_2\\\overline{Z}_2^t-\overline{Z}_1&\overline{Z}_4-\overline{Z}_2\end{array}\right|\left|\begin{array}{c}\overline{I}_{abc}\\\overline{I}_{a'b'c'}\end{array}\right|$$

$$\begin{aligned}I_a''&=I_a+I_a'\\I_b''&=I_b+I_b'\\I_c''&=I_c+I_c'\end{aligned} \tag{2.38}$$

矩阵可以修正为

$$\left|\begin{array}{cccccc}Z_{aa}&Z_{ab}&Z_{ac}&Z_{aa'}-Z_{aa}&Z_{ab'}-Z_{ab}&Z_{ac'}-Z_{ac}\\Z_{ba}&Z_{bb}&Z_{bc}&Z_{ba'}+Z_{ba}&Z_{bb'}+Z_{bb}&Z_{bc'}-Z_{bc}\\Z_{ca}&Z_{cb}&Z_{cc}&Z_{ca'}-Z_{ca}&Z_{cb'}-Z_{cb}&Z_{cc'}-Z_{cc}\\Z_{a'a}-Z_{aa}&Z_{a'b}-Z_{ab}&Z_{a'c}-Z_{ac}&Z_{a'a'}-Z_{aa'}-Z_{a'a}+Z_{aa}&Z_{a'b'}-Z_{ab'}-Z_{a'b}+Z_{ab}&Z_{a'c'}-Z_{ac'}-Z_{a'c}+Z_{ac}\\Z_{b'a}-Z_{ba}&Z_{b'b}-Z_{bb}&Z_{b'c}-Z_{bc}&Z_{b'a'}-Z_{ba'}-Z_{b'a}+Z_{ba}&Z_{b'b'}-Z_{bb'}-Z_{b'b}+Z_{bb}&Z_{b'c'}-Z_{bc'}-Z_{b'c}+Z_{bc}\\Z_{c'a}-Z_{ca}&Z_{c'b}-Z_{cb}&Z_{c'c}-Z_{cc}&Z_{c'a'}-Z_{ca'}-Z_{c'a}+Z_{ca}&Z_{c'b'}-Z_{cb'}-Z_{c'b}+Z_{cb}&Z_{c'c'}-Z_{cc'}-Z_{c'c}+Z_{cc}\end{array}\right|\left|\begin{array}{c}I_a+I_a'\\I_b+I_b'\\I_c+I_c'\\I_a'\\I_b'\\I_c'\end{array}\right| \tag{2.39}$$

或写为

$$\left|\begin{array}{c}\overline{V}_{abc}\\0\end{array}\right|=\left|\begin{array}{cc}\overline{Z}_1&\overline{Z}_2-\overline{Z}_1\\\overline{Z}_2^t-\overline{Z}_1&(\overline{Z}_4-\overline{Z}_2)-(\overline{Z}_2^t-\overline{Z}_1)\end{array}\right|\left|\begin{array}{c}\overline{I}_{abc}''\\\overline{I}_{a'b'c'}\end{array}\right| \tag{2.40}$$

如前简化为 3×3 矩阵：

$$\left|\begin{array}{c}V_a''\\V_b''\\V_c''\end{array}\right|=\left|\begin{array}{ccc}Z_{aa}''&Z_{ab}''&Z_{ac}''\\Z_{ba}''&Z_{bb}''&Z_{bc}''\\Z_{ca}''&Z_{cb}''&Z_{cc}''\end{array}\right|\left|\begin{array}{c}I_a''\\I_b''\\I_c''\end{array}\right| \tag{2.41}$$

2.1.7 卡森方程

Z_{abc-g} 可以根据卡森方程（ca. 1926）求得。这在今日对线路常数的计算是非常重要的。对于

n 个导体，地的电阻假设为无穷大。图 2.8 给出了地面下映射导体和地面上导体的距离，各导线间的距离相等。导体结构如图 2.8 所示。

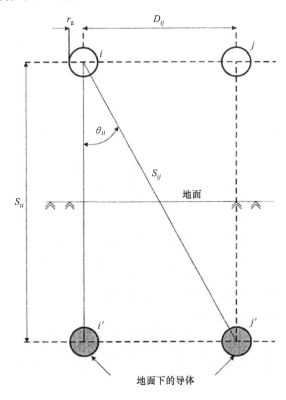

图 2.8　OH 导体和它们对应在地下的投影（卡森方程）

$$Z_{ii} = R_i + 4\omega P_{ii}G + \mathrm{j}(X_i + 2\omega G\ln\frac{S_{ii}}{r_i} + 4\omega Q_{ii}G]\,\Omega/\mathrm{mile} \tag{2.42}$$

$$Z_{ij} = 4\omega P_{ii}G + \mathrm{j}(2\omega G\ln\frac{S_{ij}}{D_{ij}} + 4\omega Q_{ii}G)\,\Omega/\mathrm{mile} \tag{2.43}$$

式中，Z_{ii} 是带有接地回路，导体 i 的自阻抗，单位为 Ω/mile；Z_{ij} 是带有接地回路，导体 i 和导体 j 的互阻抗，单位为 Ω/mile；R 是导体的电阻，单位为 Ω/mile；S_{ii} 是第 i 根导体的映像距离；S_{ij} 是第 i 根导体和第 j 根导体的映像距离；D_{ij} 是第 i 根导体和第 j 根导体的距离；r_i 是导体半径，单位为 ft；ω 是角频率；$G = 0.1609347 \times 10^{-7}\,\Omega \cdot \mathrm{cm}$。

GMR_i 是导体 i 的几何平均距离；ρ 是土壤电阻率；θ_{ij} 是如图 2.8 所示的角度。

P、Q 表达式如下：

$$\begin{aligned} P = &\frac{\pi}{8} - \frac{1}{3\sqrt{2}}k\cos\theta + \frac{k^2}{16}\cos2\theta\Big(0.64728 + \ln\frac{2}{k}\Big) + \frac{k^2}{16}\theta\sin\theta \\ &+ \frac{k^3\cos3\theta}{45\sqrt{2}} - \frac{\pi k^4\cos4\theta}{1536} \end{aligned} \tag{2.44}$$

$$\begin{aligned} Q = &-0.0386 + \frac{1}{2}\ln\frac{2}{k} + \frac{1}{3\sqrt{2}}\cos\theta - \frac{k^2\cos2\theta}{64} - \frac{k^3\cos3\theta}{45\sqrt{2}} \\ &- \frac{k^4\sin4\theta}{384} - \frac{k^4\cos4\theta}{384}\Big(\ln\frac{2}{k} + 1.0895\Big) \end{aligned} \tag{2.45}$$

式中

$$k = 8.565 \times 10^4 S_{ij} \sqrt{\frac{f}{\rho}}^{\ominus} \tag{2.46}$$

S_{ij}以英尺计算；ρ为土壤电阻率，单位为$\Omega \cdot m$；f为系统频率。这表明系数k既取决于频率也取决于土壤电阻率。

2.1.8 卡森方程的近似

P和Q的近似表达式为

$$P_{ij} = \frac{\pi}{8} \tag{2.47}$$

$$Q_{ij} = -0.03860 + \frac{1}{2}\ln\frac{2}{k_{ij}} \tag{2.48}$$

假设$f = 60Hz$、土壤电阻率为$100\Omega \cdot m$，方程可以简化为

$$Z_{ii} = R_i + 0.0953 + j0.12134\left(\ln\frac{1}{GMR_i} + 7.93402\right)\Omega/mile \tag{2.49}$$

$$Z_{ij} = 0.0953 + j0.12134\left(\ln\frac{1}{D_{ij}} + 7.93402\right)\Omega/mile \tag{2.50}$$

式（2.49）和式（2.50）对于导线阻抗的计算很重要。

例2.2：这里举例说明导线组的矩阵简化。

导体：ACSR，795kcmil，26股，2层，股包直径为0.1749in$^{\ominus}$，钢芯，7股，股包直径为0.1360in。外部导体总直径为1.108in。GMR = 0.0375ft$^{\ominus}$，近似电流容量为900A，R_i为0.117Ω/mile。

配置：每相两个导体，间距3in，相间距离40in，平铺式，如图2.9所示。

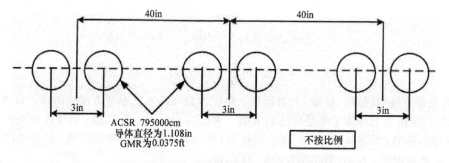

图2.9 导体组间距（例2.1）

那么，通过式（2.49）和式（2.50），矩阵Z_1为

$$\overline{Z}_1 = \begin{vmatrix} 0.2123 + j1.3611 & 0.0953 + j0.8166 & 0.0953 + j0.7325 \\ 0.0953 + j0.8166 & 0.2123 + j1.3611 & 0.0953 + j0.8166 \\ 0.0953 + j0.7325 & 0.0953 + j0.8166 & 0.2123 + j1.3611 \end{vmatrix}$$

⊖ 原书为$\sqrt{\frac{f}{p}}$，有误，应为$\sqrt{\frac{f}{\rho}}$。——译者注

⊜ 1in = 0.0254m。

⊜ 1ft = 0.3048m。

由于对称性，这个也可以为 Z_4。

矩阵 Z_2 为

$$\overline{Z}_2 = \begin{vmatrix} 0.0953 + j1.3092 & 0.0953 + j0.8078 & 0.0953 + j0.7280 \\ 0.0953 + j0.8260 & 0.0953 + j1.3092 & 0.0953 + j0.8078 \\ 0.0953 + j0.7372 & 0.0953 + j0.8260 & 0.0953 + j1.3092 \end{vmatrix}$$

于是

$$\overline{Z}_1 - \overline{Z}_2 = \begin{vmatrix} 0.1170 + j0.0519 & j0.0088 & j0.0045 \\ -j0.0094 & 0.1170 + j0.0519 & j0.0088 \\ -j0.0047 & -j0.0094 & 0.1170 + j1.3092 \end{vmatrix}$$

$$\overline{Z}_2^t = \begin{vmatrix} 0.0953 + j1.3092 & 0.0953 + j0.8260 & 0.0953 + j0.7372 \\ 0.0953 + j0.8078 & 0.0953 + j1.3092 & 0.0953 + j0.8260 \\ 0.0953 + j0.7280 & 0.0953 + j0.8078 & 0.0953 + j1.3092 \end{vmatrix}$$

$$\overline{Z}_2^t - \overline{Z}_1 = \begin{vmatrix} -0.117 - j0.0519 & j0.0094 & j0.0047 \\ -j0.0088 & -0.117 - j0.0519 & j0.0094 \\ -j0.0045 & -j0.0088 & -0.117 - j0.0519 \end{vmatrix}$$

$$\overline{Z}_k = (\overline{Z}_1 - \overline{Z}_2) - (\overline{Z}_2^t - \overline{Z}_1) = \begin{vmatrix} 0.234 + j0.1038 & -j0.0006 & -j0.0002 \\ -j0.0006 & 0.234 + j0.1038 & -j0.0006 \\ -j0.0002 & -j0.0006 & 0.234 + j0.1038 \end{vmatrix}$$

$$\overline{Z}_k^{-1} = \begin{vmatrix} 3.571 - j1.584 & 6.785 \times 10^{-3} + j6.152 \times 10^{-3} & 2.256 \times 10^{-3} + j2.069 \times 10^{-3} \\ 6.785 \times 10^{-3} + j6.152 \times 10^{-3} & 3.571 - j1.584 & 6.785 \times 10^{-3} + j6.152 \times 10^{-3} \\ 2.256 \times 10^{-3} + j2.069 \times 10^{-3} & 6.785 \times 10^{-3} + j6.152 \times 10^{-3} & 3.571 - j1.584 \end{vmatrix}$$

然后

$$(\overline{Z}_2 - \overline{Z}_1) \overline{Z}_k^{-1} (\overline{Z}_2^t - \overline{Z}_1) =$$

$$\begin{vmatrix} 0.058 + j0.026 & -1.494 \times 10^{-4} - j8.361 \times 10^{-5} & 2.963 \times 10^{-4} - j1.806 \times 10^{-4} \\ -1.494 \times 10^{-4} - j8.361 \times 10^{-5} & 0.058 + j0.026 & -1.494 \times 10^{-4} - j8.361 \times 10^{-5} \\ 2.963 \times 10^{-4} - j1.806 \times 10^{-4} & -1.494 \times 10^{-4} - j8.361 \times 10^{-5} & 0.058 + j0.026 \end{vmatrix}$$

然后变换矩阵为矩阵 Z_1 减去上述矩阵:

$$\overline{Z}_{transformed} = \begin{vmatrix} 0.1543 + j1.3351 & 0.0969 + j0.8167 & 0.0950 + j0.7327 \\ 0.0969 + j0.8167 & 0.1543 + j1.3351 & 0.0969 + j0.8167 \\ 0.0950 + j0.7327 & 0.0969 + j0.8167 & 0.1543 + j1.3351 \end{vmatrix}$$

可以转换为序阻抗矩阵:

$$\overline{Z}_{012} = \overline{T}_s \, \overline{Z}_{abc} \, \overline{T}_s^{-1}$$

式中，T_s 是变换矩阵的对称分量。

$$\overline{Z}_{012} = \begin{vmatrix} 0.347 + j2.932 & 0.024 - j0.015 & -0.025 - j0.013 \\ -0.025 - j0.013 & 0.058 + j0.566 & -0.048 + j0.029 \\ 0.024 - j0.015 & 0.049 + j0.027 & 0.058 + j0.566 \end{vmatrix}$$

2.1.9　OH 线路电容

对于谐波分析，线路的并联电容建模是很重要的。一个单相两线输电线路的每单位长度并联电容为

$$C = \frac{\pi\varepsilon_0}{\ln(D/r)}\mathrm{F/m} \tag{2.51}$$

式中，ε_0 是真空介电常数，$\varepsilon_0 = 8.854 \times 10^{-12}\mathrm{F/m}$，其他变量前面定义过了。对于等距导体的三相线路，线对中性点电容为

$$C = \frac{2\pi\varepsilon_0}{\ln(D/r)}\mathrm{F/m} \tag{2.52}$$

对于非等距导体，D 用式（2.20）中的 GMD 代替。电容值受大地影响，通过导体的镜像描述与地面高度相同电容的模拟效果。这些镜像导体与地面导体有相反极性的电荷（见图 2.10），由图可知，对地电容为

$$C_{\mathrm{n}} = $$

$$\frac{2\pi\varepsilon_0}{\ln(\mathrm{GMD}/r) - \ln(\sqrt[3]{S_{ab'}S_{bc'}S_{ca'}}/\sqrt[3]{S_{aa'}S_{bb'}S_{cc'}})} \tag{2.53}$$

使用式（2.53）的表示法，可以写为

$$C_{\mathrm{n}} = \frac{2\pi\varepsilon_0}{\ln(D_{\mathrm{m}}/D_{\mathrm{s}})} = \frac{10^{-9}}{18\ln(D_{\mathrm{m}}/D_{\mathrm{s}})}\mathrm{F/m} \tag{2.54}$$

三相线路矩阵的电容为

$$\overline{C}_{abc} = \begin{vmatrix} C_{aa} & -C_{ab} & -C_{ac} \\ -C_{ba} & C_{bb} & -C_{bc} \\ -C_{ca} & -C_{cb} & C_{cc} \end{vmatrix} \tag{2.55}$$

上式用图 2.11a 概略表示。相导体 a 和 b 之间的电容为 C_{ab}，导体 a 和大地之间的电容为 $C_{aa} - C_{ab} - C_{ac}$。如果线路完全对称，所有对角元素相同，电容矩阵的非对角元素完全相同：

$$\overline{C}_{abc} = \begin{vmatrix} C & -C' & -C' \\ -C' & C & -C' \\ -C' & -C' & C \end{vmatrix} \tag{2.56}$$

对角矩阵采用对称分量变换为

$$\overline{C}_{012} = \overline{T}_{\mathrm{s}}^{-1}\overline{C}_{abc}\overline{T}_{\mathrm{s}} = \begin{vmatrix} C - 2C' & 0 & 0 \\ 0 & C + C' & 0 \\ 0 & 0 & C + C' \end{vmatrix} \tag{2.57}$$

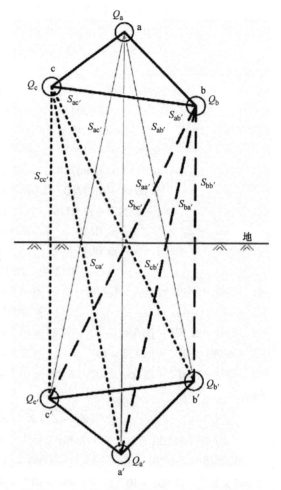

图 2.10　OH 线路电容的计算；导体及其镜像、间距和电荷

系统输电线路中电容的零序、正序和负序分量如图 2.11b 所示。特征值为 $C - 2C'$，$C + C'$ 和 $C + C'$。电容 $C + C'$ 可以写为 $3C' + (C - 2C')$，等于三相导体的线路电容加上三相导体的对地电容。

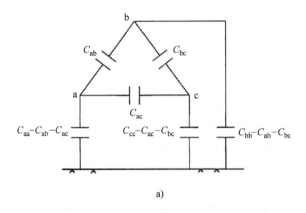

a)

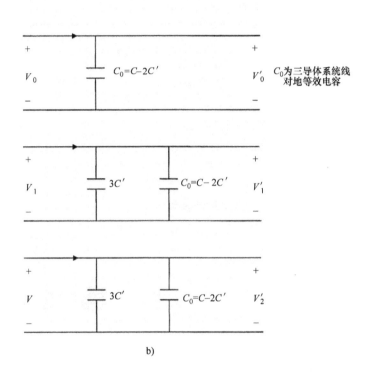

b)

图 2.11 a) 三相线路电容；b) 等效序列电容

电容器中，$V = Q/C$。电容矩阵可以写为

$$\overline{V}_{abc} = \overline{P}_{abc} \overline{Q}_{abc} = \overline{C}_{abc}^{-1} \overline{Q}_{abc} \tag{2.58}$$

式中，$\overline{P}$ 是电势系数矩阵，即

$$\begin{vmatrix} V_a \\ V_b \\ V_c \end{vmatrix} = \begin{vmatrix} P_{aa} & P_{ab} & P_{ac} \\ P_{ba} & P_{bb} & P_{bc} \\ P_{ca} & P_{cb} & P_{cc} \end{vmatrix} \begin{vmatrix} Q_a \\ Q_b \\ Q_c \end{vmatrix} \tag{2.59}$$

式中

$$P_{ii} = \frac{1}{2\pi\varepsilon_0}\ln\frac{S_{ii}}{r_i} = 11.17689\ln\frac{S_{ii}}{r_i}$$

$$P_{ij} = \frac{1}{2\pi\varepsilon_0}\ln\frac{S_{ij}}{D_{ij}} = 11.17689\ln\frac{S_{ij}}{D_{ij}}$$

$$(2.60)$$

式中，S_{ij} 是地下导体到镜像的距离，单位为 ft；D_{ij} 是地下导体与导体之间的距离，单位为 ft；r_i 是导体半径，单位为 ft；ε_0 是导体附近的介电常数，$\varepsilon_0 = 1.424 \times 10^{-8}$。

对于正弦波电压和电流，方程可以写作

$$\begin{vmatrix} I_a \\ I_b \\ I_c \end{vmatrix} = j\omega \begin{vmatrix} C_{aa} & -C_{ab} & -C_{ac} \\ -C_{ba} & -C_{bb} & -C_{bc} \\ -C_{ca} & -C_{cb} & C_{cc} \end{vmatrix} \begin{vmatrix} V_a \\ V_b \\ V_c \end{vmatrix}$$

$$(2.61)$$

配备地线的三相线路电容可以类似电感一样求解。前一个 P 矩阵可以降维为 3×3 矩阵。

例 2.3：非对称架空线路的配置如图 2.12 所示。相导体由 26 根铝 ACSR 导体和 7 股钢的 556.5kcmil（556500 圆密耳）组成。由 ACSR 导体表所示，60Hz 下的导体的电阻为 0.1807Ω，GMR 为 0.0313ft；导体直径为 0.927in。中性点由 336.4kcmil 的 ACSR 导体组成，60Hz、50℃ 的情况下，电阻每英里为 0.259Ω，GMR 为 0.0278ft，导体直径为 0.806in。计算电容矩阵 Y。

导体镜像如图 2.12 所示。这为式（2.59）和式（2.60）中所需 P 矩阵的导体间距计算提供了方便。根据几何距离和导体直径，先前的矩阵 P 为

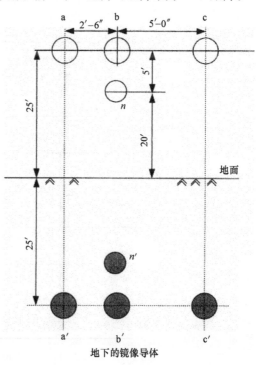

图 2.12　计算电容矩阵 Y 的导体结构

$$\overline{P} = \begin{vmatrix} P_{aa} & P_{ab} & P_{ac} & P_{an} \\ P_{ba} & P_{bb} & P_{bc} & P_{bn} \\ P_{ca} & P_{cb} & P_{cc} & P_{cn} \\ P_{na} & P_{nb} & P_{nc} & P_{nn} \end{vmatrix}$$

$$= \begin{vmatrix} 80.0922 & 33.5387 & 21.4230 & 23.3288 \\ 33.5387 & 80.0922 & 25.7913 & 24.5581 \\ 21.4230 & 25.7913 & 80.0922 & 20.7547 \\ 23.3288 & 24.5581 & 20.7547 & 79.1615 \end{vmatrix}$$

降维至 3×3 矩阵

$$P = \begin{vmatrix} 73.2172 & 26.3015 & 15.3066 \\ 26.3015 & 72.4736 & 19.3526 \\ 15.3066 & 19.3526 & 74.6507 \end{vmatrix}$$

因此，所需要的 $\overline{C}$ 是 $\overline{P}$ 的逆矩阵，$\overline{Y}_{abc}$ 为

$$Y_{abc} = j\omega\overline{P}^{-1} = \begin{vmatrix} j6.0141 & -j1.9911 & -j0.7170 \\ -j1.9911 & j6.2479 & -j1.2114 \\ -j0.7170 & j1.2114 & j5.5111 \end{vmatrix} \mu S/mile$$

2.1.10　OH 线路的 EMTP 模型

EMTP 对许多输电线路进行了建模。恒参数（CP）模型是与频率无关的输电线路模型的谐波分析。同样地，可以使用频率相关（FD）模型。CP 模型适用于频率相关的输电线路模型谐波分析。

EMTP 可采用以下的变换矩阵。m 相对称线路的克拉克 $\alpha\beta_0$ 变换矩阵[7,8]为

$$\overline{T}_i = \begin{vmatrix} \dfrac{1}{\sqrt{m}} & \dfrac{1}{\sqrt{2}} & \dfrac{1}{\sqrt{6}} & \cdots & \dfrac{1}{\sqrt{j(j-1)}} & \cdots & \dfrac{1}{\sqrt{m(m-1)}} \\ \dfrac{1}{\sqrt{m}} & \dfrac{1}{\sqrt{2}} & \dfrac{1}{\sqrt{6}} & \cdots & \dfrac{1}{\sqrt{j(j-1)}} & \cdots & \dfrac{1}{\sqrt{m(m-1)}} \\ \dfrac{1}{\sqrt{m}} & 0 & -\dfrac{2}{\sqrt{6}} & \cdots & \vdots & \cdots & \vdots \\ \vdots & \vdots & 0 & \cdots & \dfrac{-(j-1)}{\sqrt{j(j-1)}} & \cdots & \vdots \\ \vdots & \vdots & \vdots & \vdots & 0 & \cdots & \vdots \\ \dfrac{1}{\sqrt{m}} & 0 & 0 & \cdots & 0 & \cdots & \dfrac{-(m-1)}{\sqrt{m(m-1)}} \end{vmatrix} \quad (2.62)$$

将此变换应用到 m 相对称线路矩阵，将产生一个如下形式的对角矩阵：

$$\begin{vmatrix} Z_{g-m} & & & \\ & Z_{L-m} & & \\ & & \ddots & \\ & & & Z_{L-m} \end{vmatrix} \quad (2.63)$$

式中，Z_{g-m} 是对地矩阵；Z_{L-m} 是导线矩阵。如果 m 相传输线方程（M 个耦合方程）可以转换为 M 个非耦合方程，求解会更加简单。根据特征值/特征向量的理论，很多换位和非换位线路均可以变成对角矩阵。

假定 T 为变换矩阵、V_m 为原电压矩阵，变换后导线电压矩阵 V 为

$$\overline{V} = T\overline{V}_m \quad (2.64)$$

那么，波方程可以解耦，写为

$$\begin{aligned} \frac{\partial^2 \overline{V}_m}{\partial x^2} &= \overline{T}^{-1} |\overline{L}\,\overline{C}| \overline{T} \frac{\partial^2 \overline{V}_m}{\partial t^2} \\ &= \overline{T}^{-1} \overline{M}^{-1} \overline{T} \frac{\partial^2 \overline{V}_m}{\partial t^2} \\ &= \overline{\lambda} \frac{\partial^2 \overline{V}_m}{\partial t^2} \end{aligned} \quad (2.65)$$

对于解耦矩阵，$\overline{\lambda} = \overline{T}^{-1}\overline{M}^{-1}\overline{T}$ 为对角矩阵，通过求解特征方程，可得特征值 $\overline{M}$。分对 n 条导体系统，矩阵维数为 n，n 个电压相互独立。电压按如下速度传播：

$$v_n = \frac{1}{\lambda_k}, \ k = 1, 2, \cdots, n \quad (2.66)$$

实际电压按式（2.66）给定。

对于三相线路：

$$\overline{T} = \begin{vmatrix} 1 & 1 & 1 \\ -1 & 0 & 1 \\ 0 & -1 & 1 \end{vmatrix} \tag{2.67}$$

对于双导体线路，存在两种模式。在线路模式中，电压和电流通过一条线路传播，另外一条线路返回，不通过大地流通。在大地模式中，模型通过导体传播，经大地返回。对于三导体线路，有两种线路模式和一种大地模式。

线对线模式的传播类似于光的传输速度，与大地模式相比，其衰减程度和失真程度更低。线路电阻和大地电阻的影响很大。

例 2.4：假设 400kV 的传输线路的参数如下：

相导体：ACSR，共 30 股，长 500kcmil，25℃ 时，电阻为 $0.187\Omega/\text{mile}$，50℃ 时，电阻为 $0.206\Omega/\text{mile}$，$X_a = 0.421\Omega/\text{mile}$，外部直径为 0.904″，GMR = 0.0311ft。

地线：7#8，115.6kcmil，7 股，25℃ 时，电阻为 $2.44\Omega/\text{mile}$，50℃ 时，电阻为 $3.06\Omega/\text{mile}$，$X_a = 0.749\Omega/\text{mile}$，外部直径为 0.385″，GMR = 0.00209ft。

线路结构：相导体，平铺式，离地高度为 108ft。两条地线离地高度为 143ft。地线间距为 50ft。

其他数据：土壤电阻率为 $100\Omega \cdot \text{m}^{\ominus}$，塔底电阻为 20Ω，跨度为 800ft。

使用 EMTP 流程计算 CP 模型参数和对称线路，如图 2.13 所示。注意，图中给出了两套参数，一个是在 3543Hz，另一个是在 60Hz。CP 模型可以达到 3543Hz。通常，谐波分析需要对 50 次以内的谐波进行分析。

对称线路变换矩阵的模型参数

频率为6.0000E+01 Hz　　　　　　　　　　　　　　　　长度为3.2187E+02 km

R (OHMS/KM)	L (MH/KM)	C (MICROF/KM)	ZC (OHMS)	PH(ZC) (角度)	衰减度 (E**-GAM*L)	速度 (KM/SEC)
3.1424E-01	2.5878E+00	5.6182E-03	6.9563E+02	-8.9244E+00	9.2903E-01	2.5901E+05
1.1937E-01	1.4559E+00	7.7265E-03	4.3913E+02	-6.1331E+00	9.5694E-01	2.9643E+05
1.1937E-01	1.4559E+00	7.7265E-03	4.3913E+02	-6.1331E+00	9.5694E-01	2.9643E+05

模型并联电导 (MHOS/KM)：

2.0000E-10　2.0000E-10　2.0000E-10

对称线路变换矩阵的模型参数

频率为3.5434E+03 Hz　　　　　　　　　　　　　　　　长度为3.2187E+02 km

R (OHMS/KM)	L (MH/KM)	C (MICROF/KM)	ZC (OHMS)	PH(ZC) (角度)	衰减度 (E**-GAM*L)	速度 (KM/SEC)
2.6237E+00	2.2236E+00	5.6182E-03	6.2956E+02	-1.5168E+00	5.1123E-01	2.8283E+05
1.4563E-01	1.4504E+00	7.7265E-03	4.3327E+02	-1.2916E-01	9.4733E-01	2.9872E+05
1.4563E-01	1.4504E+00	7.7265E-03	4.3327E+02	-1.2916E-01	9.4733E-01	2.9872E+05

模型并联电导 (MHOS/KM)：

2.0000E-10　2.0000E-10　2.0000E-10

图 2.13　利用 EMTP 计算 400kV 线路参数

$\ominus$　原书为$100\Omega/\text{m}$，电阻率单位有误。——译者注

特高压线路（EHV）的钢型半柔性塔也称自支撑塔正受到更多的关注。图 2.14 给出了电网公司所使用的 500kV 塔结构。

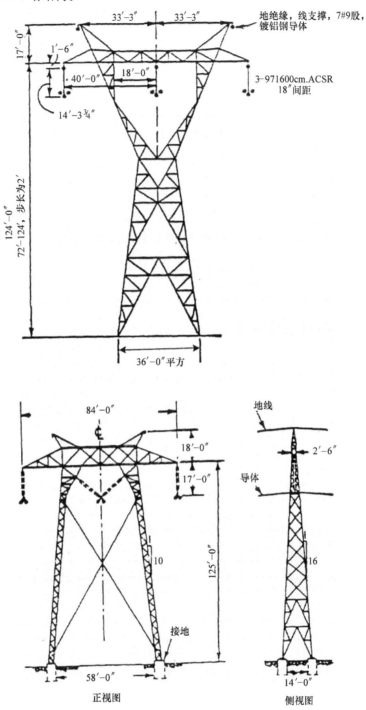

图 2.14　500kV OH 线路结构

超过 138kV 的高压线路通常在自支撑或刚性杆塔上建造能取得更好的效果。高强度铝合金塔具有抗腐蚀的优点，但当导体受到外部压力时，它受影响程度更大，因此，没有被广泛使用。

2.1.11 谐波的影响

长线路指长度为 $150/h$ mile 的线路，其中，h 为谐波次数。受趋肤效应和邻近效应作用，高频的影响增大。频率相关型模型中的阻性元件很重要，电抗的影响可以忽略不计。电阻可以利用 $g(h)$ 因子计算[9]：

$$R(h) = R_{DC}g(h) \tag{2.68}$$
$$g(h) = 0.035X^2 + 0.938 > 2.4 \tag{2.69}$$
$$= 0.35X + 0.3 \leqslant 2.4 \tag{2.70}$$

式中

$$X = 0.3884 \sqrt{\frac{f_h}{f}} \sqrt{\frac{h}{R_{DC}}} \tag{2.71}$$

式中，f_h 是频率；f 是系统频率。另一个考虑趋肤效应后，方程可写为

$$R = R_e \left[\frac{j\mu\omega}{2\pi a} \frac{J_z(r)}{\partial J_z(r)/\partial r \mid_{r=a}} \right] \tag{2.72}$$

式中，$J_z(r)$ 是电流密度；a 是导体外部半径。

2.1.12 带谐波的输电线路方程

线路存在谐波时：

$$V_{s(h)} = V_{r(h)} \cosh(\gamma l_{(h)}) + I_{r(h)} Z_{0(h)} \sinh(\gamma l_{(h)})$$
$$= V_{r(h)} \cosh(\sqrt{Z_{(h)} Y_{(h)}}) + I_{r(h)} \sqrt{\frac{Z_{(h)}}{Y_{(h)}}} \sinh(\sqrt{Z_{(h)} Y_{(h)}}) \tag{2.73}$$

$$I_{s(h)} = \frac{V_{r(h)}}{Z_{0(h)}} \sinh(\sqrt{Z_{(h)} Y_{(h)}}) + I_{r(h)} \cosh(\sqrt{Z_{(h)} Y_{(h)}}) \tag{2.74}$$

类似地，有

$$\begin{vmatrix} V_r \\ I_r \end{vmatrix} = \begin{vmatrix} \cosh(\gamma l) & -Z_0 \sinh(\gamma l) \\ -\dfrac{\sinh(\gamma l)}{Z_0} & \cosh(\gamma l) \end{vmatrix} \begin{vmatrix} V_s \\ I_s \end{vmatrix} \tag{2.75}$$

由上式可以写出末端电流和电压方程。

考虑到频率的影响，线路的阻抗各有不同。表 2.1 展示了标准 Π 形模型的常数。Π 形模型可以代表长线路模型。

$$Z_s = Z_0 \sinh\gamma l$$
$$Y_p = \frac{Y}{2} \left[\frac{\tanh\gamma l/2}{\gamma l/2} \right] \tag{2.76}$$

这里，我们可以注意到 Π 形模型的串联元件 Z_s、Y_p。存在谐波时，可以写成

$$Z_{s(h)} = Z_{0(h)} \sinh\gamma l_{(h)} = Z_{(h)} \frac{\sin\gamma l_{(h)}}{\gamma l_{(h)}}$$
$$Y_{p(h)} = \frac{\tanh(\gamma l_{(h)}/2)}{Z_{0(h)}} = \frac{Y_{(h)}}{2} \frac{\tanh(\gamma l_{(h)}/2)}{\gamma l_{(h)}/2} \tag{2.77}$$

然后

$$\gamma_{(h)} = \sqrt{z_{(h)}y_{(h)}} \approx \frac{h\omega}{l}\sqrt{LC}$$

$$Z_{0(h)} = \sqrt{z_{(h)}/y_{(h)}} \approx \sqrt{\frac{L}{C}}$$

(2.78)

同样地

$$\lambda_{(h)} = 2\pi/\beta_{(h)} \approx \frac{1}{hf\sqrt{LC}}$$

$$v_{(h)} = f\lambda_h \approx \frac{1}{\sqrt{LC}}$$

(2.79)

$$f_{osc(h)} = \frac{v_{(h)}}{l} = \frac{1}{\sqrt{LC}}$$

因此，阻抗特性、传输速度和振荡频率都与 h 无关，而波长与 h 成反比。

阻抗、电阻和电抗随频率变化的特性取决于所用线路模型，根据线路模型不同，谐振频率也不同（见 4.13 节）。

我们可以写出如下方程：

$$\begin{vmatrix} I_s \\ I_r \end{vmatrix} = \frac{1}{B}\begin{vmatrix} D & CB-DA \\ 1 & -A \end{vmatrix}\begin{vmatrix} V_s \\ V_r \end{vmatrix}$$

$$= \frac{1}{Z_0\sinh\gamma l}\begin{vmatrix} \cosh\gamma l & -1 \\ 1 & -\cosh\gamma l \end{vmatrix}\begin{vmatrix} V_s \\ V_r \end{vmatrix}$$

$$= \begin{vmatrix} \dfrac{1}{Z_s}+Y_p & -\dfrac{1}{Z_s} \\ \dfrac{1}{Z_s} & -\dfrac{1}{Z_s}-Y_p \end{vmatrix}\begin{vmatrix} V_s \\ V_r \end{vmatrix}$$

(2.80)

注意到

$$CB - DA = \sinh^2(\gamma l) - \cosh^2(\gamma l) = -1$$

从另一方面考虑，线路阻抗为

$$\frac{1}{Y_{p(h)}} 与 \left(Z_{s(h)} + \frac{1}{Y_{p(h)}}\right) 并联$$

$$= \frac{Z_{s(h)}Y_{p(h)}+1}{Y_{p(h)}\left[Z_{s(h)}Y_{p(h)}+2\right]}$$

(2.81)

计算机程序需要使用式（2.81）计算线路阻抗，通过频率变化确定谐振点。

例 2.5： 假设输电线路满足以下条件：

导体"燧石"，长 740.8kcmil，ACSR，共 37 股，水平放置，相隔 25ft，有一条离导体 16ft 的地线，导体离地高度为 60ft，土壤电阻率为 90Ω·m。

用程序求取线路参数：

$$R = 0.14852\Omega/mile$$

$$X = 0.837\Omega/mile$$

$$Y = 5.15 \times 10^{-6}S/mile$$

那么

$$L = 0.00222 \text{H/mile}$$

$$C = 0.01366 \times 10^{-6} \text{F/mile}$$

$$Z_0 = 403 \Omega$$

$$\gamma = \sqrt{zy} = [(0.14852 + j0.837) \times (j5.15 \times 10^{-6}]^{1/2}$$

$$= (0.184 + j2.084) \times 10^{-3} \text{rad/mile}$$

$$\lambda = \frac{2\pi}{\beta} = 3014 \text{mile}$$

$$v = f\lambda = 1.808 \times 10^{5} \text{mile/s}$$

$$f_{\text{osc}} = \frac{1}{\sqrt{LC}} = 3016 \text{Hz}(300 \text{mile 线路})$$

同样地

$$Z_s = Z_c \sinh(\gamma l) = \sqrt{\frac{0.14852 + j0.837}{j5.15 \times 10^{-6}}} \sinh(0.0552 + j0.6252)$$

$$= (405 - j36)\sinh(0.0552 + j0.6252)$$

$$\sinh(0.0552 + j0.6252) = \sinh(0.0552)\cos(0.6252) + j\cosh(0.0552)\sin(0.6252)$$

$$= (0.0552) \times (0.8108) + j(1.0) \times (0.5853)$$

$$= 0.045 + j0.5853$$

然后

$$Z_s = (405 - j36) \times (0.045 + j0.5833)$$

$$= 39.224 + j234.6$$

$$Y_p = \tanh\frac{(\gamma l/2)}{Z_c}$$

$$\sinh\left(\frac{\gamma l}{2}\right) = \sinh(0.0275 + j0.326)$$

$$= (0.0275) \times (0.947) + j(1) \times (0.32)$$

$$= 0.026 + j0.32$$

$$\cosh\left(\frac{\gamma l}{2}\right) = (0.275) \times (0.947) + j(0.0275) \times (0.32)$$

$$= 0.947 + j0.0088$$

$$\tan\left(\frac{\gamma l}{2}\right) = 0.031 + j0.338$$

$$Y_p = \frac{0.031 + j0.338}{405 - j36} = 2.341 \times 10^{-6} + j8.348 \times 10^{-4} \approx j8.348 \times 10^{-4}$$

那么，基频下的线路阻抗为

$$\frac{Z_{s(h)} Y_{p(h)} + 1}{Y_{p(h)} [Z_{s(h)} Y_{p(h)} + 2]}$$

$$= \frac{(405 - j36)(j8.348 \times 10^{-4}) + 1}{(j8.348 \times 10^{-4})[(405 - j36)(j8.348 \times 10^{-4}) + 2]}$$

$$= \frac{1.03 + j0.338}{-2.822 \times 10^{-4} + 1.695 \times 10^{-3}}$$

$$= 98.46 - j600.36$$

计算过程如上所示。程序会求解得出串联和并联谐振频率，如图 2.15a 和 b 所示。

假设 4 股 397.5kcmil ACSR 导体，各相平铺排列，GMD = 44.09′，200mile 长，空载时，从首端看进去，图 2.15a 展示了阻抗角度，图 2.15b 展示了 400kV 线路阻抗随频率的变化。线路产生194.8Mvar 容性无功功率。当线路的功率因数为 0.9、200MVA 的负载供电时（不存在谐波），阻抗角如图 2.15c 和 d 所示（大幅度减小）。计算时考虑 7#8 两条地线，土壤电阻率为 100Ω·m。每条导体直径为 0.806in（0.317cm），而导线股中心间隔 6in（0.15m）。图中展示了一系列谐振频率。随着谐振频率的变化，阻抗角剧烈变化。对于高压（HV）长输电线路的谐波分析，需要有能对含谐波的长线路进行建模的程序（见本章参考文献 [10 - 14]）。

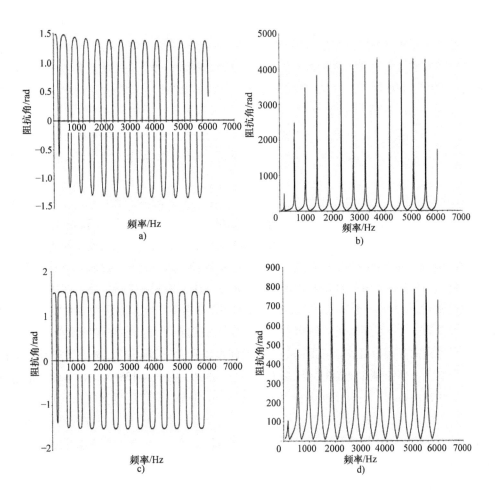

图 2.15　a）带导线股的 400kV 线路的频率扫描；b）阻抗模量的相应相位角；
c）和 d）加载 200MVA，滞后功率因数为 0.9 的线路相应的曲线

2.2 电缆

电缆比起架空线路具有更大的电容量，因此，电缆电容的建模对谐波分析具有非常重要的意义。像输电线路一样，应该采用 Π 形等效电路，而非标准 Π 形电路。如果浪涌时间低于系统电压上升时间的 30%，可认为电缆比较短。另一个考虑因素是电缆护层交联点，每一节电缆都有护层和地连接。

铠装电缆的波形可以通过 FE（有限元）方法进行建模，通过耦合 FE 模型和外部电路可以得到对应频率响应。矢量拟合有理函数可以用一个等效网络代替。频率响应用有理函数进行拟合。对于谐波频率高达 3000Hz 的情况，电阻会增加。可以忽略电感的减少和并联电容的影响。Π 形模型适用于频率分析（不适用暂态分析）。

电缆结构各不相同，不在此讨论（见本章参考文献 [1，15]）。挤压型电介质（XD）亦称固态电介质——主要是交联聚乙烯（XLPE）电缆——能够承受高达 500kV 的电压。管道绝缘电缆和油纸绝缘电缆具有低成本低污染的优点，正逐渐替代交联聚乙烯电缆。挤压型电缆包括乙烯丙烯橡胶（EPR）和低密度聚乙烯（LDPE），尽管 XPLE 是传输电缆最常用的绝缘材料，但与纸绝缘电缆相比，XD 电缆的电容值更小。在美国，尽管 XD 电缆常见于新式设备，但近乎 70% 的运行电路为管式绝缘电缆。电缆在一次密封操作下会产生三层挤压（内屏蔽，绝缘，导电层），这对 XLPE 承担高电压是很重要的。同样，无水蒸气下进行干燥硫化工序在现代制造业中也常常使用。

低压油填充电缆，也称为独立充液（SCLF）系统，在 1920 年出现，并在 1980 年时广泛使用，而在美国，管状电缆（后文讨论）很普遍。很多地上和海底电缆运行于 525kV 电压水平下。导体是空心结构，可以用碳素纸、非磁性钢带和由多层油纸绝缘的导体包裹。绝缘屏、铅皮、垫层、增强带和外部聚合物垫层依次排列而成。当电缆运行时温度上升，油通过空心导体沿轴向流入密封油箱。油箱配备气囊，油的流动促使气囊加压，压力迫使油流入气囊。高压液体填充电缆（HPFF）遵循 US 标准。一般采用密度 8.625 或 10.75 的钢带浇筑，用压力或真空进行测试，并将 3 根大量浸渍的电缆拉进管道。电缆由铜或铝线、屏蔽层、纸绝缘层、绝缘防护层、外部屏蔽以及用于牵引索的防滑线组成。管道用电介质液体加压到大概 200psi ⊖，防止离子化。液体的膨胀和收缩需要大型储液罐和复杂的加压系统。200psi 的氮气用于对 138kV 电压等级的电缆进行加压。为了说明其他结构，大量浸渍不排水（MIND）电缆常用于高压直流线路（HVDC）。在 4K 下使用液态氢的超导性已众所周知，近年已研究出高温超导体（HTS），并在液态氮 80K 下运行。在谐波分析中，常使用计算机程序计算正确的电缆参数。另外，电缆参数取决于电缆安装时的几何结构、位置（地下还是架空）以及引线箱等。

在 EMTP 仿真中，可以采取以下的电缆模型：

- FD 电缆模型；
- CP 模型；
- 精准 Π 模型；

⊖ 1psi ≈ 6894.76Pa。

- 宽带电缆模型。

FD 模型提供了电缆 R、L、G 和 C 离散特性的精准表述，它们的频率取决于模型数量。假定阻抗矩阵和传输方程矩阵可以用一个变换矩阵进行对角化。对于谐波频率，应该考虑电阻的影响并进行建模，不需要使用频率相关模型。

由于电缆的高电容值，电缆传播速度远低于 OH 线路，因此，与 OH 线路相比同样长度下的电缆可以定义为"长"。若传播速度为 OH 线路的 40%，40mile 长的电缆可以定义为"长"。长线路的影响可以用长度为 40/h 的电缆代表，其中 h 为谐波次数，可以使用类似于传输线路的分布参数模型。

由于频率，电缆参数的建模和数学求解非常复杂，不在此讨论。每种电缆都需要其电缆参数，例如几何结构和安装方式。本章参考文献［16-23］对 EMTP 仿真中的线路常数已进行了一定的研究。

2.2.1 电缆常数

单导体电缆的单位长度电感可以表述为

$$L = \frac{\mu_0}{2\pi}\ln\frac{r_1}{r_2} \quad \text{H/m} \tag{2.82}$$

式中，r_1 是导体半径；r_2 是屏蔽层半径，也就是电缆外部直径除以 2。

当单导体电缆安装在磁性导管中时，电抗可能增大至 1.5 倍。电抗通常取决于导体形状（也就是圆形还是扇形）和三导体电缆的磁性粘合剂。

总的来说，对中性点电缆的单位长度电感可以表述为

$$L = (0.1404\lg\frac{2S}{d} + 0.0153) \times 10^{-6} \quad \text{H/ft} \tag{2.83}$$

式中，心对心导体间隔按 in 计；d 是导体以 in 为单位的直径：

$$S = \sqrt[3]{ABC} \tag{2.84}$$

式中，A、B 和 C 是导体之间按 in 计的间隔。

2.2.2 电缆电容

对于单导体电缆，单位长度电容为

$$C = \frac{2\pi\varepsilon\varepsilon_0}{\ln(r_1/r_2)} \quad \text{F/m} \tag{2.85}$$

式中，ε 是绝缘材料的介电常数，定义为具有几何形状特殊电极/电介质的电容到以空气为电介质的电容。以 XPLE 为例，ε 可能由 2.3~6 的变化。

注意到 ε 为相对空气的介电常数（ε 取决于频率，在谐波分析中忽略不计）。三导体电缆的电容如图 2.16 所示。假定电缆对称架设，导体之间的电容值等于导体到屏蔽层的电容值。图 2.16a 可通过 b、c 变换，d 表明每相总电容为 $C_1 + 3C_2$

转换单位后，式（2.85）可表述为

$$C = \frac{7.35\varepsilon}{\log(r_1/r_2)} \quad \text{pF/ft} \tag{2.86}$$

这表示单导体屏蔽电缆的电容值。表 2.2 展示出不同电缆绝缘种类的 ε 值。

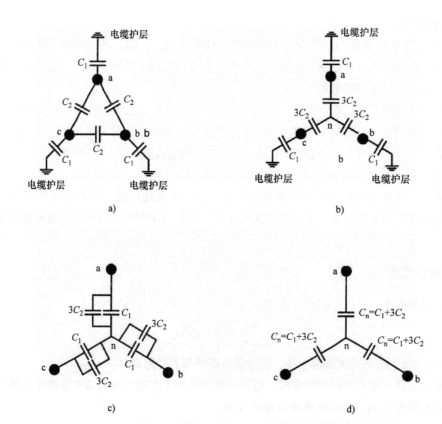

图 2.16　a) 三导体电缆电容；b)、c) 为等效电路；d) 最终结果

本章参考文献 [6] 提供了 400kV 单导体 XPLE 电缆的 EMTP 模型和参数。

表 2.2　绝缘电缆的介电常数典型值

绝缘种类	介电常数 (ε)
聚氯乙烯（PVC）	3.5 ~ 8.0
乙烯丙烯（EP）绝缘	2.8 ~ 3.5
聚乙烯绝缘	2.3
纵联聚乙烯	2.3 ~ 6.0
浸渍纸	3.3 ~ 3.7

中压带屏蔽电缆的方程如下：

$$Z_1 = Z_{aa} - Z_{ab} - \frac{(Z_{as} - Z_{ab})^2}{Z_{ss} - Z_{ab}} \tag{2.87}$$

$$Z_0 = Z_{aa} + 2Z_{ab} - \frac{(Z_{as} + 2Z_{ab})^2}{Z_{ss} + 2Z_{ab}} \tag{2.88}$$

单位为 $\Omega/1000\text{ft}$

式中，Z_1 是正序或负序阻抗；Z_0 是零序阻抗；Z_{aa} 是带有地线的每一根导体自阻抗，单位为 $\Omega/1000\text{ft}$；Z_{ab} 是带有地线的每一根导体互阻抗，单位为 $\Omega/1000\text{ft}$；Z_{as} 是带有地线的每一根带屏蔽导体互阻抗，单位为 $\Omega/1000\text{ft}$；Z_{ss} 是带有地线的每一根带屏蔽导体自阻抗，单位为 $\Omega/1000\text{ft}$。

$$Z_{aa} = R_\varphi + 0.0181 + 0.0529 \text{jlg}\left(\frac{D_e}{\text{GMP}_\varphi}\right)$$

$$Z_{ss} = R_s + 0.0181 + 0.0529 \text{jlg}\left(\frac{D_e}{\text{GMP}_\varphi}\right)$$

$$Z_{ab} = 0.0181 + 0.0529 \text{jlg}\left(\frac{D_e}{\text{GMP}_\varphi}\right) \tag{2.89}$$

$$Z_{as} = 0.0181 + 0.0529 \text{jlg}\left(\frac{D_e}{\text{GMP}_s}\right)$$

式中，R_φ 是运行温度下的相导体交流电阻，单位为 $\Omega/1000$ft；R_s 是有效屏蔽电阻，单位为 $\Omega/1000$ft；D_e 是大地返回电流的平均深度，单位为 in；GMR_φ 是相导体的 GMR，单位为 in；GMR_s 是相导体中心到屏蔽层中心的距离，单位为 in；GMD_φ 是两相导体的中心距离，单位为 in。

注意，这些表达式会因同芯中性电缆和单相边层不同而变化。

2.3 OH 线路和电缆的零序阻抗

线路和电缆的零序阻抗取决于流过导体的电流和经大地、护层返回所经路径的阻抗。在一相中流通的零序电流同样会遇到导体自电感、对其他两相的互电感及经大地、护层返回路径的互电感以及回路自电感。本章参考文献 [12] 提供了值并对此进行了分析说明。例如，固态连接和配备接地护层三导体电缆的零序阻抗表示如下：

$$z_0 = r_c + r_e + \text{j}0.8382\frac{f}{60}\text{lg}\frac{D_e}{\text{GMR}_{3c}} \tag{2.90}$$

式中，r_c 是一根导体的交流电阻，单位为 Ω/mile；r_e 是大地回路的交流电阻（取决于大地回路的等效深度，土壤电阻率，取 $0.286\Omega/\text{mile}$）D_e 是大地回路的等效距离[12]；GMR_{3c} 是由看作一个整体的三根实际导体构成回路的几何平均半径，单位为 in。

$$\text{GMR}_{3c} = \sqrt[3]{\text{GMR}_{1c}S^2} \tag{2.91}$$

式中，GMR_{1c} 是单根导体的几何平均半径；$S = (d + 2t)$，d 是导体直径，t 是绝缘厚度。已有不少手册提供电缆常数的参考表格，计算机数据库也拓展了多种电缆与绝缘材料的资料。

2.3.1 电缆屏蔽接地

在高压电缆安装中，屏蔽层处理方法很重要。对于长度较短的电缆，屏蔽层通常在首端和末端接地。由于屏蔽层会产生一些感应电流，安装屏蔽层会增加电缆的载流量，电缆载流量可以用电缆模型进行计算。对于单点接地的情况，IEEE 标准建议屏蔽电势应该限制在 25V 以下。感应电势取决于电缆间隔和几何结构。屏蔽电阻和互电抗可以通过计算得到，并写出相关数学方程。根据导体间隔，屏蔽损耗可以根据本章参考文献 [24, 25] 计算得到。可采用如下的一些特殊连接技巧：

- 单点连接；
- 多点连接；
- 阻抗连接；
- 分节纵联连接；
- 连续纵联连接。

在任何情况下，连接方法都应该能解决以下问题：

- 提供电缆接地；
- 通过屏蔽/护层或接地导体，维持连续的电流返回流通路径；
- 限制稳态电压；
- 降低屏蔽损耗；
- 限制暂态过电压到一个合理的水平。

图 2.17 根据本章参考文献 [25] 得到。

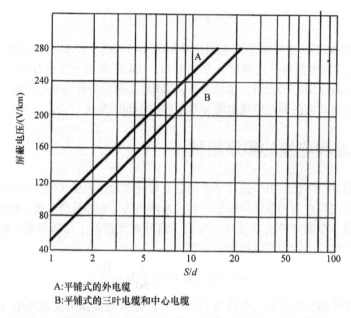

A:平铺式的外电缆
B:平铺式的三叶电缆和中心电缆

图 2.17　屏蔽电压，单导体电缆（来源：本章参考文献 [25]）

2.4　滤波电抗器

滤波电抗器与频率相关的因数 Q 非常重要，它能影响调谐的敏感度。高频电阻可以根据式（2.92）和式（2.93）求得：

$$R_{\mathrm{h}} = \left(\frac{0.115 h^2 + 1}{1.15} \right) R_{\mathrm{f}} \qquad \text{适用于铝制电抗器} \tag{2.92}$$

$$R_{\mathrm{h}} = \left(\frac{0.055 h^2 + 1}{1.055} \right) R_{\mathrm{f}} \qquad \text{适用于铜制电抗器} \tag{2.93}$$

式中，R_{f} 是基频电阻。

2.5　变压器

对于变压器的谐波分析，采用高频模型往往非常复杂[7,26-28]，双绕组变压器可以用短路阻抗表示为

$$Z_{\mathrm{t}} = k R_{\mathrm{T}} + j h X_{\mathrm{T}} \tag{2.94}$$

式中，R_{T}、X_{T} 适用于基频分析。系数 k 考虑了高频下的趋肤效应。假定变压器电抗在谐振时随频率线性变化，即忽略高频下饱和的情况，可得

$$X_{T(fl)} = kX_T\left(\frac{f_1}{f}\right) \tag{2.95}$$

式中，X_T 是基频 f 时的电抗；频率为 f_1 时，$k = 1$。

根据变压器结构、外壳和铁心种类、绕组连接方式、三柱式或是五柱式，变压器的零序阻抗各有不同。

2.5.1　频率相关模型

电阻和电抗基频下的值可以通过变压器空载和短路试验求得。变压器的电阻可以根据图 2.18，通过增加频率修正得到。当电阻随着频率增加时，漏电感减少，若变压器不看作是谐波源时，变压器模型的励磁支路常常忽略不计。简化模型可能不精确，是因为考虑下述因素时，没有对变压器的非线性情况做出建模：

- 由于涡流和磁滞现象，会产生铁心损耗和铜损耗。铁心损耗是涡流和磁滞损耗的总和，都和频率有关：

$$P_c = P_e + P_h = K_e B^2 f^2 + K_h B^s f \tag{2.96}$$

式中，B 是磁场密度的峰值；s 是 Steinmetz 常数（通常为 1.5~2.5，取决于铁心的材料）；f 是频率；K_e 和 K_h 是常数。

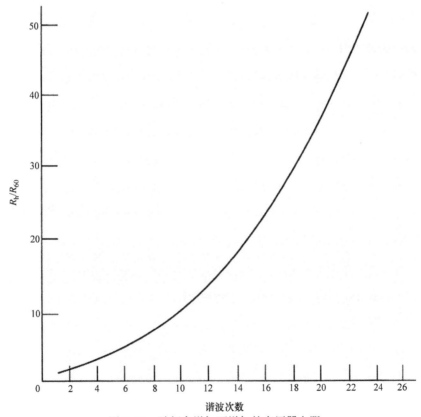

图 2.18　随频率增加而增加的变压器电阻

- 绕组、铁心和其他介质的漏磁通。
- 铁心的磁化特性是导致变压器非线性的主要原因。

对非线性建模的方法有很多种。比如，EMPT 模型 Satura 和 Hysdat[8]。这些模型只考虑铁心的磁化特性，忽略非线性和与频率有关的铁心损耗及绕组影响。我们可以采用更精确的模型。

在进行配电系统谐波分析时，常常忽略变压器电容；然而，对于输电系统，电容不能忽略。表2.3提供了电容的大概值，如图2.19所示。除了在高频时，这些影响并不显著。同样地，磁滞现象对开关或故障时的暂态研究很重要，进行谐波分析时常常忽略。

表2.3 铁心式变压器的电容值 （单位：nF）

变压器额定容量/MVA	C_{hg}	C_{hl}	C_{lg}
1	1.2 ~ 14	1.2 ~ 17	3.1 ~ 16
2	1.4 ~ 16	1 ~ 18	3 ~ 16
5	1.2 ~ 14	1.1 ~ 20	5.5 ~ 17
10	4 ~ 7	4 ~ 11	8 ~ 18
25	2.8 ~ 4.2	2.5 ~ 18	5.2 ~ 20
50	4 ~ 6.8	3.4 ~ 11	3 ~ 24
75	3.5 ~ 7	5.5 ~ 13	2.8 ~ 30
100	3.3 ~ 7	5 ~ 13	4 ~ 40

换流器负载可能会通过变压器引入直流电流和低频电流，也就是说，循环换流器负载会使变压器饱和。

2.5.2 三绕组变压器

三绕组变压器的星形联结等效电路如图2.20所示。

由此我们可以写出下述方程：

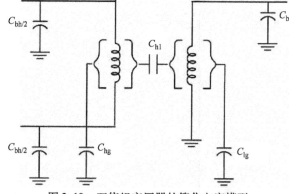

图2.19 双绕组变压器的简化电容模型

$$Z_H = \frac{1}{2}(Z_{HM} + Z_{HL} - Z_{ML})$$

$$Z_M = \frac{1}{2}(Z_{ML} + Z_{HM} - Z_{HL}) \quad (2.97)$$

$$Z_L = \frac{1}{2}(Z_{HL} + Z_{ML} - Z_{HM})$$

式中，Z_{HM}是绕组H和绕组M之间的漏电抗，M和L绕组开路，在H绕组上测量得到；Z_{HL}是绕组H和绕组L之间的漏电抗，M和L绕组开路，在H绕组上测量得到；Z_{ML}是绕组M和绕组L之间的漏电抗，H和L绕组开路，在M绕组上测量得到。

式（12.97）可以写为

$$\begin{vmatrix} Z_H \\ Z_M \\ Z_L \end{vmatrix} = \frac{1}{2} \begin{vmatrix} 1 & 1 & -1 \\ 1 & -1 & 1 \\ -1 & 1 & 1 \end{vmatrix} \begin{vmatrix} Z_{HM} \\ Z_{HL} \\ Z_{ML} \end{vmatrix} \qquad (2.98)$$

同样可以得到

$$Z_{HL} = Z_H + Z_L$$

$$Z_{HM} = Z_H + Z_M \qquad (2.99)$$

$$Z_{ML} = Z_M + Z_L$$

对于换流器采用的变压器，二次绕组阻抗相等：

$$Z_{HL} = Z_{HM}$$

可得

$$Z_H = Z_L = 0.5 Z_{HL} \qquad (2.100)$$

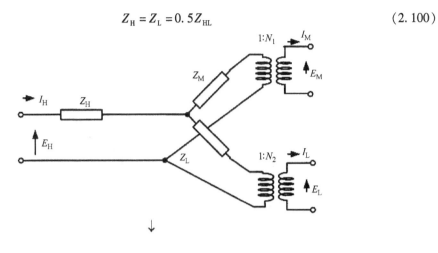

↓

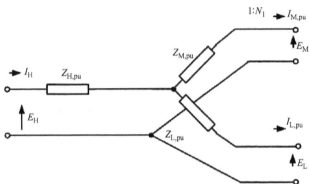

图 2.20　三绕组变压器的星形联结等效电路

例 2.6：一个三相三绕组变压器的铭牌如下所示：

高压绕组：13.8kV，额定容量为 30MVA，星形联结。

中压绕组：2.4KV，额定容量为 15MVA，星形联结。

2.4kV 绕组（第三绕组），三角形联结，额定容量为 15MVA。$Z_{HM} = 9\%$，$Z_{HL} = 9\%$。根据式 (2.97)，$Z_{ML} = 4.5\%$。那么

$$Z_H = 0.5 \times (9 + 9 - 4.5) = 6.75\%$$

因此，谐波分析的模型可以简化，12 脉波换流器如图 2.21 所示。

图 2.21　谐波分析中三绕组变压器变换为双绕组变压器

2.5.3　四绕组变压器

通过选择合适的绕组阻抗，四绕组变压器可用于感应滤波，这会产生谐波，影响电源。图

2.22a 展示了四绕组变压器电路，1 个一次绕组和 3 个二次绕组。我们可以得到绕组间的阻抗：

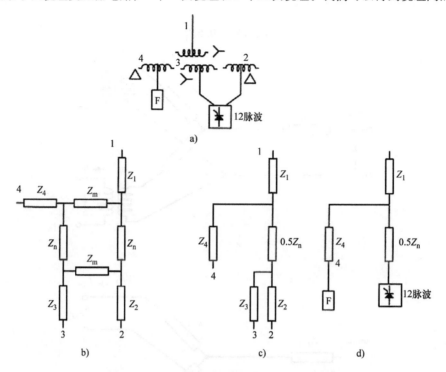

图 2.22　a) 四绕组变压器；b) ~ d) 等效电路

Z_{12}，Z_{13}，Z_{14} 分别为绕组 1 和 2，1 和 3，1 和 4 间的阻抗。

Z_{24}，Z_{34}，Z_{23} 分别为绕组 2 和 4，3 和 4，2 和 3 间的阻抗。

那么，绕组电抗 Z_1、Z_2、Z_3 和 Z_4 如下所示：

$$Z_1 = \frac{1}{2}(Z_{12} + Z_{14} - Z_{24} - K)$$

$$Z_2 = \frac{1}{2}(Z_{12} + Z_{23} - Z_{13} - K)$$

$$Z_3 = \frac{1}{2}(Z_{23} + Z_{34} - Z_{24} - K)$$

$$Z_4 = \frac{1}{2}(Z_{34} + Z_{14} - Z_{13} - K) \tag{2.101}$$

式中

$$K = \sqrt{K_1 K_2} = \frac{Z_m Z_n}{Z_m + Z_n} \tag{2.102}$$

且

$$K_1 = Z_{13} + Z_{24} - Z_{12} - Z_{34} = \frac{Z_m^2}{Z_m + Z_n}$$

$$K_2 = Z_{13} + Z_{24} - Z_{14} - Z_{23} = \frac{Z_n^2}{Z_m + Z_n} \tag{2.103}$$

考虑到二次绕组 2 和 3 以及第三绕组阻抗相等：

$$Z_{12} = Z_{13}$$

$$Z_{24} = Z_{34} \tag{2.104}$$

那么

$$K_1 = 0, \quad K = 0$$
$$Z_n = K_2$$
$$Z_2 = Z_3 = 0.5Z_{23}$$
$$Z_m = 0 \tag{2.105}$$

那么，图 2.22a 可以简化为图 2.22d。

例 2.7：四绕组变压器满足以下数据：

$Z_{12} = Z_{13} = 25\%$，$Z_{14} = 10\%$，$Z_{24} = Z_{34} = 5.5\%$，$Z_{23} = 10\%$ 以各自额定容量为基准值。

MVA 基准值 $= Z_{12} = Z_{13} = Z_{14} = 69\text{MVA}$，$Z_{24} = Z_{34} = Z_{23} = 23\text{MVA}$。

绕组 1 电压为 138kV，绕组 2，3 和 4 电压为 13.8kV。

等效电路可按如下转换。

转换为 100MVA 基准值下的标幺值

$$Z_{12} = Z_{13} = 0.36, \quad Z_{14} = 0.145, \quad Z_{24} = Z_{34} = 0.239, \quad Z_{23} = 0.435$$

那么，$K_1 = 0$，$K_2 = 0.019$，$Z_m = 0$，$Z_n = K_2 = 0.019$

变压器阻抗为

$$Z_1 = 0.133$$
$$Z_2 = Z_3 = 0.2175$$
$$Z_4 = 0.024$$

通常，$Z_{13} > Z_{14} + Z_{34}$，Z_4 为负值。

N 绕组变压器的矩阵模型可以写作

$$
\begin{vmatrix} v_1 \\ v_2 \\ v_3 \\ \vdots \\ v_N \end{vmatrix} =
\begin{vmatrix} r_{11} & r_{12} & r_{13} & \cdots & r_{1N} \\ r_{21} & r_{22} & r_{23} & \cdots & r_{2N} \\ r_{31} & r_{32} & r_{33} & \cdots & r_{3N} \\ \vdots & \vdots & \vdots & \cdots & \vdots \\ r_{N1} & r_{N2} & r_{N3} & \cdots & r_{NN} \end{vmatrix}
\begin{vmatrix} i_1 \\ i_2 \\ i_3 \\ \vdots \\ i_N \end{vmatrix} +
\begin{vmatrix} l_{11} & l_{12} & l_{13} & \cdots & l_{1N} \\ l_{21} & l_{22} & l_{23} & \cdots & l_{2N} \\ l_{31} & l_{32} & r_{33} & \cdots & l_{3N} \\ \vdots & \vdots & \vdots & \cdots & \vdots \\ l_{N1} & l_{N2} & l_{N3} & \cdots & l_{NN} \end{vmatrix}
\frac{\mathrm{d}}{\mathrm{d}t}
\begin{vmatrix} i_1 \\ i_2 \\ i_3 \\ \vdots \\ i_N \end{vmatrix} \tag{2.106}
$$

2.5.4　变压器序列网络

双绕组和三绕组变压器连接的序列网络如表 2.4 和表 2.5 所示。零序阻抗从低值变化到开路。

2.5.5　矩阵方程

三相变压器变换矩阵及其相关研究如本章参考文献 [29] 所述。变压器节点（node）导纳矩阵可以拆分如下：

$$\overline{Y}_{\text{node}} = \begin{vmatrix} \overline{Y}_{\text{I}} & \overline{Y}_{\text{II}} \\ \overline{Y}_{\text{II}}^{\text{T}} & \overline{Y}_{\text{III}} \end{vmatrix} \tag{2.107}$$

式中，每一个 3×3 子矩阵取决于绕组连接方式，如表 2.6 所述。子矩阵定义如下：

$$
\overline{Y}_{\text{I}} = \begin{vmatrix} y_t & 0 & 0 \\ 0 & y_t & 0 \\ 0 & 0 & y_t \end{vmatrix} \quad
\overline{Y}_{\text{II}} = \frac{1}{3}\begin{vmatrix} 2y_t & -y_t & -y_t \\ -y_t & 2y_t & -y_t \\ -y_t & -y_t & 2y_t \end{vmatrix} \quad
\overline{Y}_{\text{III}} = \frac{1}{\sqrt{3}}\begin{vmatrix} -y_t & y_t & 0 \\ 0 & -y_t & y_t \\ y_t & 0 & -y_t \end{vmatrix} \tag{2.108}
$$

式中，γ_t 是每相漏电抗标幺值。表2.6可以用于简化铁心种类的建模。

如果一次绕组和二次绕组之间的电压比为 $\alpha:\beta$，α，β 是一次绕组和二次绕组侧的调压开关，子矩阵定义如下：

- 一次绕组的自阻抗除以 α^2；
- 二次绕组的自阻抗除以 β^2；
- 互阻抗除以 $\alpha\beta$。

表2.4 双绕组变压器等效正序、负序和零序电路

序号	绕组接法	零序电路	正序或者负序电路
1		H Z_H Z_L L，N_0，$3Z_{nH}$	H Z_H Z_L L，N_1 或 N_2
2		H Z_H Z_L L，N_0	H Z_H Z_L L，N_1 或 N_2
3		H Z_H Z_L L，N_0	H Z_H Z_L L，N_1 或 N_2
4		H Z_H Z_L L，N_0	H Z_H Z_L L，N_1 或 N_2
5		H Z_H Z_L L，N_0	H Z_H Z_L L，N_1 或 N_2
6		H Z_H Z_L L，N_0	H Z_H Z_L L，N_1 或 N_2
7		H Z_H Z_L L，N_0	H Z_H Z_L L，N_1 或 N_2
8		H Z_H Z_L L，N_0，N_M	H Z_H Z_L L，N_1 或 N_2
9		H Z_H Z_M Z_L L，$3Z_{nH}$ $3Z_{nL}$，N_0	H Z_H Z_L L，N_1 或 N_2
10		Z_H $3Z_{nH}$ $3Z_{nL}$ Z_L L，N_0	H Z_H Z_L L，N_1 或 N_2

表 2.5 三绕组变压器等值正序、负序和零序电路

序号	绕组接法	零序电路	正序或负序电路
1			
2			
3			
4			
5			
6			

表 2.6 三相变压器连接的子矩阵

绕组接法		自导纳		互导纳	
一次	二次	一次	二次	一次	二次
星 – G	星 – G	$\bar{Y}_{\mathrm{I}}$	$\bar{Y}_{\mathrm{I}}$	$-\bar{Y}_{\mathrm{I}}$	$-\bar{Y}_{\mathrm{I}}$
星 – G	星	$\bar{Y}_{\mathrm{II}}$	$\bar{Y}_{\mathrm{II}}$	$-\bar{Y}_{\mathrm{II}}$	$-\bar{Y}_{\mathrm{II}}$
星	星 – G				
星	星				
星 – G	三角	$\bar{Y}_{\mathrm{I}}$	$\bar{Y}_{\mathrm{II}}$	$\bar{Y}_{\mathrm{III}}$	$\bar{Y}_{\mathrm{III}}^{\mathrm{T}}$
星	三角	$\bar{Y}_{\mathrm{II}}$	$\bar{Y}_{\mathrm{II}}$	$\bar{Y}_{\mathrm{III}}$	$\bar{Y}_{\mathrm{III}}^{\mathrm{T}}$
三角	星	$\bar{Y}_{\mathrm{II}}$	$\bar{Y}_{\mathrm{II}}$	$\bar{Y}_{\mathrm{III}}^{\mathrm{T}}$	$\bar{Y}_{\mathrm{III}}$
三角	星 – G	$\bar{Y}_{\mathrm{II}}$	$\bar{Y}_{\mathrm{I}}$	$\bar{Y}_{\mathrm{III}}^{\mathrm{T}}$	$\bar{Y}_{\mathrm{III}}$
三角	三角	$\bar{Y}_{\mathrm{II}}$	$\bar{Y}_{\mathrm{II}}$	$-\bar{Y}_{\mathrm{II}}$	$-\bar{Y}_{\mathrm{II}}$

注：$Y_{\mathrm{III}}^{\mathrm{T}}$ 是 Y_{III} 的转置矩阵。

对于星形联结接地变压器，由表2.6可得

$$
\overline{Y}^{abc} = \begin{vmatrix} \overline{Y}_{I} & -\overline{Y}_{I} \\ -\overline{Y}_{I} & \overline{Y}_{I} \end{vmatrix} = \begin{vmatrix} y_t & 0 & 0 & -y_t & 0 & 0 \\ 0 & y_t & 0 & 0 & -y_t & 0 \\ 0 & 0 & y_t & 0 & 0 & -y_t \\ -y_t & 0 & 0 & y_t & 0 & 0 \\ 0 & -y_t & 0 & 0 & y_t & 0 \\ 0 & 0 & -y_t & 0 & 0 & y_t \end{vmatrix} \tag{2.109}
$$

对于非标准电压比，矩阵可以修改为

$$
\overline{Y}^{abc} = \begin{vmatrix} \dfrac{y_t}{\alpha^2} & 0 & 0 & \dfrac{y_t}{\alpha\beta} & 0 & 0 \\ 0 & \dfrac{y_t}{\alpha^2} & 0 & 0 & \dfrac{y_t}{\alpha\beta} & 0 \\ 0 & 0 & \dfrac{y_t}{\alpha^2} & 0 & 0 & \dfrac{y_t}{\alpha\beta} \\ \dfrac{y_t}{\alpha\beta} & 0 & 0 & \dfrac{y_t}{\beta^2} & 0 & 0 \\ 0 & \dfrac{y_t}{\alpha\beta} & 0 & 0 & \dfrac{y_t}{\beta^2} & 0 \\ 0 & 0 & \dfrac{y_t}{\alpha\beta} & 0 & 0 & \dfrac{y_t}{\beta^2} \end{vmatrix} \tag{2.110}
$$

一个三相变压器通常使用三角形联结一次绕组和接地星形联结二次绕组。由表2.6可得矩阵

$$
\overline{Y}^{abc} = \begin{vmatrix} \dfrac{3}{2}y_t & -\dfrac{1}{3}y_t & -\dfrac{1}{3}y_t & -\dfrac{y_t}{\sqrt{3}} & \dfrac{y_t}{\sqrt{3}} & 0 \\ -\dfrac{1}{3}y_t & \dfrac{2}{3}y_t & -\dfrac{1}{3}y_t & 0 & -\dfrac{y_t}{\sqrt{3}} & \dfrac{y_t}{\sqrt{3}} \\ -\dfrac{1}{3}y_t & -\dfrac{1}{3}y_t & \dfrac{3}{2}y_t & \dfrac{y_t}{\sqrt{3}} & 0 & -\dfrac{y_t}{\sqrt{3}} \\ -\dfrac{y_t}{\sqrt{3}} & 0 & \dfrac{y_t}{\sqrt{3}} & y_t & 0 & 0 \\ \dfrac{y_t}{\sqrt{3}} & -\dfrac{y_t}{\sqrt{3}} & 0 & 0 & y_t & 0 \\ 0 & \dfrac{y_t}{\sqrt{3}} & -\dfrac{y_t}{\sqrt{3}} & 0 & 0 & y_t \end{vmatrix} \tag{2.111}
$$

式中，y_t 是变压器的漏电抗。

对于非标准变压器，Y 矩阵可修正为

$$
\overline{Y}^{abc} =
\begin{vmatrix}
\dfrac{3}{2}\dfrac{y_t}{\alpha^2} & -\dfrac{1}{3}\dfrac{y_t}{\alpha^2} & -\dfrac{1}{3}\dfrac{y_t}{\alpha^2} & -\dfrac{y_t}{\sqrt{3}\alpha\beta} & \dfrac{y_t}{\sqrt{3}\alpha\beta} & 0 \\[2.2ex]
-\dfrac{1}{3}\dfrac{y_t}{\alpha^2} & \dfrac{2}{3}\dfrac{y_t}{\alpha^2} & -\dfrac{1}{3}\dfrac{y_t}{\alpha_2} & 0 & -\dfrac{y_t}{\sqrt{3}\alpha\beta} & \dfrac{y_t}{\sqrt{3}\alpha\beta} \\[2.2ex]
-\dfrac{1}{3}\dfrac{y_t}{\alpha^2} & -\dfrac{1}{3}\dfrac{y_t}{\alpha^2} & \dfrac{2}{3}\dfrac{y_t}{\alpha^2} & \dfrac{y_t}{\sqrt{3}\alpha\beta} & 0 & -\dfrac{y_t}{\sqrt{3}\alpha\beta} \\[2.2ex]
-\dfrac{y_t}{\sqrt{3}\alpha\beta} & 0 & \dfrac{y_t}{\sqrt{3}\alpha\beta} & \dfrac{y_t}{\beta^2} & 0 & 0 \\[2.2ex]
\dfrac{y_t}{\sqrt{3}\alpha\beta} & -\dfrac{y_t}{\sqrt{3}\alpha\beta} & 0 & 0 & \dfrac{y_t}{\beta^2} & 0 \\[2.2ex]
0 & \dfrac{y_t}{\sqrt{3}\alpha\beta} & -\dfrac{y_t}{\sqrt{3}\alpha\beta} & 0 & 0 & \dfrac{y_t}{\beta^2}
\end{vmatrix}
\tag{2.112}
$$

式中，α，β 是一次侧和二次侧的电压比标幺值。对于星形联结接地三角变压器，$\alpha = \beta = 1$ 方程可以写作

$$
\begin{vmatrix} I_A \\ I_B \\ I_C \\ I_a \\ I_b \\ I_c \end{vmatrix}
=
\begin{vmatrix}
y_t & 0 & 0 & -\dfrac{1}{\sqrt{3}}y_t & \dfrac{1}{\sqrt{3}}y_t & 0 \\[2ex]
0 & y_t & 0 & 0 & -\dfrac{1}{\sqrt{3}}y_t & \dfrac{1}{\sqrt{3}}y_t \\[2ex]
0 & 0 & y_t & \dfrac{1}{\sqrt{3}}y_t & 0 & -\dfrac{1}{\sqrt{3}}y_t \\[2ex]
-\dfrac{1}{\sqrt{3}}y_t & 0 & \dfrac{1}{\sqrt{3}}y_t & \dfrac{2}{3}y_t & -\dfrac{1}{3}y_t & -\dfrac{1}{3}y_t \\[2ex]
\dfrac{1}{\sqrt{3}}y_t & -\dfrac{1}{\sqrt{3}}y_t & 0 & -\dfrac{1}{3}y_t & \dfrac{2}{3}y_t & -\dfrac{1}{3}y_t \\[2ex]
0 & \dfrac{1}{\sqrt{3}}y_t & -\dfrac{1}{\sqrt{3}}y_t & -\dfrac{1}{3}y_t & -\dfrac{1}{3}y_t & \dfrac{2}{3}y_t
\end{vmatrix}
\begin{vmatrix} V_A \\ V_B \\ V_C \\ V_a \\ V_b \\ V_c \end{vmatrix}
\tag{2.113}
$$

这里，一次绕组电压、电流符号下标大写，二次绕组电压、电流符号下标小写。简洁起见，可以写为

$$
\overline{I}_{ps} = \overline{Y}_{Y-\Delta}\overline{V}_{ps}
\tag{2.114}
$$

利用对称分量变换为

$$
\begin{vmatrix} \overline{I}_p^{012} \\[1ex] \overline{I}_s^{012} \end{vmatrix}
=
\begin{vmatrix} \overline{T}_s & 0 \\ 0 & \overline{T}_s \end{vmatrix}^{-1}
\overline{Y}_{Y-\Delta}
\begin{vmatrix} \overline{T}_s & 0 \\ 0 & \overline{T}_s \end{vmatrix}
\begin{vmatrix} \overline{V}_p^{012} \\[1ex] \overline{V}_s^{012} \end{vmatrix}
\tag{2.115}
$$

展开

$$
\begin{vmatrix} \overline{I}_p^{012} \\[1ex] \overline{I}_s^{012} \end{vmatrix}
=
\begin{vmatrix}
y_t & 0 & 0 & 0 & 0 & 0 \\
0 & y_t & 0 & 0 & y_t < -30^\circ & 0 \\
0 & 0 & y_t & 0 & 0 & y_t < 30^\circ \\
0 & 0 & 0 & 0 & 0 & 0 \\
0 & y_t < 30^\circ & 0 & 0 & y_t & 0 \\
0 & 0 & y_t < -30^\circ & 0 & 0 & y_t
\end{vmatrix}
\begin{vmatrix} \overline{V}_p^{012} \\[1ex] \overline{V}_s^{012} \end{vmatrix}
\tag{2.116}
$$

正序方程为

$$I_{p1} = y_t V_{p1} - y_t < -30° V_{s1}$$
$$I_{s1} = y_t V_{s1} - y_t < 30° V_{p1} \qquad (2.117)$$

负序方程为

$$I_{p2} = y_t V_{p2} - y_t < 30° V_{s2}$$
$$I_{s2} = y_t V_{s2} - y_t < -30° V_2 \qquad (2.118)$$

零序方程为

$$I_{p0} = y_t V_{p0}$$
$$I_{s0} = 0 \qquad (2.119)$$

对于对称系统,只需要考虑正序分量。一次侧的潮流为

$$S_{ij} = V_i I_{ij}^* = V_i (y_t^* V_i^* - y_t^* < 30° V_j^*)$$
$$= \{ y_t V_i^2 \cos\theta_{yt} - y_t \mid V_i V_j \mid \cos[\theta_i - \theta_{yt} - (\theta_j + 30°)] \}$$
$$+ j\{ -y_t V_i^2 \sin\theta_{yt} - y_t \mid V_i V_j \mid \sin[\theta_i - \theta_{yt} - (\theta_j + 30°)] \} \qquad (2.120)$$

二次侧的潮流为

$$S_{ji} = V_i I_{ji}^* = V_i (y_t^* V_j^* - y_t^* < -30° V_i^*)$$
$$= \{ y_t V_j^2 \cos\theta_{yt} - y_t \mid V_j V_i \mid \cos[\theta_j - \theta_{yt} - (\theta_i - 30°)] \}$$
$$+ j\{ -y_t V_j^2 \sin\theta_{yt} - y_t \mid V_j V_i \mid \sin[\theta_j - \theta_{yt} - (\theta_i - 30°)] \} \qquad (2.121)$$

表2.7给出了根据 CIGRE[30] 的建模指南。

表2.7 根据 CIGRE 建议的变压器建模指南

变压器	第一组 0.1Hz~3kHz	第二组 60Hz~30kHz	第三组 10kHz~3MHz	第四组 100kHz~50MHz
短路阻抗	非常重要	非常重要	仅对传输浪涌过程重要	可以忽略
饱和	非常重要	见后文所述	可以忽略	可以忽略
频率相关串联损耗	非常重要	重要	可以忽略	可以忽略
磁滞和铁心损耗	仅对谐振现象重要	仅对变压器储能重要	可以忽略	可以忽略
电容耦合	可以忽略	对传输浪涌过程重要	对传输浪涌过程非常重要	对传输浪涌过程非常重要

注:对变压器储能和电压上升时甩负荷的情况很重要,其他情况可以忽略(来源:本章参考文献 [1])。

相关设备的建模和应用不在此讨论:

- 单相和三相变压器以及它们的序阻抗。
- 移相变压器。
- 阶跃电压调节器。
- 线路压降补偿器。
- 变压器 Scot 连接。
- 三角形接地或中点接地的三角形—三角形联结变压器。
- 三角形变压器开路。

这些在电力系统中所使用的设备模型和应用见本章参考文献 [7,31]。

2.6 感应电动机

图2.23展示了感应电动机正序和负序的等效电路。与 R_1、r_2、X_1 和 X_2 相比,并联 g_m、b_m 非常大。通常地,电动机转子电流由下式给出:

$$I_{1r} = \frac{V_1}{(R_1 + r_2) + j(X_1 + x_2)} \qquad (2.122)$$

在基频处，忽略磁化损耗，电动机电抗为

$$X_f = X_1 + x_2 \qquad (2.123)$$

电阻为

$$R_f = R_1 + \frac{r_2}{s} \qquad (2.124)$$

短路计算中，电阻并不相同。在谐波频率处，电抗与频率相关：

$$X_h = hX_f \qquad (2.125)$$

这个关系式近似正确。高频电抗由于饱和而有所降低。定子电阻可以根据频率的二次方根估计得到：

$$R_{1h} = \sqrt{h} \cdot (R_1) \qquad (2.126)$$

谐波转差率为

$$正序谐波：s_h = \frac{h-1}{h} \qquad (2.127)$$

$$负序谐波：s_h = \frac{h+1}{h} \qquad (2.128)$$

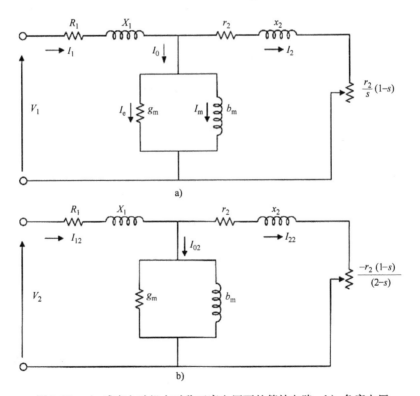

图 2.23 a) 感应电动机在对称正序电压下的等效电路；b) 负序电压

谐波频率处的转子电阻

$$r_{2h} = \frac{\sqrt{(1 \pm h)}}{s_h} \qquad (2.129)$$

忽略磁化电阻，当电动机绕组不接地时，电动机阻抗为无穷大。

根据图2.23a，h次谐波下的电动机阻抗为

$$R_1 + jhX_1 + \frac{jhX_m\left(\frac{r_2}{s_h} + jhx_2\right)}{(r_2/s_h) + jh(x_m + x_2)} \tag{2.130}$$

其中，电动机的输入端有

$$s_h = 1 - \frac{n}{hn_s} \quad h = 3n+1$$

$$s_h = 1 + \frac{n}{hn_s} \quad h = 3n-1 \tag{2.131}$$

例2.8：额定电压为2.3kV的感应电动机，四极，2500马力，满载功率因数为0.92，满载效率为0.93%，转子电流为功率因数为20%时满载电流的6倍；在基频和5次谐波处计算其阻抗。

根据已有数据，电动机满载电流为547.18A。

因此，转子堵转电流为3283.1A，功率因数为20%。

$$(R_1 + r_2) + j(X_1 + x_2) = \frac{2.3 \times 10^3}{\sqrt{3} \times (3283.1) \times (0.2 - j0.9798)} = 0.081 + j0.396\Omega$$

假定$R_1 = r_2 = 0.0405\Omega$，$X_1 = x_2 = 0.1980\Omega$。

对于感应电动机，x_m可以大概假定为12Ω，满载转差率为3%。

那么基频处的阻抗为

$$0.0405 + j0.1980 + \frac{j12.0 \times \left(\frac{0.0405}{0.03} + j0.1980\right)}{\frac{0.0405}{0.03} + j(12 + 0.1980)} = 1.3365 + j0.4340\Omega$$

假定5次谐波是负序的。那么，$s_h = 1.20$（认为$n_s = n$）。利用同一个方程，5次谐波处阻抗为

$$0.0405 + j4.90 + \frac{j60.0\left(\frac{0.0405}{1.2} + j4.90\right)}{\frac{0.0405}{1.2} + j(60 + 4.90)} = 0.0695 + j9.43\Omega$$

2.7 同步发电机

同步发电机不产生谐波电压，可以用发电机端口的并联阻抗来建模。建议采用功率因数为0.2时含有次暂态电抗的线性模型。谐波电流通过的平均电感，包括横轴和纵轴电抗，给定如下：

$$平均电感 = \frac{L''_d + L''_q}{2} \tag{2.132}$$

谐波频率下，基频电抗可以按比例求得。谐波频率下的电阻由下式计算：

$$R_h = R_{DC}\left\lfloor 1 + 0.1\left(\frac{h_f}{f}\right)^{1.5}\right\rfloor \tag{2.133}$$

式（2.133）可以用于计算含铜导体的变压器和电缆的谐波电阻。发电机的谐波建模如下：

$$Z_{0(h)} = R_h + jhX_0 \quad h = 3,6,9,\cdots$$
$$Z_{1(h)} = R_h + jhX''_d \quad h = 1,4,7,\cdots \tag{2.134}$$
$$Z_{2(h)} = R_h + jhX_2 \quad h = 2,5,8,\cdots$$

式中，X_0、X''_d 和 X_2 为发电机基频下零序、暂态和负序电抗。

EMTP 模型采用了在 dq0 坐标系下的 Park 变换，不再讨论。稳态和暂态的同步电机和 Park 变换在本章参考文献［32］中做了论述。

本章参考文献［33］描述了发电机和系统之间的谐波相互作用机理，对于输电线路而言，可能会在谐波频率下出现极度不平衡的现象；也可能出现单点谐振，由此产生并增强谐波。前述参考文献还深入研究了用于谐波分析的同步电机导纳矩阵。

2.8　负载模型

图 2.24a 给出了并联 RL 负载模型。它代表了一个接地 RL 负载电路。电阻和电抗可利用基频电压、无功电压和功率因数求得：

$$R = \frac{V^2}{S\cos\phi} \quad L = \frac{V^2}{2\pi f S\sin\phi} \tag{2.135}$$

电抗与频率相关，电阻可能为常数，或者同样和频率相关。又或者，电阻和电抗在所有频率下都保持为常数。图 2.24b 展示了超前负载，S 是以 kVA 为单位的负载功率。

图 2.24c 为 CIGRE（国际大电网会议）的 C 型负载模型[34]，代表了 5～30 次谐波间有效的大电力传输。这里，以下关系适用：

$$R_s = \frac{V^2}{P} \quad X_s = 0.073hR_s \quad X_p = \frac{hR_s}{6.7\dfrac{Q}{P} - 0.74} \tag{2.136}$$

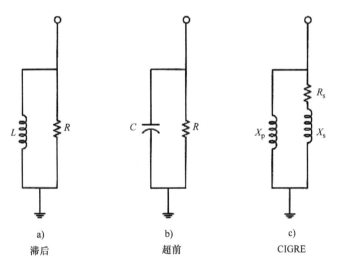

a)　　　　　　　b)　　　　　　　c)
滞后　　　　　　超前　　　　　　CIGRE

图 2.24　a）并联 RL 模型；b）超前负载模型；c）CIGRE C 型模型

这个负载模型是通过实验得到的。

三角形联结（△）的三相负载（对称）可以建模如下：

$$\begin{vmatrix} I_a \\ I_b \\ I_c \end{vmatrix} = \frac{1}{Z_{三角形}} \begin{vmatrix} 2 & -1 & -1 \\ -1 & 2 & -1 \\ -1 & -1 & 2 \end{vmatrix} \begin{vmatrix} V_a \\ V_b \\ V_c \end{vmatrix}$$ (2.137)

式中，$Z_{三角形}$ 是三角负荷的阻抗。

一个中性点不接地的星形联结三相负载的序阻抗为

$$Z_{012} = \begin{vmatrix} \infty & 0 & 0 \\ 0 & Z_{星形} & 0 \\ 0 & 0 & Z_{星形} \end{vmatrix}$$ (2.138)

通常，对于一个三相负载

$$Z_{abc} = \begin{vmatrix} Z_{aa} & Z_{ab} & Z_{ac} \\ Z_{ba} & Z_{bb} & Z_{bc} \\ Z_{ca} & Z_{cb} & Z_{cc} \end{vmatrix}$$ (2.139)

Z_{012} 可以通过对称分量变换法求得。

2.8.1 PQ 和 CIGRE 负载模型的研究结果

图 2.25 为阻抗模量随 PQ 负载模型和 CIGRE 负载模型所连两条母线频率变化的关系图，两者区别显著。

2.9 系统阻抗

对于谐波而言，系统阻抗并非一个常数。图 2.26a 给出了系统阻抗的 $R - X$ 图。基频电抗呈感性，代表系统刚度。系统谐振使得 $R - X$ 图呈螺旋形状，电抗可能变为容性。这样的螺旋形状电抗已在高压系统中测量得

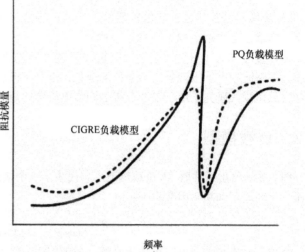

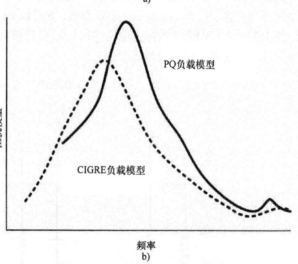

图 2.25 两条母线上 PQ 和 CIGRE 负载模型的区别（源自一个谐波研究）

到，在许多谐振频率下都通用。谐振点的频率和螺旋线其他点如图 2.26a 所示（随频率变化的 R 和 X 见图 2.26b）。在谐振点，电抗为零，仅剩电阻。系统电抗可以通过以下方法确定：

- 利用计算机程序求解谐波电抗。
- 通过直接计算谐波电压和电流读数的比得到谐波电抗。
- 通过开合并联电抗，比较前后谐波电压和电流。

螺旋形状电抗图以 Y 轴右侧的 Z 平面为界，以 75°角为正切角。同样，该图可以变换到 Y 平面上[35]（见图 2.27）。

图 2.28 是本章参考文献 [36] 中测试系统的自阻抗和互阻抗矩阵轨迹图。频率响应包括网

络不对称和相互耦合。这些轨迹可以转换为等效电路。

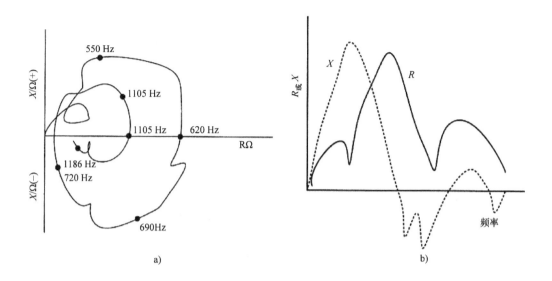

a)

b)

图 2.26 a）供电系统螺旋式 $R - X$ 阻抗图；b）分离 R 和 X 图

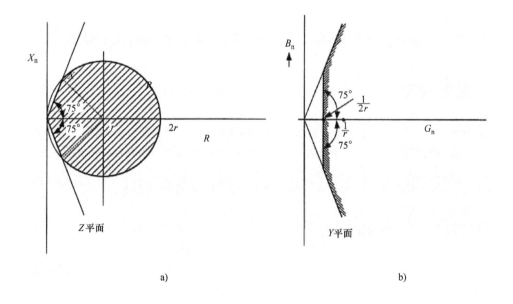

a)

b)

图 2.27 通用电抗图：
a）$R - X$ 平面；b）Y 平面

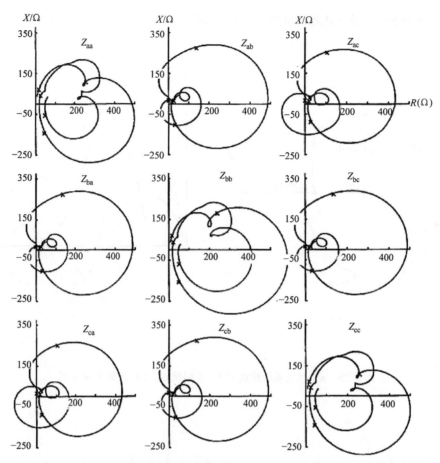

图 2.28 自阻抗和互阻抗的阻抗矩阵图（来源：本章参考文献［36］）

2.10 三相模型

电力系统中各元素并非是严格对称的。不对称情况包括电路负载、相互耦合、不对称自阻抗和互阻抗。这类问题类似于三相基频潮流，与谐波负载的非线性问题混合。单相模型不适用于以下情况。

- 通信干扰，零序谐波影响显著，常常对大多数通信电路造成干扰。
- 系统中有单相电容器组。
- 存在单相或不对称谐波源。
- 需要考虑 3 次谐波，接地电流影响显著，存在不对称负载。

对于不对称配电路和不对称负载的输电线路，需要三相模型。当供电电压不平衡时，电力换流器可以产生非特征谐波。谐波次数与对称情况下的次数不一样。

当母线谐波失真率大于 5% 时，会影响产生谐波的设备。可以通过迭代方法求解该问题。假设在第一次循环中，电压失真率超过 5%。那么，在迭代谐波分析中，可以采用消除谐波的设备，将失真率降到 1%。通常，配置了谐波补偿后的迭代结果是可以接受的。

需要考虑网络不对称和互耦合的情况，每一个谐波频率都需要一个 3×3 矩阵。中性点经电抗接地的三相变压器模型，互耦合线路，换位和不换位传输线都适用于谐波分析。

网络可以划分为几个子系统。子系统可以定义为网络的任意一部分，从而使得子系统的分支不存在互耦合。以双端口网络为例，有

$$\left| \begin{array}{c} \overline{V}_\mathrm{a} \\ \overline{V}_\mathrm{r} \end{array} \right| = \left| \begin{array}{cc} \overline{A} & \overline{B} \\ \overline{C} & \overline{D} \end{array} \right| \left| \begin{array}{c} \overline{V}_\mathrm{r} \\ \overline{I}_\mathrm{r} \end{array} \right| \tag{2.140}$$

电流和电压是矩阵变量，维数取决于所考虑的节数，3，6，9，…。所有节数包含了同样数量的耦合元素，并且所有矩阵次数相等。那么，等效 Y 矩阵可以写为

$$\overline{Y} = \left| \begin{array}{ccc} [\overline{D}][\overline{B}]^{-1} & \vdots & [\overline{C}] - [\overline{D}][\overline{B}]^{-1}[\overline{A}] \\ \cdots & \vdots & \cdots \\ [\overline{B}]^{-1} & \vdots & -[\overline{B}]^{-1}[\overline{A}] \end{array} \right| \tag{2.141}$$

2.11　非特征谐波

非特征谐波的出现源于延迟角的不同。因此，直流电压产生 $3q$ 次谐波，交流线路电流产生 $3q \pm 1$ 次谐波，q 为奇数。直流电压产生 3 次谐波和它的奇数倍谐波，交流电流产生偶次谐波。由于电压过零点时间变化，导致触发延迟角不相等，非特征谐波可能会因此增加。触发延迟角每延迟 1°，将导致 1% 的 3 次谐波产生。谐波频谱和对应角度建模在谐波分析程序中是可行的。

由 12 脉波换流器的非特征谐波如 5、7、17、19、…，可计算 6 脉波换流器的 15% 谐波含量。同样，对于 3、9、15 等 3 倍次谐波，可以求得 1% 的谐波含量。不过，这不能解释不对称情况。我们将不对称电压写为

$$\begin{array}{l} V_\mathrm{a} = V \sin \omega t \\ V_\mathrm{b} = V(1 + d) \sin(\omega t - 120°) \\ V_\mathrm{b} = V \sin(\omega t + 120°) \end{array} \tag{2.142}$$

式中，d 是不平衡度，电流传输间隔为

$$\begin{array}{l} t_\mathrm{a} = t_\mathrm{c} = 120° - e \\ t_\mathrm{b} = 120° + 2e \end{array} \tag{2.143}$$

式中

$$e = \arctan \frac{\sqrt{3}(1 + d)}{3 + d} - 30° \tag{2.144}$$

忽略重叠，瞬时电流为

$$\begin{array}{l} i_\mathrm{a} = \dfrac{4}{\pi} I_\mathrm{d} \dfrac{(-1)^h}{h} \sin\left(\dfrac{h t_\mathrm{a}}{2}\right) \sin(h \omega t) \\[2mm] i_\mathrm{b} = \dfrac{4}{\pi} I_\mathrm{d} \dfrac{(-1)^h}{h} \sin\left(\dfrac{h t_\mathrm{c}}{2}\right) \sin\left(h \omega t - 120° - \dfrac{e}{2}\right) \\[2mm] i_\mathrm{b} = \dfrac{4}{\pi} I_\mathrm{d} \dfrac{(-1)^h}{h} \sin\left(\dfrac{h t_\mathrm{c}}{2}\right) \sin(h \omega t + 120° - e) \end{array} \tag{2.145}$$

如果不平衡度 $d = 0.1$，那么 3 次谐波电流为

$$\begin{array}{l} i_\mathrm{a3} = 0.01586k < 180° \\ i_\mathrm{b3} = 0.03169k < -2.36° \\ i_\mathrm{c3} = 0.01586k < 175.27° \end{array} \tag{2.146}$$

式中

$$k = \frac{2\sqrt{3}I_d}{\pi} \qquad\qquad (2.147)$$

如果采用三角形联结的变压器，电流的正序和负序分量可以注入网络中。

2.12 换流器

很多文献都讨论了换流器产生的谐波。交流电压和直流电流在弱交/直流联系中存在相互作用。本章参考文献［38］描述了电压失稳、控制系统失稳、暂态动态过电压、暂时过电压、谐波过电压、低次谐波共振现象。本章参考文献［39］探讨了商用谐波分析程序不适用于暂态系统的谐波建模的情况，研究换流器建模以及代表汞弧和电灯钠蒸气的建模。算法取决于考虑重叠角后，计入 V_d、I_d 换流器电流的谐波分量和产生的无功功率，当 $V_d I_d = P$ 时停止重叠角迭代。

非线性负载产生的谐波电流是由于假定电源是严格正弦波。注入交流系统的谐波决定了电压失真的水平。不过，当注入的谐波频率与并联谐振频率相近时，算法通常会产生较大误差，因此需要暂态换流器仿真（TCS）。这需要等效交流系统考虑工频和谐波频率。本章参考文献［40］提出了由多个调谐 *RLC* 支路组成的等效电路，为 HVDC 研究提供了求解方法。这描述了与频率相关的等效电路，适用于求解随时间变化的综合问题。

换流器和交流系统及换流器和直流系统可以简化为戴维南或诺顿等效电路。如图 2.29a 所示，谐波关系可以写作：

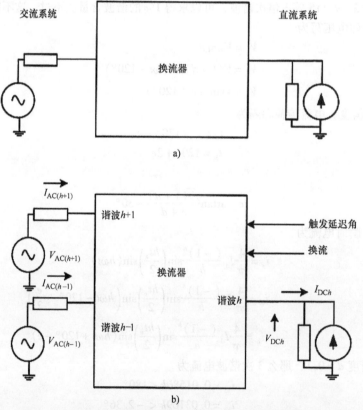

图 2.29 a）交直流系统的换流器连接；b）非特征频率相互作用

$$\overline{V}_{DC} = \overline{A}\,\overline{V}_{AC} + \overline{B}\beta + \overline{C}\,\overline{I}_{DC}$$

$$\overline{I}_{AC} = \overline{D}\,\overline{I}_{DC} + \overline{E}\beta + \overline{F}\,\overline{V}_{AC}$$

$$\overline{V}_{AC} = \overline{Z}_{AC}\,\overline{I}_{AC} + \overline{V}_{AC0}$$

$$\overline{I}_{DC} = \overline{Y}_{DC}\,\overline{V}_{DC} + \overline{I}_{DC0} \tag{2.148}$$

式中，矩阵 $\overline{A}$、$\overline{B}$、$\overline{C}$、…是从交流电压到直流电压换流器的变换函数，直流电压的触发延迟角，直流电流到交流电流的变换函数等；$\overline{Z}_{AC}$、$\overline{Y}_{DC}$ 是交流侧谐波阻抗的对角矩阵和直流侧谐波导纳的对角矩阵；$\overline{I}_{DC}$、$\overline{V}_{DC}$ 是直流侧谐波电流源和直流侧谐波电压源的向量。矩阵各元素通过数学方法确定[41,42]。换流器和频率相联系的特性可能导致电流或电压的失真。由式（2.148）可以得到它们之间的相互作用机理，如图2.29b所示。

参 考 文 献

1. H.W. Beaty and D.G. Fink (Eds). Standard Handbook for Electrical Engineers, 15th Edition, McGraw-Hill, New York, 2007.
2. C. Croft. American Electrician's Handbook, 9th Edition, McGraw-Hill, New York, 1970.
3. Central Station Engineers. Electrical Transmission and Distribution Reference Book, 4th Edition, Westinghouse Corporation, East Pittsburgh, PA, 1964.
4. The Aluminum Association. Aluminum Conductor Handbook, 2nd Edition, The Aluminum Association, Washington, DC, 1982.
5. J.G. Anderson. Transmission Reference Book, Edison Electric Company, New York, 1968.
6. J.C. Das. Transients in Electrical Systems, McGraw-Hill, New York, 2010.
7. J.C. Das. Power System Analysis-Short-Circuit Load Flow and Harmonics. 2nd Edition, Florida, CRC Press, 2012.
8. Canadian/American EMTP User Group. ATP Rule Book, Oregon, Portland, 1987−1992.
9. EPRI. HVDC-AC system interaction for AC harmonics. EPRI Report 1: 7.2-7.3, 1983.
10. EPRI. Transmission Line Reference Book—345 kV and Above, EPRI, Palo Alto, CA, 1975.
11. EHV Transmission. IEEE Trans 1966 (special issue), No. 6, PAS-85, pp. 555−700, 1966.
12. P.M. Anderson. Analysis of Faulted Systems, Iowa State University Press, Ames, IA, 1973.
13. L.V. Beweley. Traveling Waves on Transmission Systems, 2nd Edition, John Wiley and Sons, New York, 1951.
14. T. Gonen. Electrical Power Transmission System Engineering, Analysis and Design, 2nd Edition, Florida, CRC Press, 2009.
15. L. M. Wedepohl and D.J. Wilcox. "Transient analysis of underground power transmission systems: system model and wave propagation characteristics," Proceedings of IEE, vol. 120, pp. 252−259, 1973.
16. G. Bianchi and G. Luoni. "Induced currents and losses in single-core submarine cables," IEEE Transactions on Power and Systems, vol. PAS-95, pp. 49−58, 1976.
17. L. Marti. "Simulation of electromagnetic transients in underground cables with frequency-dependent model transformation matrices," Ph.D. thesis, University of British Columbia, Vancouver, 1986.
18. G.W. Brown and R.G. Rocamora, "Surge propagation in three-phase pipe-type cables, Part I-Unsaturated pipe," IEEE Transactions on Power and Systems, vol. PAS-90, pp. 1287−1294, 1971.
19. G.W. Brown and R.G. Rocamora. "Surge propagation in three-phase pipe-type cables, Part II-Duplication of field tests including the effect of neutral wires and pipe saturation," IEEE Transactions on Power and Systems, vol. PAS-90, pp. 826−833, 1977.
20. A. Ammentani. "A general formation of impedance and admittance of cables," IEEE Transactions on Power and Systems, vol. PAS-99, pp. 902−910, 1980.
21. A. Semlyen. "Overhead line parameters form handbook formulas and computer programs," IEEE Transactions on Power and Systems, vol. PAS-104, p. 371, 1985.
22. D.R. Smith and J.V. Bager. "Impedance and circulating current calculations for UD multi-wire concentric neutral circuits," IEEE Transactions on Power and Systems, vol. PAS-91, pp. 992−1006, 1972.
23. P. de Arizon and H.W. Dommel, "Computation of cable impedances based on subdivision of conductors," IEEE Transactions on Power Delivery, vol. PWRD-2, pp. 21−27, 1987.
24. IEEE Standard 525. IEEE guide for the design and installation of cable systems in substations, 1987.
25. IEEE P575/D12. Draft guide for bonding shields and sheaths of single-conductor power cables rated

5 kV through 500 kV, 2013.

26. C.E. Lin, J.B. Wei, C.L. Huang and C.J. Huang. "A new method for representation of hysteresis loops," IEEE Transactions on Power Delivery, vol. 4, pp. 413–419, 1989.

27. J.D. Green and C.A. Gross. "Non-linear modeling of transformers," IEEE Transactions on Industry Applications, vol. 24, pp. 434–438, 1988.

28. W.J. McNutt, T.J. Blalock and R.A. Hinton. "Response of transformer windings to system transient voltages," IEEE Transactions on Power and Systems, vol. 9, pp. 457–467, 1974.

29. M. Chen and W.E. Dillon, "Power system modeling," Proceedings of IEEE Power and Systems, vol. 62, pp. 901–915, 1974.

30. CIGRE Working Group 33.02, "Guidelines for representation of network elements when calculating transients," CIGRE brochure 39, 1990.

31. M. Heathcote. J&P Transformer Handbook, 13th Edition, A reprint of Elsevier Ltd, Burlington, MA, 2007.

32. P.M. Anderson and A.A. Fouad. Power System Control and Stability, IEEE Press, New Jersey, 1994.

33. A. Semlyen, J.F. Eggleston and J. Arrillaga. "Admittance matrix model of a synchronous machine for harmonic analysis," IEEE Transactions on Power Systems, vol. PWRS-2, no. 4, pp. 833–839, 1987.

34. CIGRE Working Group 36–05. "Harmonic characteristic parameters, methods of study, estimating of existing values in the network," Electra, pp. 35–54, 1977.

35. E.W. Kimbark. Direct Current Transmission, John Wiley and Sons, New York, 1971.

36. N.R. Watson and J. Arrillaga. "Frequency-dependent AC system equivalents for harmonic studies and transient converter simulation," IEEE Transactions on Power Delivery, vol. 3, no. 3, pp. 1196–1203, 1988.

37. M. Valcarcel and J.G. Mayordomo. "Harmonic power flow for unbalance systems," IEEE Transactions on Power Delivery, vol. 8, pp. 2052–2059, 1993.

38. C. Hatziadoniu and G.D. Galanos. "Interaction between the AC voltages and DC current in weak AC/DC interconnections," IEEE Transactions on Power Delivery, vol. 3, pp. 1297–1304, 1988.

39. J.P. Tamby and V.I. John. "Q'Harm-A harmonic power flow program for small power systems," IEEE Transactions on Power and Systems vol. 3, no. 3, pp. 945–955, 1988.

40. J. Arrillaga, D.A. Bradley and P.S. Bodger. Power System Harmonics, John Wiley, New York, 1985.

41. J. Arrillaga and N.R. Watson. Power System Harmonics, 2nd Edition, New York, John Wiley, 2004.

42. E.V. Larsen, D.H. Baker and J.C. Mclver. "Low order harmonic interaction on AC/DC systems," IEEE Transactions on Power Delivery, vol. 4, no. 1, pp. 493–501, 1989.

第3章 系统的谐波建模

3.1 电力系统

电力系统由发电、输电和配电系统组成。单个电力系统由地区互联的区域电网组成，它们相互连接，构成了国家电网和国际电网。每个地区通过发电、调度，线路潮流及应急运行实现互联。由于国家权力下放、撤销管制，电力工业的商业环境发生了翻天覆地的变化，更着重经济效益。

不可再生能源发电包括汽油、天然气、石油和核燃料。铀和钍等原子质量较大的元素裂变和氘等原子质量较轻的元素聚变，提供了近乎无限的能源。近年来，为了减少对进口石油的依赖，可再生能源，如水蒸气、抽水蓄能系统、太阳能、地质能、风能和生物质能日益引起人们的关注。美国的核电由于潜在的熔毁及核废料处置问题，引起了巨大的公众担忧，但是法国仍严重依赖核电。U238 的半个生命周期为 4.5×10^{10} 年。核废料的处置问题阻遏着核能发电的发展。发电厂燃煤产生 SO_2、氮气、CO、CO_2、烃类和颗粒物质。单个蒸汽发电机能发出 1500MW 电能，超导发电机能发出 5000MW 甚至更多。另外，并网的分布式发电机组仅能发出几千瓦电能。

由于高压发电机定子匝间和绕组绝缘问题，发电机输出电压通常为 13.8~25kV，不过俄罗斯现有 110kV 发电机正在投入运行。传输线电压可以升高至 765kV 及以上，全世界有许多 HVDC 线路正在运行。维持波形畸变程度和负载频率在允许范围内是控制的主要任务。同步调相机、并联电容器、静态无功补偿器和 FACTS 设备用于提高电力系统稳定性和增大传输线路传输容量。中压输电电压水平在 23~138kV 之间。中压输电系统连接着高压变电站和配电站。电压逐渐降低至 12.47kV，并从配电站延伸出数条配电线路和电缆。消费侧有多种负载类型，它们的模型和特性极为复杂。冶炼矿浆可能采用单个超过 30000hp（1hp = 745.7W）的同步电动机，船舶推进器可能采用额定容量更大的电动机。

近年来，电力工业面对许多变化，如以需求为准的环境相容性、可靠性，运行效率，综合利用可再生能源与分布式发电。系统动态状态在任何时间和扰动下都可知。驱动智能电网发展的技术有：

- RAS（补救方案）；
- SIPS（系统综合保护系统）；
- WAMS（广域测量系统）；
- FACTS（柔性交流传输系统）；
- EMS（能源管理系统）；
- PMU's（相位测量机组）；
- 750kV 线路和 HVDC 线路的涂层。

经过 1965 年 11 月大停电后，国家可靠性委员会在 1968 年创立，并随后更名为北美可靠性委员会（NERC）。主要制定供电公司需要遵循的规则与指南。然而，在规划阶段，尚未得到合适的动态系统研究结果。原因是缺少能源、数据或专业知识（缺少分布式发电，大数据和负载以及风力发电的模型）。现代复杂的电力系统可能埋藏着许多潜在问题，并且不能通过直觉或某些电力系统研究分析而发现。级联式停电影响可以最小化，供电时间可以延长，但不能完全消除其影响。这使得大范围内进行谐波估计研究没那么迫在眉睫，最重要的参考标准为 IEEE 519。

电力系统是高度非线性和动态的，含有世界上最多最高阶的非线性人造系统。系统受内部开关暂态影响（故障，断路器重合闸，长距离输电，基于需求侧响应的不同发电设备等）和外部源影响很大，如雷电涌流。电磁和电机能沿着电力系统元件分散。图3.1展示了电力系统的一般概念。

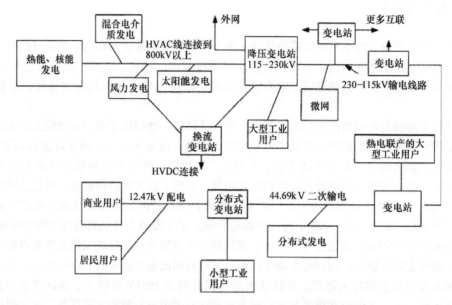

图3.1 电力系统中发电、输电、变电和用电配置

如果对一定区域内的电力传输线和连接状况进行航测，得到的航测图会比所有高速线路加起来都要密集。

谐波存在于电力系统中的任何一个部分——输电、二次输电、配电和商业设备。尽管现在已制定谐波相关治理标准，但是用户仍可能会在公共节点处注入谐波，并在一定范围内造成影响。另外，谐波治理目前并非严格按照要求执行，这种情况在发展中国家尤其普遍。

3.1.1 谐波考量因素

在互联系统中，跟踪并控制谐波的产生是十分困难的，因为其由成千上万条母线、变电站和发电设备组成。这需要一定的计算资源，而现今可能无法提供。实际上，系统可能需要根据一些边界条件，分为几个部分进行分析。

在平衡条件下，对特征谐波进行建模是很容易的；出现 SVC 时则需要对 3 次谐波以外的奇波和负序网络进行建模。当对变压器饱和现象进行建模后，将出现 3 次谐波。电流源模型可能不适用于这种分析。进行三相建模是很有必要的[1]。因此，建模取决于所研究的线路和非线性负载。网络在复杂程度和规模上各不相同，要在研究中获得通用的精确模型是不可能的。

3.1.2 电力系统的高效设计

无论电力系统大或小，进行谐波分析前，开展高效设计都是很有必要的。它必须满足 ANSI/IEEE、NEC. OSHA 和其他如 IEC 等国际或国家标准的要求。总的来说，所有的电力系统都必须满足以下要求：
- 可靠；
- 安全；
- 可延拓；
- 可维修；
- 可信；
- 经济。

电力设备需要根据附属设备的种类、绝缘配合、运行机制、接地和继电保护情况进行维护。然而，电力系统可能缺少人员安全方面的考虑，甚至系统中因需达到足够的性能，某些功能上的设计也要做出让步。设计不完备，缺少某方面考虑的系统是很常见的。竞争和经济等限制条件使得专家们需要节约开支，导致需要投入更多经费进行短期维修和长远升级。

至于谐波的设计是另一个考虑因素。甚至当需要减少谐波以满足标准要求的时候，会在系统中安装无源滤波器。这意味着大量的变压器和电缆将运载谐波，并须降额运行以便运载非线性负载。谐波达到 100% 消除是不可能的，必须考虑配电系统中谐波造成的影响。如前面章节所述，电动机、负载和发电机吸收了一定数量的谐波，已有因谐波造成电力系统元件故障的案例。因此，系统设计必须积累谐波分析经验。

3.2 网络建模范围

本章参考文献 ［2］ 讨论了建模的范围例子。通常采用至少 5 条母线和 2 个变压器来代表外部网络。带有显著容性无功补偿的母线也需要建模。发电厂邻近地区由于低次暂态电抗，常常用等效电路来代表。系统的对称性由边界母线的短路等效电路代表。

本章参考文献 ［2］ 描述了有单独母线 "Fraser" 的 NYPP 系统外部网络的建模，采用了以下两个模型：
- 56 条传输线路，66 台单相变压器，9 个三相电容器组，25 个三相等效电源。
- 第二种模型进行了延拓，包括远离 Fraser 345kV 母线的 5 条 NYPP 系统母线。它由 68 条传输线路，81 台单相变压器，9 个三相电容器组，44 个三相等效电源组成。

对比结果如本章参考文献 ［2］ 中所示，见表 3.1 所示。延拓后的系统模型用于谐波阻抗和谐振点附近的电压。

表 3.1 驱动点正序阻抗

谐波次数	Z 和 f	外部三母线系统			外部五母线系统		
		a 相	b 相	c 相	a 相	b 相	c 相
4	Z/Ω	804	864	1018	649	550	475
	f/Hz	235	244	235	227	226	227
5	Z/Ω	665	688	729	405	885	536
	f/Hz	299	318	299	281	280	280

系统建模的影响如图 3.2 所示，根据本章参考文献 ［2］，该图代表了一个接有 200MW HVDC 的 230kV 系统。当 110kV 母线中并入无穷大发电机时，一条 20kV 母线会在 5 次和 12 次谐

波处发生谐振，而非6次和13次。此点之上的额外微调不会明显改变驱动点阻抗。这表明建模拟合度不够的风险。

　　在EMTP仿真中，频率扫描选项提供了将网络角度的驱动点阻抗频率当作母线的角度。它同样可以得到系统任意两点间电压（电流）的变换方程。

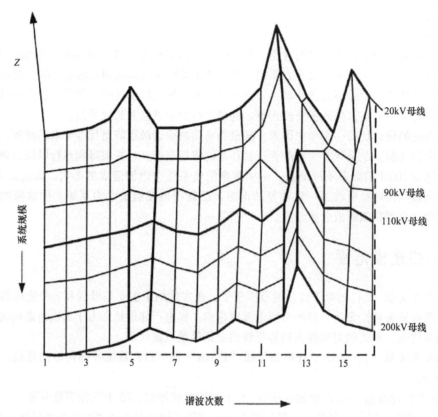

图3.2　系统建模对谐波分析的影响（来源：本章参考文献[2]）

3.3　负载和发电设备的影响

　　电力系统中所接的负载、发电机和电动机都会吸收谐波。PCC处的谐波失真率取决于非线性负载相对总负载的比例。

　　图3.3展示了一个简单的系统结构，从而阐述了负载和发电机的影响。一个与480V母线相连的2.5MVA 6脉波ASD负载，谐波注入电流波形如图3.4所示。谐波被静态负载、电动机和发电机吸收；所有设备的额定容量皆为1500kVA，谐波含量如表3.2所示。尽管这些设备的额定容量是完全一样的，但是谐波吸收的程度各异，因为谐波阻抗各不相同。图3.5展示了电流的频谱，图3.6展示了波形图。15MVA变压器二次侧PCC处的谐波总失真为2.23%。同时，对于480V母线，谐波总失真率为12.55%。

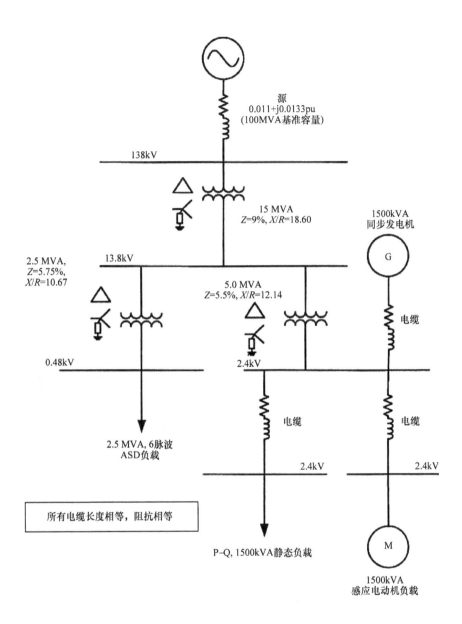

图 3.3　用于研究系统不同组件中谐波潮流的配电系统

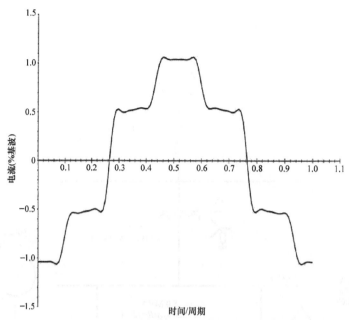

图 3.4　图 3.3 中 6 脉波 ASD 电流注入波形

表　3.2

谐波相对基波的含量(%)	5	7	11	13	17	19	23
注入	17.46	12.32	7.19	5.13	2.88	1.54	0.51
发电机	1.49	1.05	0.60	0.42	0.23	0.12	0.04
静态负载	0.81	0.79	0.71	0.59	0.42	0.25	0.10
电动机	1.33	0.94	0.54	0.38	0.21	0.11	0.04
PCC	9.71	6.84	3.97	2.82	1.57	0.84	0.28

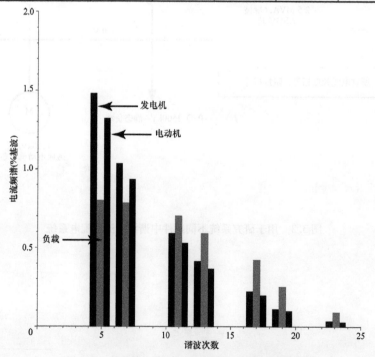

图 3.5　电动机、发电机和负载的谐波电流频谱

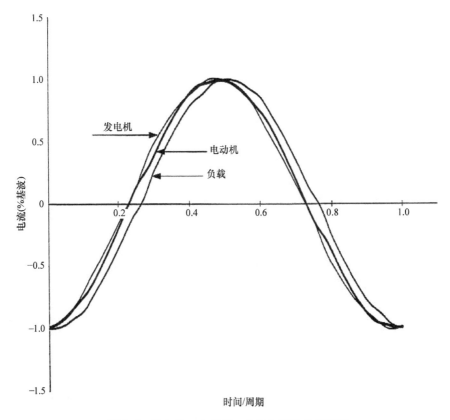

图 3.6　发电机、电动机、负载电流的失真波形

3.4　短路、基频和负载潮流计算

短路、基频和负载潮流计算需要得到 I_s/I_t 的比值，可以基于 IEEE 519 失真限制计算得到。实际上，这些研究必须在谐波分析前进行。这 3 种研究类型之间需要向计算机输入大量数据。

正常工作电压必须在电力系统中确定，操作系统电压通常比系统电压高 1% ~2%。理想情况下，从空载到满载，并且在负载变化条件下，这些电压必须维持在设备额定电压的一定裕度范围内。

当一条或一条以上的线路退出运行时，突然的负载冲击（大型电动机起动）或应急操作下的负载需求，会造成短时间或长时间的电压降低。ANSI C84.1[3] 指定了适宜的基准电压运行电压范围 A 和 B 以及在 120~34500V 区间运行的配电设备。对于超过 34500V 的输电电压，仅对基准电压和系统电压做出详细说明。范围 B 允许在一定界限内超出 A 的范围。例如，对于以 13.8kV 为基准电压的系统，范围 A = 12.46~14.49kV，而范围 B = 13.11~14.5kV。对于周期性负载，比如电弧炉的电压必须控制在一定范围内（见表 3.3）。为了保持在正常工作范围，电气设备运行电压有确定的最大值和最小值，也就是说，感应电动机的设计是在满足以下条件的前提下正常运行的[4]：

1）额定频率下，额定电压的 ±10% 内。

2）假设频率在额定频率 ±5% 范围内变化，电压和频率（绝对值总和）综合变化 10%。

表 3.3　系统电压基准值和变化范围

电压等级	基准系统电压		基准运行电压 二线/三线/四线	电压范围 A			电压范围 B		
	二线	四线		最大 用电电压和供电电压	最小 供电电压	最小 用电电压	最大 用电电压和供电电压	最小 供电电压	最小 用电电压
低压			**单相系统**						
	120		115	126	114	108	127	110	104
		120/240	115/230	126/252	114/228	108/216	127/254	110/220	104/208
			三相系统						
		208Y/120	200	218Y/126	197Y/114	187Y/108	220Y/127	191Y/110	180Y/104
		240/120	230/115	252/126	228/114	216/108	254/127	220/110	208/104
	240		230	252	228	216	254	220	208
		480Y/277	460Y/266	504Y/291	456Y/263	432Y/249	508Y/293	440Y/254	416Y/240
	480		460	504	456	432	508	440	416
	600		575	630	570	540	635	550	520
中压	2400			2520	2340	2160	2540	2280	2080
		4160Y/2400		4370Y/2520	4050Y/2340	3740Y/2160	4400Y/2540	3950Y/2280	3600Y/2080
	4160			4370	4050	3740	4400	3950	3600
		8320Y/4800		8730Y/5040	8110Y/4680		8800Y/5080	7900Y/4560	
	4800			5040	4680	4320	5060	4560	4160
	6900			7240	6730	6210	7260	6560	5940
		12000Y/6930		12600Y/7270	11700Y/6760		12700Y/7330	11400Y/6580	
		12470Y/7200		13090Y/7560	12160Y/7020		13200Y/7620	11850Y/6840	
		13200Y/7620		13860Y/8000	12870Y/7430		13970Y/8070	12504Y/7240	
		13800Y/7970		14490Y/8370	13460Y/7770		14520Y/8380	13110Y/7570	

电压分类	标称系统电压	最大电压					
	13800	14490	13460	12420	14520	13110	11880
	20780Y/12000	21820Y/12600	20260Y/11700		22000Y/12700	19740Y/11400	
	22860Y/13200	24000Y/13860	22290Y/12870		24200Y/13970	21720Y/12540	
	23000	24150	22430		24340	21850	
	24940Y/14400	26190Y/15120	24320Y/14040		26400Y/15240	23690Y/13680	
	34500Y/19920	36230Y/20920	33640Y/19420		36510Y/21080	32780Y/18930	
	34500	36230	33640		36510	32780	
	46000	48300					
	69000	72500					
高压	115000	121000					
	138000	145000					
	161000	169000					
	230000	242000					
	345000	362000					
超高压	400000	420000					
	500000	550000					
	765000	800000					
特高压	1100000	1200000					

详见本章参考文献 [3]。

注：来自本章参考文献 [3]。

3）额定电压下，频率的 ±5% 内。

无功功率的产生与消耗都需要达到平衡，这就要考虑由无功负载消耗的能量，电压调节通过以下方式实现：

- 有载和无载调压。
- 负载再分配。
- 增加变压器和发电机的无功容量。
- 并联母线和冗余电源系统。
- 电压调节器。
- SVC、TCR 和 STATCOM。
- 并联电容器组。

我们认为 138～13.8kV 主变压器的无载调压被设定为对二次侧进行 5% 范围内的电压调节。配电系统中，13.8～4.16kV 和 4.16～0.48kV 变压器也被设定为对二次侧进行 5% 范围内的电压调节。这使得 4.16kV 和 480V 系统负载运行时电压可以有一定变动。但在空载的情况下，480V 系统电压会高出 15%，4.16kV 系统电压会高出 10%，这是不可接受的。

对用于无功补偿和基频处运行电压支撑的并联电容器组需求量估计是谐波电力潮流是必须的，于是这些电容器组可以转化为谐波滤波器。

3.5　工业系统

工业系统的规模和复杂程度各异。一座由 480V 柱上变压器供电，带 1000kVA 负载的锯木厂可能会被称作一个工业系统。在美国佐治亚州，一个装机容量为 260MW 的公用事业变电站，为一家 230kV 电压的新闻印刷厂供电。还有一些工厂可能产生供自己使用的电能，并用联合发电模式与高压电网并网。公共服务事业电压等级为 115kV、138kV 和 230kV，而在此电压水平下的负载需求可能会超过 100～200MW。这时通常采用短路阻抗来代表公用电源，不过应考虑近处的谐波负载。大型轧钢厂或电弧炉负载会影响相邻而不产生谐波的工业系统。以一个大型配电系统为例：

- 2 个通用内联运行电压为 230kV 的 50MVA 变压器。
- 4 个总功率为 120MW 的发电机。
- 负荷需求为 100MW，一定时间里多发出的功率可以向系统供电。
- 76 个低压变电站（0.5～2.5MVA），某些为双端。
- 280 个低压 MCC（电动机控制中心）。
- 2100 个低压电动机，从 5～250hp 不等。
- 许多母线和备用电源间的紧急连接。
- 6 个冗余电源系统，配备后备充电，为重要负载配备不间断电源系统。
- 针对重要工艺负载和发电备用负载配备自动切换电能装置。
- 26 个 2.4kV 或 4.16kV 的一次变电站（2.5～7.5MVA），为中压感应和同步电动机负载供电，5000hp。（一些制浆厂采用炼油用 45000hp 的同步电动机）。
- 10mile 中压和低压内联电缆。
- 5mile 13.8kV 架空线路。
- 6 个限流电抗器，目的是将短路水平控制在断路器额定值下。
- 25% 的运行负载由驱动系统组成，6～18 脉波。

- 3 个总容量为 30Mvar 的谐波滤波器，以提供电压支撑和谐波消除。

工厂的位置影响建模方法。很多时候，公共高压变电站，230~66kV（某些时候由工厂运行）位于工厂内。一个工厂可能与大型发电站毗邻，或者附近有谐波源或电容器，从而影响其外部系统建模。发电机和大型旋转负载可以独立建模，而一个等效 AC 电动机模型可以与虚拟变压器阻抗相连，虚拟变压器阻抗代表和电动机相连的多个变压器。如果谐波源母线和带有电容器补偿的母线，可以进行详细的建模，就可以以精确计算得到总负载。

工业系统中主要的谐波源为 ASD，受拓扑结构不一样的影响，谐波发射范围在很宽的范围内变化。由于工艺流程各异，非线性负载源也不一样。水泥厂有无齿轮 LCI 馈电的大型同步电动机，轧钢厂有大型直流电动机。一些如 UPS，充电电池和办公负载的非线性负载只占总负载的很小一部分，很少超过大型工业设备的 1%~2%。不过，在任何谐波分析中，都不可以忽略它们的影响。

3.6　配电系统

一次配电系统电压等级在 4~44kV 之间，而二次配电系统为低电压（<600V）。配电网包括所有在电源和用户侧的开关/电表间的电气系统。图 3.7 展示了配电系统的基本结构。一个配电系统由以下部分组成：

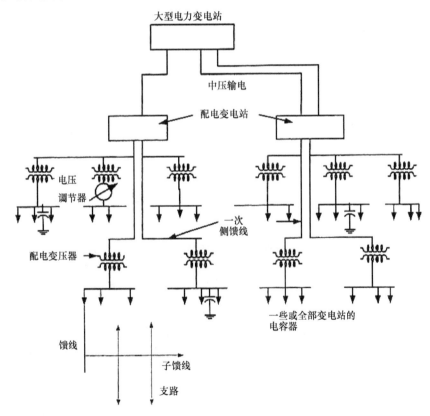

图 3.7　配电系统结构

- 在 12.47~345kV 之间运行的中压输电线路，向配电变电站传输电能。

- 配电变电站,将电能变换为较低电压,从而实现电能就地分配的功能,并使用感应电压调节器,并联电力电容器调节输送到负载中心的电压。
- 馈线一次侧在 2.4kV 和 34.5kV 之间运行,并为一定区域内的负载供电。
- 柱上或基座安装式变压器额定容量为 10 ~ 2500kVA,邻近用户侧负载,从而将能量转换为可利用的电压。
- 短距离内,利用电压二次回路,将能量输送到街道或巷道。
- 最后,用电电压降低或地下线路从二次侧把电能传输到用户开关侧。

中压变电站电路可为:

- 简单辐射型电路;
- 并联或环形电路;
- 内联电路,从而构成电网或网络。

3.6.1　辐射型系统

辐射型系统是成本最低、结构最简单的电路,由一个电源供电,如图 3.8 所示。单条电路馈线上的故障会导致用户侧的大量负载和电力供电服务中断,这是不能接受的。

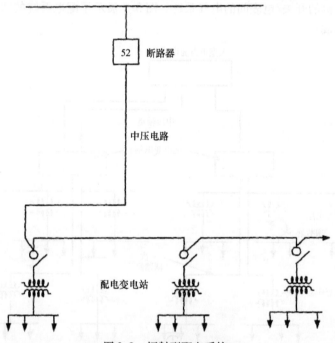

图 3.8　辐射型配电系统

一个配备双自动/手动开关或断路器的辐射型系统如图 3.9 所示。当一个电路发生故障时,断路器手动或自动动作。这样的配置虽不能防止短暂的大规模扰动,但电能可以被迅速存储。

3.6.2　并联或环形系统

并联或环形系统如图 3.10 所示。每一个配电变电站都有重复或并联的馈线。此图中的所有断路器都闭合,因此负荷潮流有两条流通路径。注意到,变电站 1、2、3 电路构成环形。当在变电站 1 和 2 之间的 F1 点发生故障,继电保护装置动作,断路器 B2 和 C2 断开,而其他断路器保持闭合。尽管故障清除可能会导致电压降落,因所有用户位置及到故障点的阻抗,对此也会有所感知，但变电站的电能供应不会中断。

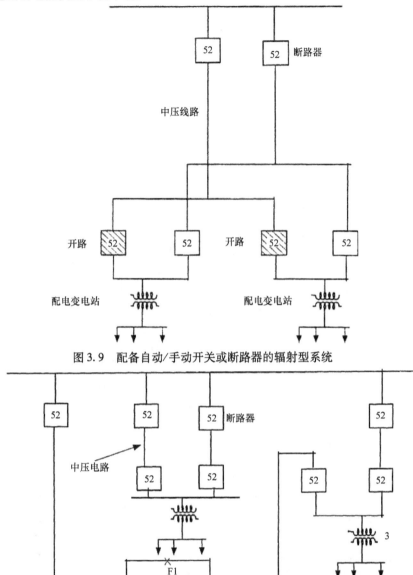

图 3.9 配备自动/手动开关或断路器的辐射型系统

图 3.10 并联或环形配电系统

3.6.3 电网或电网系统

电网或电网系统如图 3.11 所示。这个系统展示了电能传输的最高可靠性。一般来说，不止一个大容量电源总线将会被连接在一起。在这个系统中，电能可通过任一电源输送到任一变电站。电网结构使得增加新的变电站不会增加太多的投资成本或建筑工作量。不过，其缺点在于断路器太多，继电保护装置选择复杂。通过电容器实现的无功补偿可能会流经整个系统，配置位置由电力系统相关研究决定。

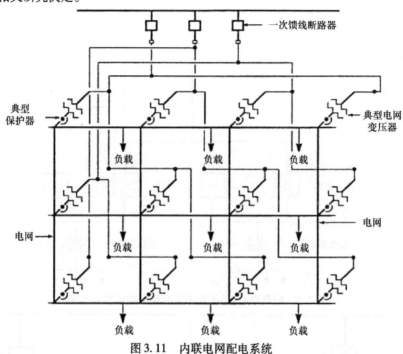

图3.11　内联电网配电系统

3.6.4　一次配电系统

一次配电系统由配电变电站低压母线供电（见图3.6～图3.8），然后传输至配电变压器的一次侧。

大多数一次配电电路呈辐射型。它们由一次馈线组成，一次馈线将电能输送到负载区域，子馈线将电能分配到各支路，然后各支路与各变压器相连接。

图3.12展示了典型的辐射型电路。电流由变电站到辐射末尾逐渐变小，导线尺寸可以随着干路到支路逐渐减小，这是一个经济又简单的电路。但从变电站到偏远支路，电压下降可能会增加，最大的电压降限制在5%或者更低。

图3.13展示了另外一个典型的配电系统，里面有重合闸和开关电力电容器。故障是瞬时的，例如，一个OH线路上的绝缘子短时间对地闪络，导致一个线路对地的瞬时故障。重合闸会在故障发生时断开，然后在一定延迟后重新闭合。如果是瞬时故障，很快就能恢复供电；但如果是永久性故障，将会再次跳闸。在重合闸停止工作前，大概会有3～4次尝试恢复供

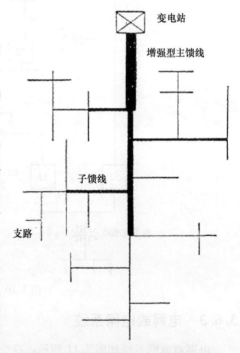

图3.12　带分支的辐射型树形配电电路

电。电力电容器用于在为较多负载供电时支撑电压，而自动电压型开关对此也有帮助，选择性电路连接可以在某段线路发生故障时保持供电。这张图展示了单相开关处的熔断器和配备内置式和外置式熔断器的变压器。通过采用线路调节器或并联电容器或两者兼有的配置方式，可以获得最远到最近用户大概 50km 的电压波形图。

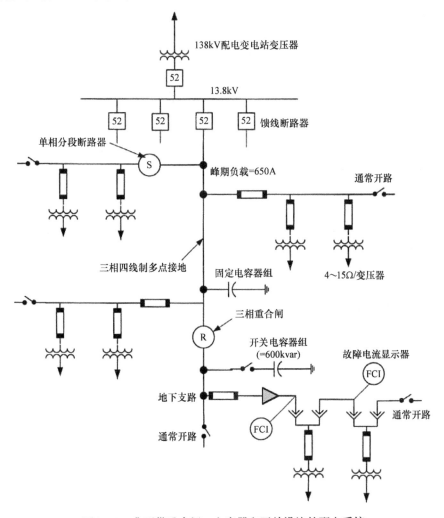

图 3.13 典型带重合闸、电容器和开关设施的配电系统

当辐射型系统发生故障时，供电公司必须马上采取措施恢复供电，很可能不能自动恢复供电，这将延长停电时间。在一些人口密集的大城市，供电公司建设了二次线路，由多条配电馈线组成；每一条馈线都由一个地下变压器供电。变压器低压二次侧相内联，由此提供很高的供电服务可靠性。考虑到大短路电流，常常在二次侧安装网络保护器和限流器。

配电系统的投资占供电系统总投资的 50%。

3.6.5 配电系统谐波分析

配电系统谐波分析可用于研究谐波、谐振和系统中的失真情况，也可研究增加新谐波源后的影响。配电系统会受到商业大厦、居民负荷、工业系统、功率调节电容器所产生的谐波影响，单相和三相模型可以按照研究的要求使用。低压配电系统中不平衡负载和谐波源尤其重要，需要进行三相补偿。配电系统与电网相连，由于配电系统太大，很难对其进行建模。大多数情况下，可以用其短路阻抗来精确代表输电网络。由于系统修改或者系统操作，这个阻抗可能会发生变化，并且它是不固定的。当出现了电容器或者谐波源，需要提出更详细的模型。输电系统本身就可以看作是一个谐波源，因此需要在连接点进行测量。如果考虑产生谐波的负载，谐波模型将较复杂。电动机负载可以与建模为 $R-L$ 并联阻抗的静止负载分开讨论。另外，对每一个负载进行单独建模是不可行的，馈线上的负载可以归并进大类，对精度影响不大。

研究仅限于有限谐波源并常常忽略背景谐波，这有可能导致结果出现错误。谐波源和背景谐波可以通过测量和分析得到，通常，为了更精确，建模和测量一起进行。一个研究分析表明，高频谐波电流相角差异很大，这使得它们相互抵消，而低频电流如 13 次谐波电流并未完全消除。馈线上的不平衡负载导致产生中性点和接地回路上的高次谐波电流。对于 5 次和 7 次谐波电流，负载可以建模为：①谐波源，②并联 RL 电路的谐波源，③串联 RL 电路的谐波源。辐射型配电系统将会出现 5 ~7 次之间的谐振。见本章参考文献 [5, 6]。图 3.14 由本章参考文献 [7] 得到，展示了靠近馈线末端的配电系统负载的频率响应特性。

对配电系统建模：

- 电缆用 Ⅱ 形等效电路代表。
- 对于短线路模型，容抗在母线上。
- 变压器用忽略饱和的等效电路代表。
- 功率因数校正电容器在配置地点处建模。
- 谐波滤波器和发电机建模已在第 2 章中讨论。
- 所有的阻抗不耦合。

负载根据它们的特性和结构进行标幺化处理。

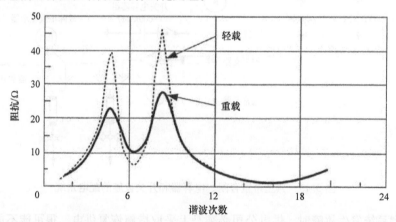

图 3.14 馈线末端的配电负载频率响应特性（来源：本章参考文献 [7]）

3.7 输电系统

高压电网系统包含成百上千的发电机、输电线路和变压器。因此，系统建模应予以考虑。通过第 4 章的敏感性研究可正确处理等价的系统。传输系统具有较高的 X/R 比率和较低的阻抗，并且谐波可以传播较长的距离。变压器和线路容抗应纳入考虑。输电线路的运行结构比配电系统更加广阔。研究可以从确定的局部区域开始，此区域需要详细的建模。系统的边缘部分应用总的等效电路代表，如图 3.15 所示。一种方法是基于短路阻抗获得等效阻抗，第二种方法是利用频率随系统阻抗变化的曲线获得，并且存在第三个中间区域，需要谨慎精确获得它的边界。这些可以通过基于与电源母线的几何距离获得。串联线路阻抗和母线离电源的距离是评价标准之一。敏感法是很好的分析工具，主要考虑了以下几个方面：

- 基于已有研究的经验[5,6]。
- 和电源的距离应纳入建模标准。几何距离、线路阻抗和远离电源的多条母线都应考虑[7]。由于远离电源的母线自身可能是谐波源，并传播谐波，由此可能衍生出新的问题，需要围绕一个更大的系统进行研究。
- 敏感性研究可应用偏远电源的短路或开路建模。
- 采用频率响应特性曲线的方法，即偏远系统的阻抗随着频率变化而变化[8]。但是，在等效电路中进行开关研究很困难。
- 输电系统采用了 SVC/TCR、STATCOM、TCSC 和其他 FACT 控制器，都应进行对应的建模。

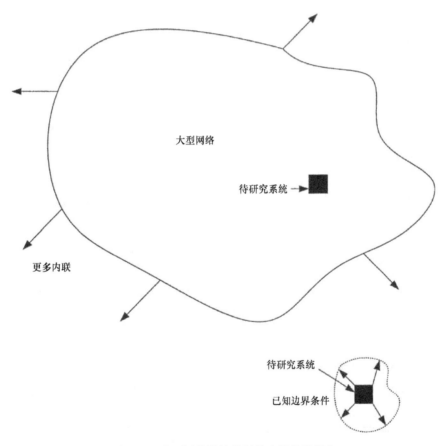

图 3.15　大型网络谐波分析的边界条件概念

3.7.1　弗兰梯效应

当输电线路长度增加时，末端电压由于线路容抗的作用，会上升超过首端电压，这称为弗兰梯效应。在长线路模型中，空载时（$I_R = 0$），首端电压为

$$V_s = \frac{V_r}{2} e^{\alpha l} e^{j\beta l} + \frac{V_r}{2} e^{-\alpha l} e^{-j\beta l} \tag{3.1}$$

在 $l=0$ 时，入射波和反射波电压都等于 $V_r/2$。当 l 增加时，入射波呈指数型增长，而反射波减小。因此，末端电压增加。另一个关于电压上升的解释是，假设线路总容抗连接在末端，那么容抗为 Cl，其中 l 是线路长度，开路时，首端电流为

$$I_s = \frac{V_s}{\left(j\omega Ll - \dfrac{1}{j\omega Cl} \right)} \tag{3.2}$$

C 相比 L 要小得多。因此，可以忽略 ωLl，末端电压可以写为

$$\begin{aligned} V_r &= V_s - I_s(j\omega Ll) \\ &= V_s + V_s \omega^2 CLl^2 \\ &= V_s(1 + \omega^2 CLl^2) \end{aligned} \tag{3.3}$$

这导致末端电压上升：

$$|V_s|\omega^2 CLl^2 = |V_s|\omega^2 l^2 / v^2 \tag{3.4}$$

式中，v 是传播速度。如果认为 v 是常数，那么电压会随着线路加长而上升。

同样，由式（3.1）可知，任何与首端距离为 x 的电压，忽略线路开路阻抗，可得

$$V_x = V_s \frac{\cos\beta(l-x)}{\cos\beta l} \tag{3.5}$$

而电流为

$$I_x = j\frac{V_s}{Z_0}\frac{\sin\beta\ (l-x)}{\cos\beta l} \tag{3.6}$$

例 3.1：一条 230kV 的三相传输线路为 795kcmil，ACSR 导线，每相一条。忽略电阻，$z = j0.8\,\Omega/\text{mile}$，而 $y = j5.4 \times 10^{-6}\,\text{S/mile}$。计算一条 400mile 长的线路的末端电压。

根据上述公式，可得

$$Z_0 = \sqrt{\frac{z}{y}} = \sqrt{\frac{j0.8}{j5.4 \times 10^{-6}}} = 385\,\Omega$$

$\beta = \sqrt{zy} = 2.078 \times 10^{-3}\,\text{rad/mile} = 0.119°/\text{mile}$；$\beta_l = 0.119 \times 400 = 47.6°$。由式（3.5）可得，末端电压为

$$V_r = V_s \frac{\cos(l-l)}{\cos 47.6°} = \frac{V_s}{0.674} = 1.483 V_s$$

电压上升了 48.3%，并在四分之一波长处，即 756mile 处变为无穷大。当甩负载后，首端电压将会在发电机电压调节器和励磁系统动作前上升，进一步提高线路电压。这也是输电线路补偿的必要性。

由式（3.2）可知，首端充电电流为 1.18pu，并在末端降低至零。这意味着线路中流通的充电电流为线路带载时的 118%（见 3.7.2 节）。

电缆的并联电容更大，尽管在长线路中不采用电缆。忽略电压、导线尺寸或线路间隔，串联电抗大概为 $0.8\,\Omega/\text{mile}$，而并联容性电抗为 $0.2\text{M}\Omega/\text{mile}$。这使得 β 为 $1.998 \times 10^{-3}\,\text{rad/mile}$ 或 $0.1145°/\text{mile}$。表 3.4 展示了 230kV 输电线路和固态电介质电缆的参数对比。

并联电抗器用于轻载时的电压控制。当负载增加时，电压降低，可以采用 SVC 和 STAT-COM。输电线路的电压调节也是非常重要的。

3.7.2　线路自然功率

线路的自然功率（SIL）定义为纯电阻负载的功率等于线路的自然功率。

$$SIL = V_r^2/Z_0 \tag{3.7}$$

对于 400Ω 的涌流电抗，SIL 单位为 kW，大小为 2.5 乘以单位为 kV 的末端电压的平方。涌流电抗是一个实数，因此，线路的功率因数为整功率因数，也就是说，不需要无功功率补偿。SIL 负载也叫传输线路的自然负载。表 3.4 展示了电缆的 SIL 限制更大。

表 3.4　230kV OH 线路与地下电缆的典型电气特性

参数	架空线路	地下 XLPE	地下 HPFF
并联电容/（μF/mile）	0.015	0.30	0.61
串联电感/（mH/mile）	2.0	0.95	0.59
串联电抗/（Ω/mile）	0.77	0.36	0.22
充电电流/（A/mile）	1.4	15.2	30.3
电介质损耗/（kW/mile）	0+	0.2	2.9
充电无功功率/（MVA/mile）	0.3	6.1	12.1
容性能量/（kJ/mile）	0.26	2.3	7.6
涌流电抗/Ω	375	26.8	14.6
自然功率限制/MW	141	1975	3623

3.7.3　传输线路电压

全球有许多条运行电压为 800kV 的传输线路。电压达到 1200kV 的 UHV（特高压）仍在测试研究阶段，见图 3.16。1000kV 双回线路大概在地面 108m 以上，最低的线路在地面 50m 以上，导线间隔大概为 21m。

当传输电压升高时，高压传输线路将不存在谐波问题。谐波问题在负载侧产生，使得分布式系统、变电站、子传输系统和终传输系统失真。注意当电压上升时，谐波失真情况在 IEEE 519 中有更严格的规定。

3.8　传输线路补偿

补偿传输线路的作用是使电压波形维持在可以接受的水平，并提高稳定性和传输容量，使得能传输更多的功率。一条 750kV 传输线路每 100km 需要约 230Mvar 的容性无功补偿。

3.8.1　Z_0 补偿

如前所述，装载 V^2/Z_0 的 SIL 时，可以获得平滑的电压波形曲线。涌流电抗可以通过增加电容器和电抗器得到修正，使得传输功率由电压的二次方和修正后的涌流电抗得到：

$$P_{new} = V^2/Z_{modified} \tag{3.8}$$

不过，负载可能会突然发生变化，理想情况下，补偿应该根据式（3.8）做出瞬时调整。但这不是一个可行的运行状态，并且需要对稳定性做出考虑。有源和无源补偿器可用于提高稳定性。并联电抗器、并联电容器和串联电容器都属于无源补偿器。有源补偿器可以在终端产生或吸

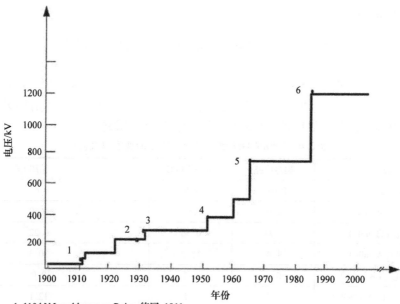

1. 110 kV Lauchhammer–Reisa, 德国, 1911
2. 220 kV Brauweiler–Hoheneck, 德国, 1929
3. 287 kV Boulder Dam, Los Angeles, 美国, 1932
4. 380 kV Harspranget–Halsberg, 瑞典, 1952
5. 735 kV Montreal–Manicouagan, 加拿大, 1965
6. 1200 kV Ekibastuz–Kokchetave, 苏联, 1985

图 3.16 传输线路的发展

收无功功率,如 STATCOM 或 SVC。

3.8.2 线路长度补偿

如果线路电压曲线平滑,那么

$$\beta = \frac{2\pi f}{v} = \frac{2\pi}{\lambda} \tag{3.9}$$

当光速约等于 $1/\sqrt{LC}$ 时,那么线路长度 λ 为 3100mile,6200mile,…或 $\beta = 0.116°/\text{mile}$。$\beta_1$ 称为线路的电气长度。上述计算得到的长度太长以至于不能出现理想特性。即使在理想状况下,大于 $\lambda/4(=775\text{mile})$ 的自然功率(SIL)仍然不能被传输。实际限制更低。当 $\beta = \omega\sqrt{LC}$,电感可以通过串联电容器减少,从而减小 β。首末端的相移角降低,电压也降低,稳定极限因此升高。补偿可以通过线路分段完成。对于电力线路,重载时用的串联和并联电容器和轻载时用的并联电抗器可以提高功率传输效率和进行线路调节。

3.8.3 线路分段补偿

线路可以分段,且每段相互独立,即满足平滑电压曲线和负载的要求。这是通过连接线路上的恒电压补偿器达到的分段补偿。这些补偿器是有源的,也就是,晶体管开关电容器(TSC)、晶体管控制电抗器(TCR)和同步冷凝器。这 3 种补偿策略可能会在单一线路上使用。

假设引入一个分布式并联电感 L_{shcomp}。并联电容有效值的变化如下：

$$\begin{aligned} j\omega C_{\text{comp}} &= j\omega C + \frac{1}{j\omega L_{\text{shcomp}}} \\ &= j\omega C(1 - K_{\text{sh}}) \end{aligned} \tag{3.10}$$

$$K_{\text{sh}} = \frac{1}{\omega^2 L_{\text{shcomp}} C} = \frac{X_{\text{sh}}}{X_{\text{shcomp}}} = \frac{b_{\text{shcomp}}}{b_{\text{sh}}} \tag{3.11}$$

式中，K_{sh} 是并联补偿程度，对并联电容不利。

类似地，增加一个分布式串联电容 C_{srcomp}。串联补偿程度用 $K_{\text{sr}}^{\ominus}$ 给出：

$$K_{\text{sr}} = \frac{X_{\text{srcomp}}}{X_{\text{sr}}} = \frac{b_{\text{sr}}}{b_{\text{srcomp}}} \tag{3.12}$$

串联或并联元件通过式（3.12）标识。综合串联和并联补偿效应：

$$Z_{0\text{comp}} = Z_{\text{o}} \sqrt{\frac{1 - K_{\text{sr}}}{1 - K_{\text{sh}}}}$$

$$P_{0\text{comp}} = P_{\text{o}} \sqrt{\frac{1 - K_{\text{sh}}}{1 - K_{\text{sr}}}} \tag{3.13}$$

同样

$$\beta_{\text{comp}} = \beta \sqrt{(1 - K_{\text{sh}})(1 - K_{\text{sr}})} \tag{3.14}$$

影响总结如下：

- 容性并联补偿使 β 增加，然后传输电能，涌流电抗减小。感性并联补偿有相反的效果，能够使得 β 减小，然后传输电能，涌流电抗增加。一个 100% 的感性并联电容将会使得涌流电抗增加到无穷大。因此，空载时，并联电抗器可用于消除弗兰梯效应。

- 串联容性补偿降低涌流电抗，而 β 和功率传输能力得到增加和增强。串联补偿更多是出于稳态和暂态稳定性角度考虑，而不是出于非功率因数调节。它为并联电路提供了更好的负载分类，能够减小电压降落，调节线性负载，但对负载功率因数没有影响。然而，并联补偿能提高负载功率因数。两种补偿都能提高电压，也因此能影响功率传输容量。串联补偿不会使系统首末端电压变化幅度太大，会提高其稳态极限。

对称线路的性能如本章参考文献 [9] 所述。空载时，对称补偿线路的中点电压如下所示：

$$V_{\text{m}} = \frac{V_{\text{s}}}{\cos(\beta l / 2)} \tag{3.15}$$

因此，串联容性和并联感性补偿能减轻弗兰梯效应，而并联容性补偿会增强该效应。

对称线路首端和末端的无功功率为

$$Q_{\text{s}} = -Q_{\text{r}} = \frac{\sin\theta}{2}\left(Z_0 I_{\text{m}}^2 - \frac{V_{\text{m}}^2}{Z_0} \right) \tag{3.16}$$

考虑到线路的自然负载，及 $P_{\text{m}} = V_{\text{m}} I_{\text{m}}$，$P_0 = V_0^2 / Z_0$，公式可变化为

$$Q_{\text{s}} = -Q_{\text{r}} = P_0 \frac{\sin\theta}{2}\left[\left(\frac{PV_0}{P_0 V_{\text{m}}}\right)^2 - \left(\frac{V_{\text{m}}}{V_0}\right)^2 \right]^{\ominus} \tag{3.17}$$

⊖　原书为 K_{sc}，有误。——译者注

⊖　原书为 P_{o}，有误。——译者注

对于 $P = P_0$（自然负载），而 $V_m = 1.0pu$，$Q_s = Q_r = 0$。

如果终端电压调整，那么 $V_m = V_0 = 1pu$：

$$Q_s = -Q_r = P_0 \frac{\sin\theta}{2}\left[\left(\frac{P}{P_0}\right)^2 - 1\right] \qquad (3.18)$$

空载时：

$$Q_s = -Q_r = -P_0 \tan\frac{\theta}{2} \approx -P_0 \frac{\theta}{2} \qquad (3.19)$$

如果末端电压调节，使得能够传输一定功率，$V_m = 1pu$，那么首端电压为

$$V_s = V_m \left\{1 - \sin^2\frac{\theta}{2}\left[1 - \left(\frac{P}{P_0}\right)^2\right]\right\}^{1/2} = -V_r \qquad (3.20)$$

当采用了串联和并联补偿，空载时无功功率的需求由下式给定：

$$Q_s = -P \frac{\beta l}{2}(1 - K_{sh}) = -Q_r \qquad (3.21)$$

如果 K_{sh} 等于 0，串联补偿所需的无功功率需求和未补偿线路大致相等，同步电机的无功传输能力成了限制。那么，串联补偿方案需要 SVC 或同步电容器/并联电抗器。上述公式来源没有完整给出，详见本章参考文献[9]，里面提供了输电线路补偿的详细描述和电压波形曲线。

谐波的建模必须考虑所有线路补偿设备。

3.8.4 反射因数

首末端电压的相对值 V_1、V_2 取决于线路终端的状态。负载端的反射因数定义为前进波和反射波的幅值比。线路的负载电抗 Z_L 如下：

$$V_2 = \left(\frac{Z_L - Z_0}{Z_L + Z_0}\right)V_1 \qquad (3.22)$$

那么，负载端电压反射因数为

$$\rho_L = \frac{Z_L - Z_0}{Z_L + Z_0} \qquad (3.23)$$

电流反射系数与电压反射系数负相关。对于短路线路，电流变为两倍，对于开路线路，电压变为两倍。当阻抗不连续时，反射波是前进波反向移动的镜像。反射波的每一点都是入射波上相应的点乘以反射系数对应，如同镜像。任何时候，总电压都是入射波和反射波的和。反射波朝着电源移动，并再次反射，见图 2.4。源反射系数，类似于负载反射系数，可定义为

$$\rho_s = \frac{Z_s - Z_0}{Z_s + Z_0} \qquad (3.24)$$

入射波由电源产生，反射波由负载产生。线路上任何时间任意点的电压或电流都是线路上该时间该点的电压或电流波的总和。

对于谐波分析，存在确定的负载使得谐波失真达到最大。定义末端电流反射系数为

$$\rho_r = \frac{Z_R - Z_0}{Z_R + Z_0} \qquad (3.25)$$

那么总电流 I_R 为

$$I_R = I_R^+ - \rho_r I_R^+ \qquad (3.26)$$

式中，I_R^+ 是末端入射电流；$I_R^- = \rho_r I_R^+$ 是末端反射电流。当入射和反射电流角度相等时，I_R 最大。

$$\theta_R^+ + \beta x = \theta_R^- - \beta x \qquad (3.27)$$

式中，x 是到末端的距离。

$$x = \frac{\theta_R^- + \theta_R^+}{2\beta} \qquad (3.28)$$

电流每半个波长达到最大值：

$$x = \frac{\theta_R^- + \theta_R^+}{2\beta} + n\frac{\lambda}{2} = \frac{\theta_R^- + \theta_R^+}{2\beta} + \frac{n}{2}\frac{2\pi}{\beta} \qquad (3.29)$$

本章参考文献［10］中给出了第 19 次和 29 次谐波电流随着 345kV 输电线路长度变化而变化的图。

3.9 商业建筑物

谐波的影响可以用简单系统模型分析，如图 3.17 所示，其中建筑物负载分为不同的种类。

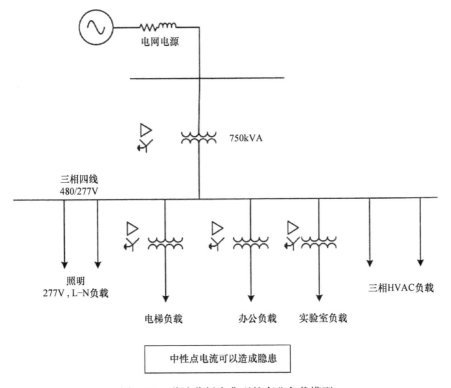

图 3.17 谐波分析中典型的商业负载模型

3.10 居民负载

图 3.18 给出了由同一个配电变压器供电的几种居民负载，PCC 为配电变压器的二次侧。每个家用电器的谐波失真水平可在供电入口计量处进行测量。短路水平因配电变压器尺寸不一而不同，在 30~300MVA 的变化范围。考虑到家用负载的平均功率为 6kVA，会导致 I_{sc}/I_L 较高。用户电流的 TDD 应该低于 15%，IEC 61000 - 3 - 2 提供了适用于额定电流到 16A 的家用电器的谐波限制。越来越多的家用电器为电子设备，并且计算机、复印机、电视都采用 SMP，对谐波失真水平

造成影响，且需进行适当建模。

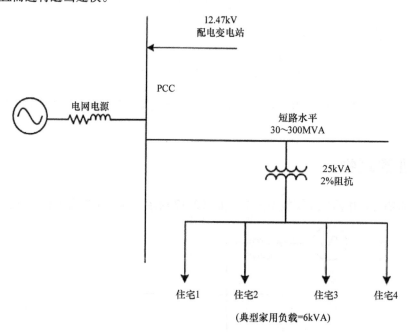

图 3.18　谐波分析中典型的家用负载（见本章参考文献 [7]）

3.11　HVDC 输电

　　全世界 HVDC 系统的总容量接近 100GW。HVDC 历史悠久，但在 20 世纪 70 年代末期，当晶闸管使用规模超过了汞弧整流器时发生了变化。主要技术变化发生在巴西 1984 至 1987 年 3150MW ±600kV 的 Itaipu 工程。架空线路为 800km 长，每个 12 脉波换流器额定值为 790MW，300kV。HVDC 主要应用在印度和中国，还有大量基于晶闸管的系统正在筹备中，如功率级别为 ±800kV 的系统。可以在相关网站[11]中找到 HVDC 项目的相关信息。另一个相关网站为 CIGRE 研究协会 B4、HVDC 和电力电子设备[12]。其他参考文献见本章参考文献 [13 - 16]。

3.11.1　HVDC 照明

　　用于电动机驱动的 IGBT 在 HVDC 系统的低功率侧也有使用。它们采用 PWM 技术进行控制；由于换流器可以产生有功和无功功率，无功功率补偿实际用途不大。该系统已应用于海上风电场和短距离 XLPE 电缆系统中。最大的系统为长岛和康涅狄格州之间的 330MW 直流连接系统。

3.11.2　HVDC 结构和运行模式

　　图 3.19 展示了通用的 DC 传输系统结构，如下所述；各结构用图 a）~ f）标识：
　　图 3.19a 对于中等功率传输来说，单极系统是最简单和经济的系统。只需要两个换流器和一个高压连接线路。这种方式已经被用于低压电力线路和海洋电力线路以传送返回电流。
　　图 3.19b 在密度大或土壤电阻率高的地方，单极系统可能不适用。这种情况下，低压电缆可用于返回线路，直流电路采用本地接地连接作为参考。

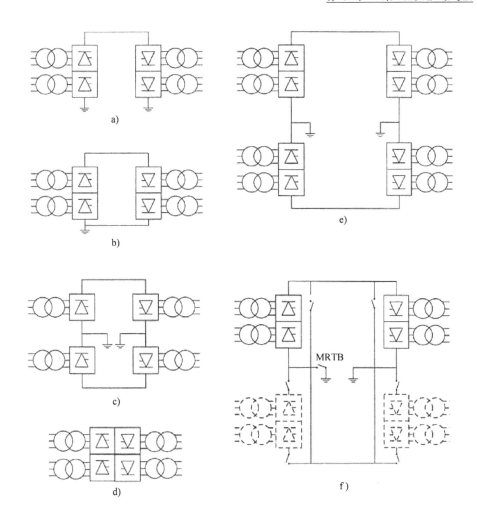

图 3.19　HVDC 输电系统结构

图 3.19c 带有金属回路的单极系统另一个选择是中点处的 12 脉波换流器可以与大地相连，可以采用两个半电压电缆或线路导体。换流器仅在 12 脉波模式下工作，使得没有杂散电流。

图 3.19d，背靠背系统用于异步网络的连接，采用交流线路实现两边互连。功率传输特性受邻近交流系统容量限制。不存在直流线路。旨在提供又快又便捷的双向功率交换。交流连接在多方向潮流控制中有一定限制，因此采用 12 脉波桥，且最好在相同的交流母线之间并联两个背靠背系统。

图 3.19e，最常用的结构为在终端每一极装设 12 脉波双极换流器。这使得两个独立电路每一个均拥有 50% 的容量。对于正常的对称运行，地线没有电流。单极地线运行时可以使另一极断电。

图 3.19f，地线返回线路可以在单极运行时通过对极线路实现最小化，这是通过在每个末端的极/换流器开关金属回线实现的。需要在直流终端的接地线上安装金属回路输电断路器，从而将电流从相对较低的接地电阻转换为直流线路导体的电流。这个金属返回设备适用于大多数直流输电系统。

±500kV 的串联换流器，可用在单个换流器或部分线路绝缘故障停电时，以减少能量需求。通过一个双极系统中的每一极采用两个串联换流器，换流器停电或线路绝缘故障时，仅仅损失25%的线路容量，并能提供50%额定线路电压。

3.11.3 直流滤波器

图3.20展示了一个终端的实际设计。尽管之前已经讨论了无功功率补偿和谐波滤波器，但是由于需要直流滤波器来限制通信电路的干扰，因此可将所述通信电路感应耦合到直流线路。直流和换流线路、屏蔽、地线、土壤电阻率间的参数分开考虑。评价标准用等效干扰电流来表述。双极设计中，干扰影响较轻。滤波器设计必须适用于所有运行模式和谐波源。注意到当换流器在交流系统中产生奇次谐波时，偶次谐波将传输到负载侧。

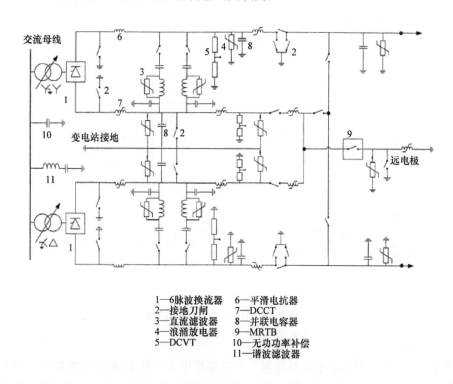

1—6脉波换流器　　6—平滑电抗器
2—接地刀闸　　　　7—DCCT
3—直流滤波器　　　8—并联电容器
4—浪涌放电器　　　9—MRTB
5—DCVT　　　　　10—无功功率补偿
　　　　　　　　　11—谐波滤波器

图3.20　12脉波 HVDC 终端的典型布局

例3.2： 图3.21a 和 b 给出了6脉波 CSI 桥晶闸管的电流和电压波形，图3.22a 和 b 给出了连接电抗器前后的直流连接电压波形，都是通过 EMTP 仿真所得。有效证明了交流和直流滤波器的必要性。在第5章中，将讨论 DC 和 AC 电压是如何通过采用合适的滤波器实现平滑波形的。

通常第12次谐波带通滤波器配有高次谐波有源滤波的功能。

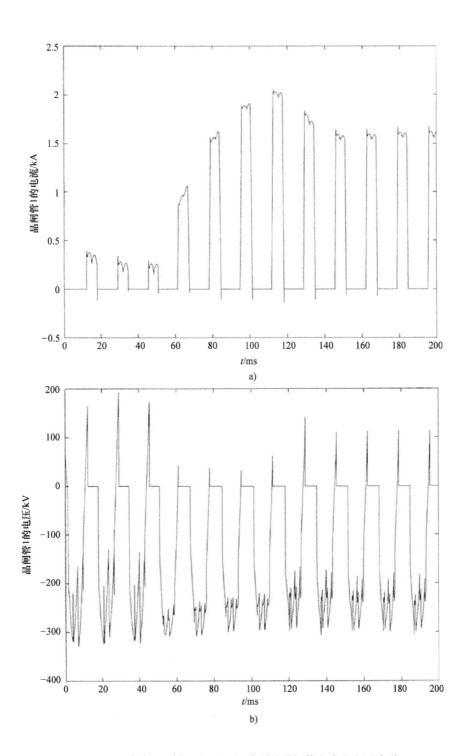

图 3.21 6 脉波 CSI 桥，a) 和 b) 分别是晶闸管电流和电压波形

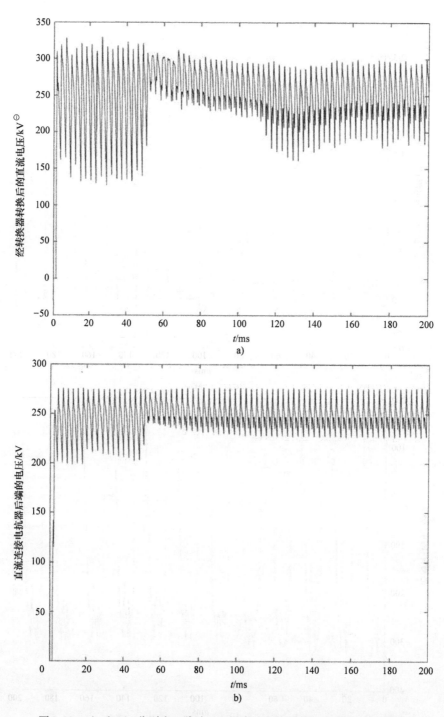

图 3.22　a）和 b）分别为 6 脉波 CSI 桥直流电抗器前后的直流电压波形

⊖　原书为 kA，有误。——译者注

参 考 文 献

1. W. Xu, J. Marti, and H.W. Dommel. "A multi-phase harmonic load flow solution technique," IEEE Transactions on Plasma Science, vol. 6, pp. 174–182, 1991.
2. IEEE. Task Force on Harmonic Modeling and Simulation. "Modeling and simulation of propagation of harmonics in electrical power systems-Part II: Sample systems and examples," IEEE Transactions on Power Delivery, vol. 11, pp. 466–474, 1996.
3. ANSI. Voltage rating for electrical power systems and equipments (60 Hz), 1988. Standard C84.1.
4. NEMA MG1 – Part 20. Large machines-induction motors, 1993.
5. T Hiyama, M.S.A.A. Hammam, T.H. Ortmeyer, "Distribution system modeling with distributed harmonic sources," IEEE Transactions on Power Delivery, vol. 4, pp. 1297–1304, 1989.
6. M.F. McGranaghan, R.C. Dugan, W.L. Sponsler. "Digital simulation of distribution system frequency-response characteristics," IEEE Transactions on PAS, vol. 100, pp. 1362–1369, 1981.
7. IEEE P519.1/D9a. IEEE guide for applying harmonic limits on power systems, Unapproved Draft, 2004.
8. M.F Akram, T.H Ortmeyer, J.A Svoboda. "An improved harmonic modeling technique for transmission network," IEEE Transactions on Power Delivery, vol. 9, pp. 1510–1516, 1994.
9. T.J.E. Miller. Reactive Power Control in Electrical Systems, John Wiley, New York, 1982.
10. R.D. Shultz, R.A. Smith, and G.L Hickey. "Calculations of maximum harmonic currents and voltages on transmission lines," IEEE Transactions on PAS, vol. 102, no. 4, pp. 817–821, 1983.
11. www.ece.uidaho.edu/HVDCfacts: IEEE/PES transmission and distribution committee, Web site.
12. www.cigre-b4.org: CIGRE study committee B4, HVDC and power electronic equipment,Web site.
13. EHV Transmission. IEEE Transactions, vol. 85, no. 6, pp. 555–700, 1966 (special issue).
14. M.S. Naidu and V. Kamaraju. High Voltage Engineering. 2nd Edition, McGraw Hill, New York, 1999.
15. S. Rao. EHV-AC, HVDC Transmission and Distribution Engineering, Khanna Publishers, New Delhi, 2004.
16. K.R. Padiyar. HVDC Power Transmission Systems, 2nd Edition, New Academic Science, Waltham, MA, 2011.

第4章 谐波传播

谐波负载潮流、功率潮流、谐波渗透和谐波传播等术语可以互换使用。现有一个基于谐波潮流的算法（见4.5.3节）非常受欢迎，但由于谐波是从电源传播（渗透）到电力系统中的，因此用谐波传播或渗透作术语似乎更适合。

研究谐波传播的目的是为了分析电力系统中谐波电流、电压的失真、谐波失真指标和谐波共振的分布规律。然后将此分析应用到谐波滤波器的设计中，同样也用于研究电力系统中其他谐波的影响，比如开槽和激振效应、中性点电流、变压器容量降低和系统元件过载。除负载模型外，也包括变压器、发电机、电动机等模型，以及对谐波源、电弧炉、换流器、SVC 等建模。这些建模不限于特征谐波，可以应用于全频段负载谐波的建模。电力系统中，谐波电流注入位置各不相同。首先，进行频率扫描，画出一条选定母线随频率或 $R-X$ 值不同时阻抗模长和相角的变化图。这样即可获得谐振频率。在附加限制下的每一步计算中，假定网络为线性的，计算线路中的谐波电流潮流，求解后可得到谐波电压。上述计算需要包含以下内容：

- 计算谐波失真指标。
- 计算 TIF、KVT 和 IT。
- 通信线路的感应电压。
- 敏感度分析，也就是系统元件不同时的影响。

这种方法很简单。严格的谐波分析需考虑谐波源产生设备和电力系统之间的相互作用机理、大型电力系统中元件建模的实践限制、建模的精度、元件种类以及非线性源模型。电弧炉阻抗变化不规律且不对称。大型电力高压直流（HVDC）换流器和柔性交流输电系统（FACTS）设备有大量非线性负载，叠加定理并不适用。根据研究，简化模型可能会导致错误结果。

4.1 谐波分析方法

计算谐波和非线性负载的方法有很多种。采用合适的设备，可以直接测量得到。在非侵入式测试中，可以测量已有波形。一个美国电力科学研究院（EPRI）的项目中阐述了两种方法。本章参考文献 [1，2] 介绍了由美国电力科学研究院和 BPA（美国博纳维尔电力局）开展的交流谐波影响下高压直流换流系统影响机理的研究。一个采用了交流网络中的谐波源法，而另一个采用了高压直流换流器向交流系统注入谐波电流的方法。在后一个方案中，系统谐波阻抗是谐波电压与谐波电流之比。第一个方案中，测试点需要有一个可控并联阻抗，如电容器或滤波器。通过比较并联设备前后谐波电压与电流，可以计算网络阻抗。这一研究项目包括：①测量电流和电压信号的数据采集系统研究；②数据处理技术的发展；③谐波阻抗的计算；④用于计算阻抗的计算机模型研究，可在时域和频域进行分析。另一个方案是采用状态空间法建模，通过基本电路分析，发现系统电流和电压方程不同。因此，确定谐波阻抗的方法可以分为以下 3 类：

- 频域和时域方法[3,4]。
- 直接注入方法，电容器投切，假定诺顿等效电路不受开关动作影响；不过，相角不同会对结果产生影响[5]。
- 开关动作产生的暂态浪涌电流和电压波形分析方法[6]。

4.2 频域分析

对于频域计算，可以确定负载的谐波频谱，注入电流用诺顿等效电路表示。谐波电流潮流通过计算得到，系统阻抗数据用于高频分析，并转化为戴维南等效电路。采用叠加定理，如果所有的非线性负载均可以用注入电流描述，则以下矩阵方程成立：

$$\overline{V}_{\mathrm{h}} = \overline{Z}_{\mathrm{h}}\overline{I}_{\mathrm{h}} \tag{4.1}$$

$$\overline{I}_{\mathrm{h}} = \overline{Y}_{\mathrm{h}}\overline{V}_{\mathrm{h}} \tag{4.2}$$

在包含一个及以上谐波电流源的网络中，谐波电压和电流失真无区别。稳态时，认为谐波电流是由理想电源产生的。因此，整个系统可以建模为无源元件的集合。可以对动态负载的阻抗元件进行修正，例如，发电机和电动机；研究过程中，随着频率的增加，可以确定一个频率特性曲线。通过直接求解线性矩阵方程式（4.1）和式（4.2），可以得到系统谐波电压。

电力系统中，注入谐波仅出现在几条母线中。这些母线可以在 Y 矩阵中定序，并得出一个降维矩阵。对于 n 个节点和 $n-j+1$ 个注入方程，降维后的 Y 矩阵为

$$\begin{vmatrix} I_j \\ \vdots \\ I_n \end{vmatrix} = \begin{vmatrix} Y_{jj} & \cdots & Y_{jn} \\ \vdots & \ddots & \vdots \\ Y_{nj} & \cdots & Y_{nn} \end{vmatrix} \begin{vmatrix} V_i \\ \vdots \\ V_n \end{vmatrix} \tag{4.3}$$

式中，对角元素为自导纳，而非对角元素为在负载潮流计算中所用的转移阻抗。

需要采用线性化变换。导纳矩阵通过一个初等导纳矩阵变换得到：

$$\overline{Y}_{\mathrm{abc}} = \overline{A}'\overline{Y}_{\mathrm{prim}}\overline{A} \tag{4.4}$$

$\overline{A}'$ 是矩阵 $\overline{A}$ 的转置，对称元件变换如下：

$$\overline{Y}_{012} = \overline{T}_{\mathrm{s}}^{-1}\overline{Y}_{\mathrm{abc}}\overline{T}_{\mathrm{s}} \tag{4.5}$$

节点电压向量由下式得出：

$$\overline{V}_{\mathrm{h}} = \overline{Y}_{\mathrm{h}}^{-1}\overline{I}_{\mathrm{h}} = \overline{Z}_{\mathrm{h}}\overline{I}_{\mathrm{h}} \tag{4.6}$$

对于母线 k 的单位注入电流为

$$\overline{Z}_{kk} = \overline{V}_k \tag{4.7}$$

式中，Z_{kk} 是从母线 k 看进去的网络阻抗。支路 jk 中的电流方程为

$$\overline{I}_{jk} = \overline{Y}_{jk}(\overline{V}_j - \overline{V}_k) \tag{4.8}$$

式中，Y_{jk} 是 j 和 k 节点支路之间的节点导纳矩阵。

母线导纳矩阵不同，是由元件阻抗变化导致，可以通过先前所述的 Y 母线矩阵修正得到。对于谐波分析，在每一个频率下，都需要建立关于线路、变压器、电缆和其他 RLC 设备的导纳矩阵。从而，可以计算谐波电压。估计谐波注入电流的方法是通过计算谐波电压得到，然后不断迭代至每条母线结果收敛。谐振条件下，可能会发生失真率高、线性系统假设不可行的情况。从式（4.1）可知，在系统谐波响应下，谐波阻抗很重要，系统中各谐波源相互作用，如果忽略，单个电源模型和叠加定理可用于计算谐波失真因数和滤波器的设计。当开关状态、运行模式和未知情况导致系统阻抗发生变化时，系统阻抗恒定的假定是无效的。系统中阻抗变化对理想电流源建模的影响比谐波源之间相互作用的影响更大。一个弱交/直流内联系统可以用一个小于 3 的短路比代表（交流系统的短路容量除以换流器注入母线的直流功率），但可能会存在电压、功率不

稳定、暂态和动态过电压、谐波过电压等问题[7]。

4.3　频域扫描

对于多端口网络，可以得到

$$
\begin{vmatrix} I_1 \\ I_i \\ I_j \\ \vdots \\ I_n \end{vmatrix} = \begin{vmatrix} y_{11} & -y_{1i} & -y_{1j} & \cdots & -y_{1n} \\ -y_{i1} & y_{ii} & -y_{ij} & \cdots & -y_{in} \\ -y_{j1} & -y_{ji} & y_{jj} & \cdots & -y_{jn} \\ \vdots & \vdots & \vdots & \ddots & \vdots \\ -y_{n1} & -y_{ni} & -y_{nj} & \cdots & y_{nn} \end{vmatrix} \begin{vmatrix} v_1 \\ v_i \\ v_j \\ \vdots \\ v_n \end{vmatrix} \tag{4.9}
$$

式中，I_i、v_i、I_1、v_1 是输入；I_n、v_j、I_j、v_n 是输出。

已知频率下的导纳为

$$
y_{ij} = \frac{I_i}{v_j} \bigg|_{I_k = 0} \quad k = 1 \cdots n, \ k \neq i \tag{4.10}
$$

式中，y_{ij}是非对角元素，是转移导纳；y_{ii}是自导纳。

对于谐波分析，每个频率下都可建立对应导纳矩阵，特定频率下的导纳矩阵不适用于其他频率。矩阵由变压器、输电线路和其他电力系统元件模型得到。频率扫描通过重复使用式（4.9）得到，每个频率下的导纳为

$$
I_h = Y_h V_h \tag{4.11}
$$

对于单谐波电流，在节点 1，式（4.9）的 Y 矩阵可以求解得到每个节点的电压。如果注入电流设定值为 $1 < 0°$，由此确定的电压值代表驱动点和传输阻抗。假定导纳矩阵含有无源元件时，可以采用线性化方法将结果缩放到任何所需的值。

频率扫描是从频率初始值到最终值特定增量步骤中的重复应用，需考虑谐波范围内的初值和终值。只要叠加原理保持有效，不管系统中是否有单个或多个谐波源，这个方法都适用。不同频率可得到一系列阻抗，从而画出相应曲线，得到谐振情况。图 4.1 为阻抗模量和频率的频率扫描图。并联谐振在峰值时发生，阻抗值最大，串联谐振发生在阻抗曲线的最低点。图 4.1 为频率f_{p1}、f_{p2}下

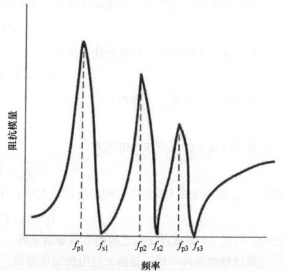

图 4.1　频率扫描（展示了并联和串联谐振频率）

的并联谐振以及f_{s1}、f_{s2}下的串联谐振。我们在第 5 章的讨论中会看到，通过两个单调谐并联滤波器可以获得这样的频率扫描。多相频率扫描可以通过单相电容器组确定谐振频率。

4.4　电压扫描

类似地，电压扫描可以通过将单位电压 $1 < 0°$ 施加到节点并计算系统其余部分的电压与频率

来执行。结果代表了系统中的节点电压传递函数，通常，这个分析称为电压传递函数研究。扫描中的峰值可以确定电压放大的频率点，最低点表示电压衰减的频率点。图 4.2 给出了一个电压传递函数。

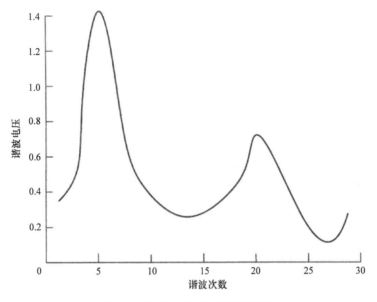

图 4.2　电压扫描（电压传递函数）

　　导纳矩阵可以基于序列网络或可变相位网络得到；注入电压或电流的相角非常重要。在可变相位网络中，通过向三相母线注入转置向量 [1 < 0°, 1 < -120°, 1 < 120°] 得到三相扫描。对于一个零序扫描，所有相角都为 0。

4.5　谐波分析方法

4.5.1　注入电流方法

　　通常，谐波分析程序采用线性模型，非线性负载用理想谐波电流源代表，和电压失真情况无关[8]。

- 建立包含所有电源和线性负载的系统导纳模型。
- 构建注入电流向量——代表非线性负载，每个入口均代表傅里叶变换中的已知频率与相角。
- 求解式（4.6）中所有网络母线的谐波电压。
- 从最低频率点开始重复增加频率，以获得整个频谱。

　　由于所产生的谐波电流和电压失真情况无关，因此需考虑计算的精度。如果电压失真超过 5%，所得结果将不满足精度要求。对于一个 6 脉波换流器，在触发延迟角为 0，输出功率 P 最大时，将会得到最大谐波。直流电压为

$$V_d = \frac{3\sqrt{3}V_m}{\pi} = \frac{P}{I_d} \tag{4.12}$$

　　理想情况下，当交流侧电感为 0，而 $\cos\mu = 1$ 时，谐波电流为

$$I_h = \frac{P}{\sqrt{3}V_h} \tag{4.13}$$

现在有很多在时域和频域求解谐波潮流的方法，问题是如何解决换流器之间的非线性和相互作用问题。最简单的办法是假定网络和非线性设备间不存在谐波相互作用[8]。当考虑谐波电压对非线性设备性能的影响时，迭代谐波分析是第一个改进手段[9]。谐波电压影响基频电压[10]。非线性设备的处理和谐波电压的计算在本章参考文献［11，12］中提到。三相谐波交 – 直流负载潮流在本章参考文献［13］中进行了讨论，给出了交流和直流换流器间相互作用的 26 个方程（同样，见本章参考文献［14 – 19］）。本章参考文献［20］中探讨了一个直接方法。此外，本章参考文献［20］也提出了混合概率方法和可靠性方法（模糊逻辑）。

4.5.2　前推回代方法

前推回代谐波潮流方法可以在三相配电系统中应用，这是解决梯形网络基频负载潮流问题的一种衍生方法。基本原理在图 4.3 中进行阐述。

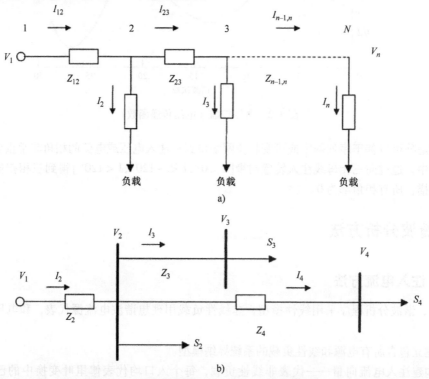

图 4.3　a）辐射型馈线的负载；b）等效梯形网络

配电系统构成了梯形网络，负载成辐射型分布（见图 4.3a）。虽然大多数负载为恒定功率（kW 和 kvar），但这是一个非线性负载。不过，可以采用线性化方法。

对于线性网络，假定线路的负载阻抗及电源电压已知，由最后一个节点开始，假定节点电压为 V_n，负载电流由下式得出：

$$I_n = \frac{V_n}{Z_{1n}} \tag{4.14}$$

谐波电流则为

$$\overline{I}_h = \overline{Y}_h \overline{V}_h \tag{4.15}$$

式中，I_n 是第 n 个节点的线路电流。因此，在节点 $n-1$ 处的电压可通过减去电压降得到：

$$V_{n-1} = V_n - I_{n-1,n}Z_{n-1,n} \qquad (4.16)$$

对于谐波电压，可以得到

$$V_{h(n-1)} = V_{h(n)} - I_{h(n-1,n)}Z_{h(n-1,n)} \qquad (4.17)$$

这个过程可以一直应用到首端节点。首端电压计算值和实际值并不一样。由于网络是线性的，所有的线路和负载电流及节点电压均可按比例增加：

$$V_{actual}/V_{calculated} = V_s/V_{calculated} \qquad (4.18)$$

事实上，节点电流可基于负载复功率计算得到：

$$I_{node} = (S_{node}/V_{node})^* \qquad (4.19)$$

由最后一个节点开始，首端电压可以如线性案例一样采用前推回代方法计算。电压和首端电压不同。通过此电压，在第一次迭代中，利用回代方法，由第一个节点到第 n 个节点重新计算电压值。新的电压值用于计算第二次前推方法的节点电流和电压值。这个过程一直重复直到满足精度要求。

带分支的电路，如图 4.3b 所示，可以按以下步骤解决[21,22]：

- 计算节点 2 的电压，从节点 4 开始，忽略节点 3 的支路。让电压为 $V_{2h(h=1到最大值)}$。
- 假设支路独立。节点 3 电压通过计算得到，I_3 未知。
- 回代计算节点 2 电压，也就是电压 V_{3h} 加上电压降 $I_{3h}Z_{3h}$。电压设为 V'_2。V_{2h} 和 V'_2 的差需在可接受的误差范围内。新节点 3 电压为 $V_{3(new)} = V_3 - (V_2 - V'_2)$。$I_3$ 重新计算可得，迭代计算直至误差在允许范围内。

流程图如图 4.4 所示。

4.5.3 牛顿-拉夫逊迭代方法

如本章参考文献[11, 12]所述，牛顿-拉夫逊迭代方法用于谐波潮流计算。这是基于有功功率和无功功率平衡的计算方法，基频或谐波频率都适用。通过母线电压迭代，有功和无功功率达到平衡。对于对称系统，这个方法非常重要。对称系统中，线性负载和非线性负载都用功率模型表示。包含非线性负载的基频潮流计算是对传统牛顿-拉夫逊方法的改进。

对于有 $n+1$ 条馈线的系统，母线 1 为松弛母线，母线 $2 \sim m-1$ 为传统负载母线，而母线 $m \sim n$ 具有非正弦负载。假定已知每一条母线的有功功率和无功功率平衡，并且非线性情况也是已知的。对所有非松弛母线的谐波，都可以写出功率平衡方程，ΔP 和 ΔQ 为零。Y_{bus} 需根据谐波做出修改，ΔP 和 ΔQ 是母线电压和相角的函数，如传统负载潮流一样。母线 $2 \sim m-1$ 的有功功率和无功功率已知（P^s, Q^s, $s = 1$、5、7···），但母线 $m \sim n$ 仅有功功率已知，需要两

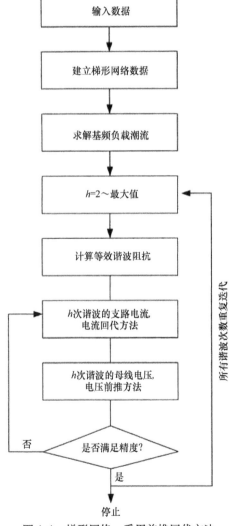

图 4.4　梯形网络，采用前推回代方法得到的谐波潮流计算流程

个额外的参数：电流平衡和功率平衡。基频的电流平衡已写出，而有谐波注入的母线方程可以通过修改得到。母线 $1 \sim m-1$ 的谐波响应可以在导纳母线矩阵中建模得到。

每一条母线的视在功率平衡方程如下：

$$S_L^2 = \sum_s P_L^2 + \sum_s Q_L^2 + \sum D_L^2 \tag{4.20}$$

式中，给出了母线 L 的失真率，这是一个非独立变量，可以通过电流的实部和虚部求解得到。

谐波潮流的最终方程为

$$\begin{vmatrix} \Delta W \\ \Delta I^1 \\ \Delta I^5 \\ \Delta I^7 \\ \cdots \end{vmatrix} = \begin{vmatrix} J^1 & J^5 & J^7 & \cdots & 0 \\ YG^{1,1} & YG^{1,5} & YG^{1,7} & \cdots & H^1 \\ YG^{5,1} & YG^{5,5} & YG^{5,7} & \cdots & H^5 \\ YG^{7,1} & YG^{7,5} & YG^{7,7} & \cdots & H^7 \\ \cdots & \cdots & \cdots & \cdots & \cdots \end{vmatrix} \begin{vmatrix} \Delta V^1 \\ \Delta V^5 \\ \\ \\ \Delta \alpha \end{vmatrix} \tag{4.21}$$

式（4.21）中的所有元素均为由 ΔM、J、ΔU 得到的子向量和子矩阵，也就是 $\Delta M = J \Delta U$。

$$\Delta V^k = (V_1^k \Delta \theta_1^k, \Delta V_1^k, \cdots, \Delta V_n^k)^t \quad k = 1、5、7 \cdots \tag{4.22}$$

式中，k 是谐波次数；θ 是相角。

$$\Delta \alpha = (\Delta \alpha_m, \Delta \beta_m \cdots \Delta \beta_n)^t \tag{4.23}$$

式中，α 是触发延迟角；β 是换流参数；ΔW 是无功功率和有功功率的不匹配量；且

$$\Delta I^1 = (I_{r,m}^1 + g_{r,m}^1, I_{i,m}^1 + g_{i,m}^1, \cdots, I_{i,n}^1 + g_{i,n}^1)^t \tag{4.24}$$

ΔI^1 是基频电流的不平衡量，式中 $I_{r,m}^1$、$I_{i,m}^1$ 是母线 m 注入电流的实部和虚部，$g_{r,m}^1$、$g_{i,m}^1$ 是电流平衡方程的实部和虚部；ΔI^k 是 k 次谐波的不平衡谐波电流；J^1 是传统潮流雅可比行列式；J^k 是 k 次雅可比行列式；

$$J^k = \left[\frac{0_{2(m-1),2n}}{P \text{ 和 } Q \text{ 对 } V^k \text{ 和 } \theta^k \text{ 求偏导数}} \right]$$

$0_{2(m-1),2n}$ 展示了一个 $2(m-1) \times 2n$ 的零向量。

$$(YG)^{k,j} = Y^{k,k} + G^{k,k} \quad (k=j)$$
$$G^{k,j} (k \neq j) \tag{4.25}$$

式中，$Y^{k,k}$ 是 k 次谐波注入电流对 k 次谐波电压的偏导数向量；$G^{k,j}$ 是 k 次谐波负载电流对 j 次谐波电源电压的偏导数；H^k 是非正弦负载实部和虚部电流对 α、β 的偏导数。

$G^{k,j}$ 定义为

$$\begin{bmatrix} O_{2(m-1),2(m-1)} & O_{2(m-1),2N} & & \ominus \\ O_{2N,2(m-1)} & \begin{matrix} \dfrac{\partial g_{r,m}^k}{V_m^j \partial \theta_m^j} & \dfrac{\partial g_{r,m}^k}{\partial V_m^j} \\ \dfrac{\partial g_{i,m}^k}{V_m^j \partial \theta_m^j} & \dfrac{\partial g_{i,m}^k}{\partial V_m^j} \end{matrix} & 0 & 0 \\ & 0 & \cdots & 0 \\ & 0 & 0 & \begin{matrix} \dfrac{\partial g_{r,n}^k}{V_n^j \partial \theta_n^j} & \dfrac{\partial g_{r,n}^k}{\partial V^j} \\ \dfrac{\partial g_{i,n}^k}{V_n^j \partial \theta_n^j} & \dfrac{\partial g_{i,n}^k}{\partial V_n^j} \end{matrix} \end{bmatrix} \tag{4.26}$$

⊖ 下角中 N 应为小写，原书错。——译者注

然后 H^k 定义如下：

$$H^k = \text{diag} \begin{vmatrix} \dfrac{\partial g_{r,t}^k}{\partial \alpha_t} & \dfrac{\partial g_{r,t}^k}{\partial \beta_t} \\ \dfrac{\partial g_{i,t}^k}{\partial \alpha_t} & \dfrac{\partial g_{i,t}}{\partial \beta_t} \end{vmatrix} \quad \begin{matrix} t = m, \cdots, n \\ k = 1 \text{、} 5 \text{、} 7 \cdots \end{matrix} \tag{4.27}$$

流程如图 4.5 所示。

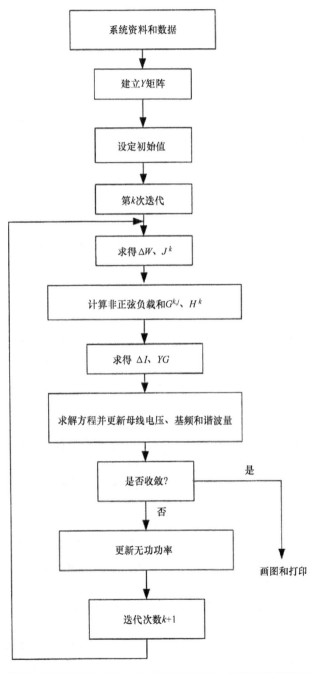

图 4.5 根据本章参考文献 [11，12] 得到的牛顿−拉夫逊迭代潮流算法流程

本章参考文献 [8] 中讨论了谐波分析采用的阻抗矩阵。式（4.1）～式（4.7）诠释了阻抗方法的概念。

4.5.4 三相谐波潮流方法

本章参考文献 [4] 描述了电力系统不平衡状态有关的多相潮流方法。它考虑了网络、发电机和负载方程，用以下的形式描述：

$$F(|x|) = 0$$

式中

$$|x| = \begin{vmatrix} V & I_V & I_{L.2} & I_M & I_{L3} & E_p & y \end{vmatrix}^t$$
$$|F| = \begin{vmatrix} f_1 & f_2 & f_3 & f_4 & f_5 & f_6 & f_7 \end{vmatrix}^t$$
$$|I_u| = \begin{vmatrix} I_V & I_{L.2} & I_M & I_{L3} \end{vmatrix}^t \tag{4.28}$$

式中，$|I_V|$ 是电压源的电流向量；$|I_{L2}|$ 是单相 PQ 负载电流的向量；$|I_M|$ 是电机电流向量；$|I_{L3}|$ 是静态负载电流向量；$|E_p|$ 是电机内部电压向量；$|y|$ = 静态负载参数 y 向量。

网络方程如下：

$$|Y||V| + |I_s| + |I_u| = 0 \tag{4.29}$$

式中，$|Y|$ 是节点导纳矩阵；$|V|$ 是节点电压向量；$|I_s|$ 是离开节点的电流源向量；$|I_u|$ 是离开每一个节点的未知电流向量。

这些方程是采用牛顿–拉夫逊方法下的直角坐标系迭代求取一系列非线性代数方程得到的。潮流算法不属于本书讨论范围。

4.6 时域分析

最简单的谐波模型是一个刚性谐波源和线性系统阻抗。刚性谐波源是能产生恒定幅值、相位、一定次序的谐波，线性阻抗不随频率发生变化。假定多重谐波源互不影响，则可以采用叠加原理。这些模型可以通过迭代方法求得。对于电弧炉和谐振状态下的电力电子换流器，理想电流源可能导致明显错误。电力系统中的非线性和时变元件可以显著改变电力系统中谐波的相互作用。考虑以下情况：

1）大多数产生非特征谐波的设备在实际运行中并非理想器件，例如，换流器在不对称电压下运行。

2）交流和直流侧存在相互作用，不同次数的谐波通过开关函数相互作用（后文做出定义）。

3）换流器门极控制可以通过同步环和谐波相互作用。

时域分析可用于暂态稳定研究、传输线路和开关暂态。通过计算机仿真求解电力系统中的多个微分方程并建立用于谐波计算的模型是可行的，可避免很多频域方法中的近似问题。通过采用 FFT 直接计算得到谐波失真，这些可以转换到频域中。图形结果为波形过零，瞬时振荡，高 dv/dt，换向陷波的波形。暂态带来的影响可以仿真得到，例如，可以模拟变压器部分绕组的谐振。同步电机可以用精确模型来表示，并且频率的影响可以动态仿真。EMTP（电磁暂态仿真）是时域中使用非常广泛的一种程序。

对于时域中的分析，部分与收益相关的系统可能需要详细建模。该模型由系统元件中的变压器、谐波源、输电线路的三相模型组成，并且可能和在母线上代表选定母线驱动和转移阻抗的 *RLC* 网络模型耦合。整个研究系统需要减小规模，简化时域仿真。

4.7 敏感度方法

当元件参数变化时，敏感度评估的目的是确定系统的敏感度响应，对此可以采用综合网络分析。网络 N 由线性无源元件组成，在一次侧母线受到一个谐波源母线的单位电流激励时，可以得到支路电流 I_1，I_2，$\cdots$，I_n。转移阻抗的敏感度 T 定义为

$$S_x^T = \frac{\partial T}{\partial x}\left(\frac{x}{T}\right) \tag{4.30}$$

式中，x 是由 S_x^T 表示的频率处的任何参数 R、L 或 C。可以使用下式计算灵敏度：

$$\frac{\partial T}{\partial x} = I_x \cdot I_x^* \tag{4.31}$$

式中，I_x、I_x^* 是由两个网络 N、N^* 分析得到的支路 x 电流，如图 4.6a 所示。这个方法的有效性受参数的变化所影响。当外部系统等效电路发生大改变时，会导致传递函数发生大变化，这时可采用双线性理论。这些在双端口网络传递函数中发生的大改变，可通过网络的 Z 进行分析，由此建立一个三端口网络（见图 4.6b）。对于转移阻抗，可以得到以下方程：

$$T = \frac{V_2}{I_1} = \frac{Z_{xin}T(0) + ZT(\infty)}{Z + Z_{xin}} \tag{4.32}$$

式中，$T(0)$ 是 $Z=0$ 时的转移阻抗；$T(\infty)$ 是 $Z=\infty$（开路）时的转移阻抗；Z_{xin} 是从 Z 节点看进去的输入阻抗[18]。

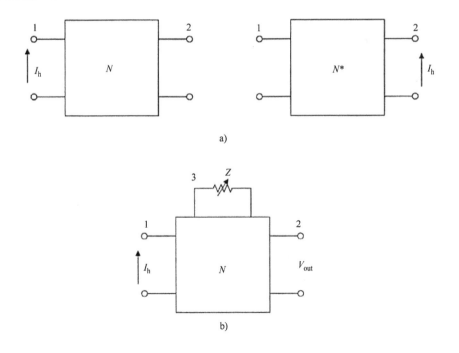

图 4.6　a) 有源双端口网络 N 和它的修正网络；b) 三端口网络

4.8 不平衡交流系统和高压直流输电线路

在高压直流输电（HVDC）系统中，换流器运行会导致谐波流入交流系统时出现一系列问题。由于滤波器是针对高压直流输电线路中的换流器的特征谐波装设的，因此非特征谐波会导致意料之外的问题发生。谐波可通过直流连接传播，高压直流输电线路会激发大型涡轮发电机的同步振荡。根据图4.7，高压直流输电线路的稳态运行可用下式进行描述：

$$F(\chi, V, \theta) = 0 \tag{4.33}$$

式中，χ 向量包含26个未知量，可以按如下描述：

$$\chi = \begin{bmatrix} E_s^1, & E_s^2, & E_s^3, & \varphi_s^1, & \varphi_s^2, & \varphi_s^3, & I_s^1, & I_s^2, & I_s^3, & \omega_s^1, & \omega_s^2, & \omega_s^3 \\ U_{12}, & U_{23}, & U_{31}, & C_1, & C_2, & C_3, & \alpha_1, & \alpha_2, & \alpha_3, & a_1, & a_2, & a_3, & V_d, & I_d \end{bmatrix} \tag{4.34}$$

式中，$E_s \angle \phi_s$ 是整流变压器的二次侧基频电压；$U_{12} \angle C_1$ 是换流器二次侧的相对相电压，C_1 为触发脉冲过零点时的值；a_1 是变压器一次侧的非基准电压比；α_1 是过零点时测量到的触发延迟角；$I_s \angle \omega_s$ 是变压器二次侧的基频线电流；V_d 是平均直流电压；I_d 是平均直流电流；$V \angle \theta$ 是3个换流器电压向量。

逆变器同样适用类似方程。

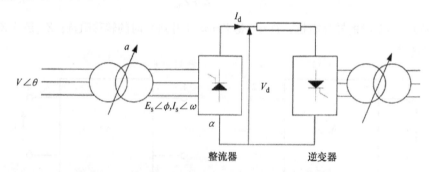

图4.7 换流器交直流侧谐波的相互作用，等效电路

对于三相潮流，系统导纳矩阵应该包括每一相的影响，同样也应包括两相耦合的影响。每一相的有功功率和无功功率如下所示：

$$\left(\Delta P_{\text{gen}}\right)_j = \left(P_{\text{gen}}\right)_j^{\text{SP}} - \left(P_{\text{gen}}\right)_j$$
$$\left(\Delta V_{\text{reg}}\right)_j = f\left(V_j^1, V_j^2, V_j^3\right) = 0 \tag{4.35}$$

上标"SP"表示特定值；$j = 1, \cdots, n_g - 1$，其中 n_g 是发电机的数量。

在发电机松弛母线中，有

$$\left(\Delta V_{\text{reg}}\right)_{\text{SL}} = f\left(V_{\text{SL}}^1, V_{\text{SL}}^2, V_{\text{SL}}^3\right) = 0 \tag{4.36}$$

式中，下标"SL"表示松弛母线。

在每一个发电机终端母线和负载母线中：

$$\Delta P_i^P = (P_i^P)^{\text{SP}} - (P_i^P)^{\text{AC}} = 0$$

$$\Delta Q_i^P = (Q_i^P)^{\text{SP}} - (Q_i^P)^{\text{AC}} = 0 \tag{4.37}$$

式中，上标"P"代表相数；$i = 1, \cdots, n_b$，其中 n_b 是母线数量。

这些方程通过快速解耦牛顿 – 拉夫逊方求解得到，通常用于基频潮流的计算。

对每一个换流器，均可以写出包含 26 个变量的方程式（4.34）。

式（4.37）在换流器终端的修改如下：

$$\Delta P_i^P = (P_i^P)^{\text{SP}} - (P_i^P)_{\text{AC}} - (P_i^P)_{\text{DC}} = 0$$

$$\Delta Q_i^P = (Q_i^P)^{\text{SP}} - (Q_i^P)_{\text{AC}} - (Q_i^P)_{\text{DC}} = 0 \tag{4.38}$$

式中，DC 是 AC 端子下的函数。五步流程如图 4.8 所示。

4.9　混合频率和时域概念

本章参考文献［23］中提出了混合三相谐波潮流。

• 电力电子设备，比如换流器，在时域中用灵活的形式加以表示。这些设备的输入数据以 PSpice 形式表示，并建立了状态方程。

• 通过利用设备的线性本质，可以采用加速方法获得时域稳态解。

• 重点是考虑功率和电压要求。

• 线性元件在时频下进行建模。网络非线性元件采用等效模型。

• 谐波相互作用机理可以通过牛顿方法求解，得到非线性设备产生的电压谐波对电流谐波的影响。

如本章参考文献［24］所示，提出了一个快速三相潮流计算方法。它是基于潮流序列解耦方法：牛顿 – 拉夫逊序列解耦补偿（SDCNR）和快速解耦序列解耦补偿（SDCFD）方法。只有 SDCNR 做出了相关阐释，所用的数学模型为

$$J_1 \Delta V_1 = \Delta S_1$$

$$Y_2 V_2 = I_2$$

$$Y_0 V_0 = I_0 \tag{4.39}$$

式中，J_1 是正序雅可比矩阵，例如基频潮流；ΔS_1 是正序功率向量的失配量，注入不对称线路母线或并联元件的正序电流产生的有功功率和无功功率包含在 ΔS_1 内；ΔV_1 是正序电压和相角向量的误差；向量 I_2、I_0 包含了注入含有线性负载和不对称线路或者不平衡并联元件 PQ 母线的补偿电流，这些元件采用了各自的序列模型（第 2 章）。在牛顿 – 拉夫逊迭代算法中，序电压用于计算相电压，使得正序有功和无功功率、负载负序和零序电流在不平衡元件导致的补偿电流信息下得以不断更新。负序和零序母线阻抗矩阵是恒定的，并不需要在每一次迭代后更新。

上述方程可以用下式替代：

$$Y_2 \Delta V_2 = \Delta I_2$$

$$Y_0 \Delta V_0 = \Delta I_0$$

$$\Delta I_2(k+1) = I_2(k+1) - I_2(k)$$

$$\Delta I_0(k+1) = I_0(k+1) - I_0(k) \tag{4.40}$$

类似地，电压可以更新为

$$\Delta V_2(k+1) = V_2(k+1) - V_2(k)$$

$$\Delta V_0(k+1) = V_0(k+1) - V_0(k) \tag{4.41}$$

在混合相互作用分析算法中，可以求解以下非线性方程：

$$I_{eq} = Y_{eq} V_{NL} = I_{NL} \tag{4.42}$$

式中，V_{NL} 是非线性母线的谐波相电压向量；Y_{eq} 是诺顿等效电路的三相谐波导纳矩阵；I_{eq} 是谐波电流源向量；I_{NL} 是谐波电压下非线性设备需要的电流。

待解的迭代方程为

$$\left| Y_{eq} + W^{(i)} \right| \Delta V_{NL}^{(i+1)} = I_{eq} - Y_{eq} V_{NL}^{(i)\ominus} - F(V_{NL}^{(i)}) \tag{4.43}$$

式中，W 是不同谐波之间的敏感度矩阵：

$$W^{(i)} = \frac{\mathrm{d}F(V_{NL})}{\mathrm{d}V_{NL}} \bigg|_{1\sim i} \tag{4.44}$$

该矩阵由多个子矩阵 $W_{km}^{(i)}$ 组成，表示第 i 次迭代时电压谐波 m 和电流谐波 k 的敏感度子矩阵。周期性激励分段线性电路的敏感度矩阵为

$$W_{km}^{(i)} = \frac{\partial I_{NL}(k)}{\partial V_{NL}(m)} \bigg|_i = \frac{1}{N} \sum_{n=0}^{N-1} Y_n(m) \exp\{ -\mathrm{j}(2\pi/N)$$

$$n(k-m)\} = P_{k-m}(m) \tag{4.45}$$

式中，N 是电流、电压采样的数目，在一个周期里时间间隔相同。

$P_{k-m}(m)$ 可以定义为第 $(k-m)$ 次谐波，由稳态时非线性系统里 m 次谐波导纳矩阵得到。这些都可以通过 FFT 求解得到。式（4.45）的所有谐波都是相互耦合的。计算流程如图 4.9 所示。

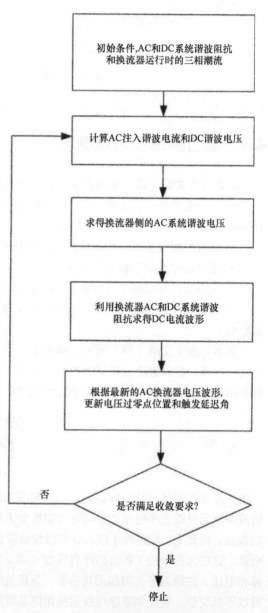

图 4.8　考虑换流器交流和直流相互作用的三相潮流计算流程

⊖　原书为 $V_{nL}^{(i)}$，有误。——译者注

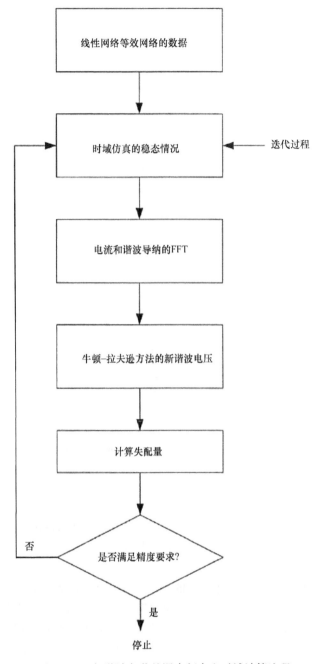

图 4.9 三相谐波负载的混合频率和时域计算流程

4.10 概率论

谐波相量可以用笛卡儿极坐标表示,即 $x+jy$。x 和 y 相互影响(谐波电流和电压),它们的
分布用一个联合概率分布函数(jpdf)$p_{XY}(x,y)$ 表示,它与综合累计分布函数 $P_{XY}(x,y)$ 相关:

$$p_{XY}(x,y) = \frac{\partial^2 P_{XY}(x,y)}{\partial x \partial y} \qquad (4.46)$$

特性测量包括 5 个参数: x、y 的平均值和标准差$(\mu_x, \mu_y, \sigma_x, \sigma_y)$，二阶矩阵的平均值或协方差有如下定义:

$$\sigma_{xy}^2 = \int_{-\infty}^{\infty}\int_{-\infty}^{\infty} xy p_{XY}(x,y)\,\mathrm{d}x\mathrm{d}y - \mu_x\mu_y \qquad (4.47)$$

测量 x、y 之间相关性的相关系数 ρ 被定义为

$$\rho = \frac{\sigma_{xy}^2}{\sigma_x \sigma_y} \qquad (4.48)$$

投影相量的边缘概率分布函数（pdf）是通过与其他变量的联合概率分布函数求得。考虑到一个固定幅值的相量 a，它的相角在 $0 \sim 2\pi$ 之间变化。x 或 y 的边缘概率分布函数为

$$pv(u) = \frac{1}{\pi}\frac{1}{\sqrt{a^2-u^2}}, u = x, y, |u| < a \qquad (4.49)$$

在其他区间, $pv(u) = 0$。如果幅值随着 0 到最大值的独立分布而随机变化，那么 $x - y$ 元件的概率分布函数为

$$pv(u) = \frac{1}{\pi a}\ln\left(\frac{a + \sqrt{a^2 - u^2}}{|u|}\right), u = x, y, a > u > -a \qquad (4.50)$$

如果我们考虑到同一频率下 n 个独立相量的和为

$$a = \sum_i^n a_i = \left(\sum_i^n x_i\right) + \mathrm{j}\left(\sum_i^n y_i\right) \qquad (4.51)$$

通过卷积可以获得 x 和 y 的边缘概率分布函数为

$$pv(u) = pv_1(u_1) * pv_2(u_2) * \cdots pv_n(u_n) \qquad (4.52)$$

另一个分析方法是求得每一个概率分布函数的傅里叶变换 $F_i(s)$ 和这些函数的逆变换，也就是

$$pv(u) = F^{-1}\left(\prod_i^n F_i(s)\right) \qquad (4.53)$$

卷积和傅里叶变换法是很难求解的，另一个办法是采用蒙特卡罗仿真。它是根据一系列随机变量的确定值产生一个确定解的重复过程。需要进行成千上万次的仿真，但这对于现代快速计算机来说并非是问题。

如果添加的相量很多，而没有一个显著的相量，则可以通过概率中心极限定理得到精确解；这表明只要变量的数目足够多，总和都接近标准分布，则可以忽略单个变量的分布。

实际上，描述谐波分布的数学表达式并不简单，谐波通过复杂的界面传播，特性各异。数据通常以点状图形式呈现，可以从一个简单分布中获得，并适用于如椭圆形等标准函数。当椭圆形分布中的实部和虚部存在相关性时，椭圆模型的多变量表达式如下：

$$\frac{1}{1-\rho^2}\left[\left(\frac{x-\mu_x}{\sigma_x}\right)^2 - 2\rho\left(\frac{x-\mu_x}{\sigma_x}\right)\left(\frac{y-\mu_y}{\sigma_y}\right) + \left(\frac{y-\mu_y}{\sigma_y}\right)^2\right] = 1 \qquad (4.54)$$

已有著作对特定负载进行了一系列的研究。

如前所述，线性系统谐波电压的估计中，母线电压失真率在 5% 以内，这是比较容易实现的。这是最常见的情况。在谐波电流取决于谐波电压的情形下，需要一个代表这两个信号的数学表达式，例如非线性谐波算法。本章参考文献［25］进行了更深入的讨论。这篇参考文献还对 14 母线系统中一条特定母线的 5 次谐波电压进行了讨论，如图 4.10 所示。实线是蒙特卡罗仿真,

而另一条$^{\ominus}$曲线代表了谐波电压转移阻抗的影响。尽管曲线符合高斯分布,但两条曲线的平均值和标准差都对传递函数的相对幅值敏感。

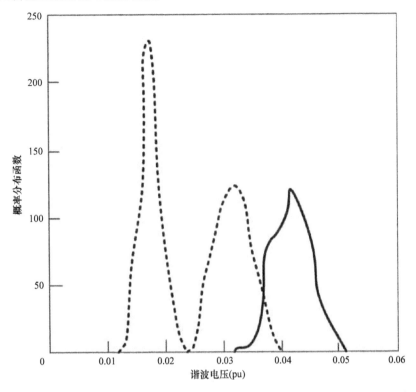

图 4.10 相量和独立极性分量总和的概率分布函数(来源:本章参考文献 [26])

蒙特卡罗概率仿真流程如图 4.11 所示[26,27]。对于任何一个随机输入数据,将根据它的概率分布函数得到相应的值。根据这些值,首先评估 AC/DC 电力系统基频下的运行状态。然后,进行谐波频率分析,迭代地评估换流器谐波和交流系统电压与直流电流波形。一旦收敛,则存储相关数据。

这个过程是在一定时间内重复进行的,L^* 的最小值可以获得输出概率的适当结果。

估计确定事件出现概率 Π 误差的公式可以写为

$$\text{prob}\{\,|f_L - \Pi|\} > \varepsilon^* < \lambda^* \tag{4.55}$$

式中,误差 ε^* 小于给定值 λ^*。

根据中心极限定理:

$$L > [\Pi(1 - \Pi)]\,[\varphi^{-1}(\lambda^*/2)]^2/(\varepsilon^*)^2 \tag{4.56}$$

式中

$$\varphi(z) = \frac{1}{\sqrt{2\pi}}\int_{-\infty}^{z} e^{-(u^2/2)}\,\mathrm{d}u \tag{4.57}$$

φ^{-1} 是式(4.57)的逆变换。

式(4.56)右侧取决于 Π,是一个未知量。如果 Π 取 1/2,那么 $\Pi(1 - \Pi)$ 将会达到最大,

$\ominus$ 原书为另外两条,有误。——译者注

极限 L^* 为

$$L^* = [\varphi^{-1}(\lambda^*/2)]^2/(2\varepsilon^*)^2 \qquad (4.58)$$

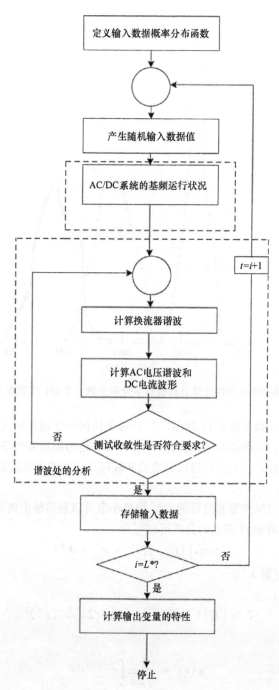

图 4.11 利用概率论的谐波潮流蒙特卡罗仿真（来源：本章参考文献 [28]）

4.11　计算机程序

计算机程序各异。理想的特性如下：

- 三相建模。
- 触发延迟角和换流器重叠角建模可能各不相同。
- 电力系统元件基于频率的建模。
- SVC、TCR、FACTS 控制器和 HVDC 建模容量。
- 多重平衡节点系统，环形、辐射型和孤岛型子系统的容量。系统中有的母线可能仍然保持断电或者在断电状态以研究变化的配置。
- 多重带载、发电容量等多种因数。
- 基频潮流计算，变压器负载开关的自动调节。
- 电机影响和变压器绕组联络及它们的接地系统。
- 短线路和长线路模型。
- 正序、负序和零序谐波建模，至少到 71 次。
- 谐波源的产生，用户可选。
- 根据 IEEE 519 计算母线、支路电流的谐波总失真、电压失真、算术总值、TIF、IT 产品等多种谐波指标。
- 频率、电压扫描和谐波潮流算法如牛顿 – 拉夫逊方法。
- 具有多种滤波器建模的能力，其中一些根据经济性分析对滤波器进行建模。通过滤波器电流的频谱，检查和证实滤波器带载和滤波元件带载。
- 能够绘制系统中任意位置的波形、频率扫描、电压扫描、相角、谐波电压和电流的波形。
- 详细的文本报告。
- 基于谐波带载情况，确定变压器 K 值。
- 电容器和滤波电流在线检测。
- 详细的结果报告。当发生扰动时，会出现标示，以立即获得工作人员的关注，并重新进行计算。

4.12　大型工业系统谐波分析

图 4.12 展示了一个 6 脉波 ASD 负载和中低压交流电动机负载的工业系统。产生谐波的负载占总负载的比重很大。负载连接到等额定值的变压器中。50MW 的发电机和配备 ULTC（有载调节分接头）并网变压器同步运行。受发电机蒸汽利用率的影响，发电机输出限制在 40MW 以内。要求系统运行在 138kV 时，功率因数必须高于 0.85，谐波含量应该满足 IEEE 519[28] 中对 PCC 处 138kV 母线 1 的要求。

4.12.1　研究目标

通常，研究需要满足不止一个目标，例如，在本篇研究中，需要满足功率因数和谐波含量的要求。

图 4.12 中未展示元件阻抗的数据。PCC 处的短路电流应该采用 IEEE 对 PCC 谐波总需求失

真的要求进行计算。计算过程如下：

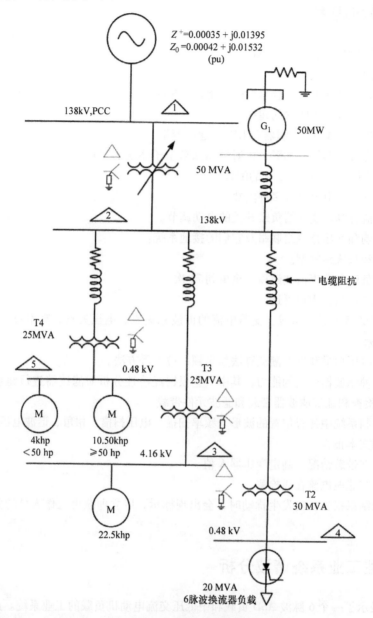

图 4.12 谐波分析中的工业系统结构研究

- 在 138kV 处的短路电流 = 对称电流有效值 31.1kA；
- 在 13.8kV 母线处的短路电流 = 投入发电机运行时电流 39.2kA。

基频负载潮流如图 4.13 所示，G1 处于运行当中。电源（138kV）的功率因数仅为 61.9%。总的负载需求为 47.52MW（61.54MVA），功率因数滞后 77.43%。6 脉波驱动系统的非线性负载为 16.28MW，功率因数滞后 80%。系统中损耗大概为 6.10Mvar。对于在负载潮流研究中，修正运行负载功率模型是很重要的。图 4.13 展示了发电机在比额定电压高 5% 的条件下运行。如果发电机在其额定电压下运行，它的无功功率输出将会降低，而 PCC 处的功率因数将会仅为 22%。

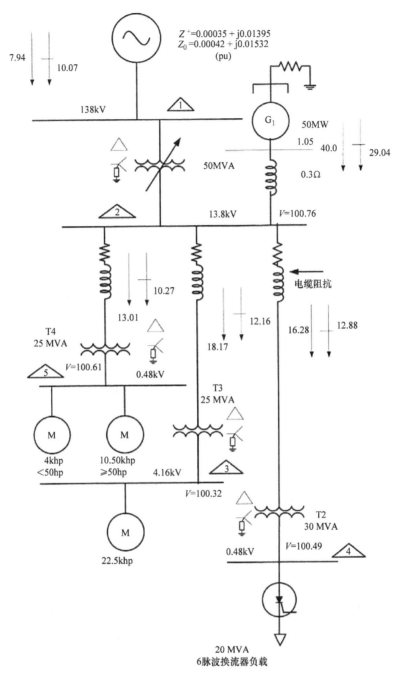

图 4.13 发电机 G1 投入运行时的负载潮流（系统结构见图 4.12）

根据 ANSI/IEEE 标准[29]，一个发电机可以在额定电压 ±5% 下运行，但需要满足负载一些限制条件。通过设定变压器合适的电压比，电压可以维持在额定电压附近。

我们应考虑发电机故障下，负载潮流分布情况，如图 4.14 所示。

母线的运行电压通过 ULTC 在并网变压器上实现调整。138kV 电源母线功率因数为 75.14%。为提高功率因数到理想水平即高于 85%，13.8kV 母线处需要安装一个 12MVA 的电容器组。图 4.15 和图 4.16 显示了运行或者退出运行的电容器组的负载潮流和运行中的发电机负载潮流。

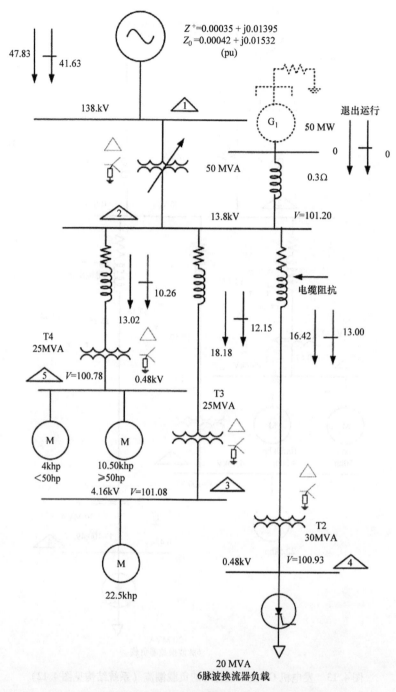

图 4.14   G1 退出运行时的负载潮流（系统结构见图 4.12）

138kV 处的功率因数为：

- 当发电机退出运行时滞后 86%；
- 当发电机投入运行时功率因数接近整功率因数。

公用电网不允许用户引导发电上网。注意，对于无功功率调节，有两种电压调节元件，即变压器上的 ULTC 和发电机的电压调节器，见本章参考文献 [30]。

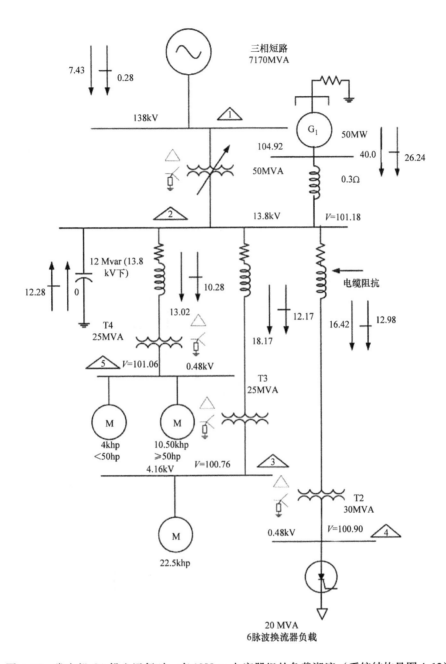

图 4.15 发电机 G1 投入运行时，有 12Mvar 电容器组的负载潮流（系统结构见图 4.12）

如果由于负载变化或电网电压变化导致系统电压发生变化，上述这些设备可以相对于彼此进行搜索。ULTC 作为二次侧电压控制元件，使得发电机电压调节器优先工作；有时候，ULTC 可以手动操作，而发电机电压调节器只能调节电压。ULTC 手动操作是为了防止发电机突然退出运行。

这些分析需要在谐波分析之前进行。

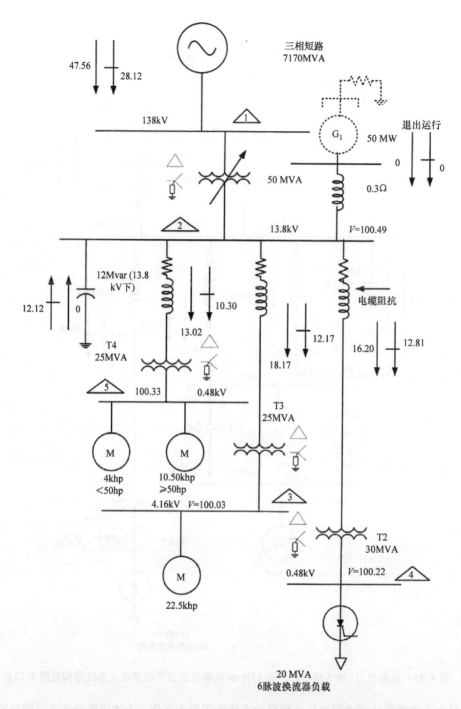

图 4.16   带 12Mvar 电容器 G1 退出运行时的负载潮流（系统结构见图 4.12）

4.12.2   谐波发射模型

图 4.17 展示了波形；图 4.18 展示了在变压器 T2 二次侧建模的 6 脉波负载谐波频谱。表 4.1 以表格形式给出了 6 脉波非线性负载的谐波的频谱。

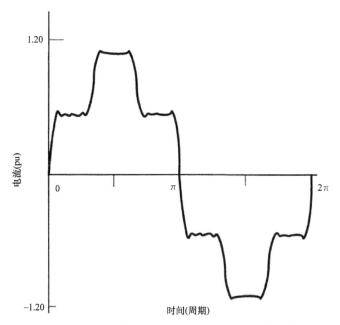

图 4.17　6 脉波非线性负载的线电流波形（用于谐波分析的工业系统）

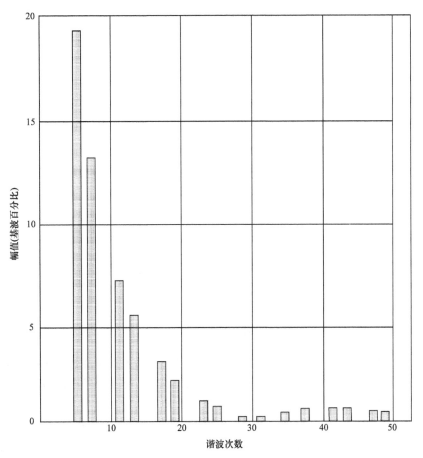

图 4.18　6 脉波非线性负载的谐波频谱（用于谐波分析的工业系统）

表 4.1　6 脉波非线性负载的谐波频谱（基波百分比）

谐波次数	5	7	11	13	17	19	23	25
幅值（%）	19.10	13.10	7.20	5.60	3.30	2.40	1.20	0.80
谐波次数	29	31	35	37	41	43	47	49
幅值（%）	0.20	0.20	0.40	0.50	0.50	0.40	0.40	0.40

4.12.3　谐波传播 – 案例 1

发电机 G1 处于运行当中，13.8kV 母线侧不含 12Mvar 电容器的谐波负载潮流分析如下。首先，进行频率扫描，50 次以内的谐波阻抗幅值和相角如图 4.19 和图 4.20 所示。这些都为直线，且没有谐振。

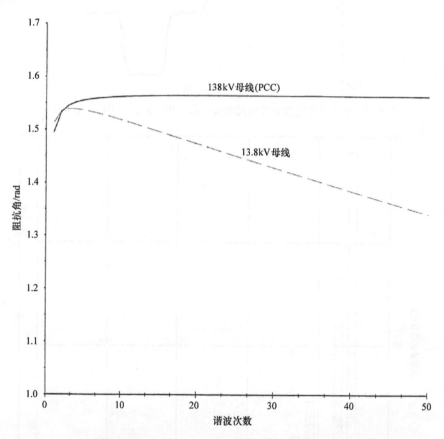

图 4.19　频率扫描和阻抗角（rad）（系统中没有电容，用于谐波分析的工业系统）

通常，产生谐波的负载是不存在谐振的，即使在大型配电系统中亦然。然而，在假设存在电容器时，考虑容抗，孤岛系统将影响谐振频率和滤波器谐调，但是长输电线路除外。

PCC 处的谐波频谱如图 4.21 所示，波形如图 4.22 所示。

表 4.2 以基波电流百分比的形式展示了系统中谐波电流的流动。PCC 处的谐波总需求失真（TDD）为 26.22%。对于短路水平为 31kA 的 138kV 系统，负载需求为 46.34A，$I_s/I_r = 669$。IEEE 519 中列出了一系列谐波的允许失真率值。

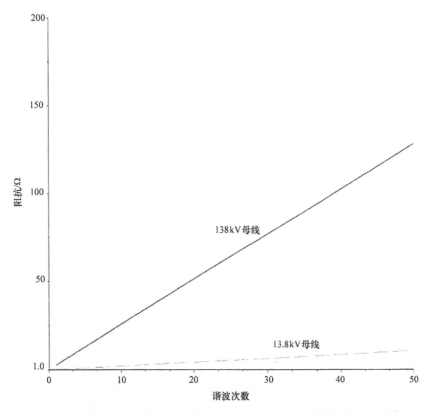

图 4.20　频率扫描阻抗模量（系统中没有电容，用于谐波分析的工业系统）

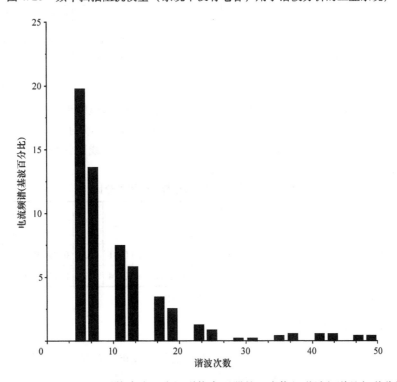

图 4.21　50MVA 工业系统中注入应用联络变压器的二次绕组谐波频谱的频谱分析

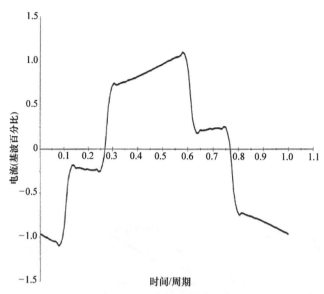

图4.22 PCC处的失真电流波形（用于谐波分析的工业系统）

表4.2 带12Mvar电容器组的发电机G1投入运行时的谐波电流（基波百分比）

谐波次数	基波/A	5	7	11	13	17	19	23	25	29	31	35	37	41	43	47	49
PCC	46.34	19.80	13.58	7.46	5.80	3.42	2.49	1.24	0.83	0.21	0.21	0.41	0.52	0.52	0.52	0.41	0.41
T4	931.60	1.88	1.29	0.71	0.55	0.32	0.24	0.12	0.08	0.02	0.02	0.04	0.05	0.05	0.05	0.04	0.04
T3	706.17	1.72	1.18	0.65	0.51	0.30	0.22	0.11	0.07	0.02	0.02	0.04	0.05	0.05	0.05	0.04	0.04
T2	842.06	18.98	13.02	7.15	5.56	3.28	2.38	1.19	0.79	0.20	0.20	0.40	0.50	0.50	0.40	0.40	0.40
无功功率	2033.79	1.89	1.30	0.71	0.56	0.33	0.24	0.12	0.08	0.02	0.02	0.04	0.05	0.05	0.05	0.04	0.04

注：PCC处的TDD为26.22%。

表4.3给出了PCC处的谐波电压，而在13.8kV母线2处，以基准电压百分比的形式写出。有趣的是，尽管谐波总需求失真值很高，为26.22%，但是可以发现PCC处（138kV）的电压失真（THD_v）仅为0.31%。这主要取决于供电系统的刚度。由第6章的例3可知，尽管谐波总需求失真值很小，但是高电压失真出现在弱电系统中。13.8kV母线的谐波失真率为4.41%。图4.23展示了PCC处和13.8kV母线处的电压波形。

表4.3 基波母线电压的谐波电压百分比

谐波次数	基波/kV	5	7	11	13	17	19	23	25	29	31	35	37	41	43	47	49
母线1	138	0.15	0.15	0.13	0.12	0.09	0.07	0.04	0.03	0.01	0.01	0.02	0.03	0.03	0.03	0.03	0.03
母线2	13.8	2.13	2.04	1.77	1.63	1.26	1.02	0.62	0.45	0.13	0.14	0.32	0.42	0.47	0.49	0.43	0.5

注：THD（voltage）bus1 = 0.31%，THD（voltage）bus2 = 4.41%。

4.12.4 谐波传播 – 案例2

这个案例在13.8kV母线2侧投入12Mvar电容器组和发电机的情况下进行谐波分析。首先，进行频率扫描。图4.24展示了7次谐波附近的谐振，大概为518Hz。表4.4展示了阻抗模量和并联谐振频率；表4.5为典型的频率扫描结果。

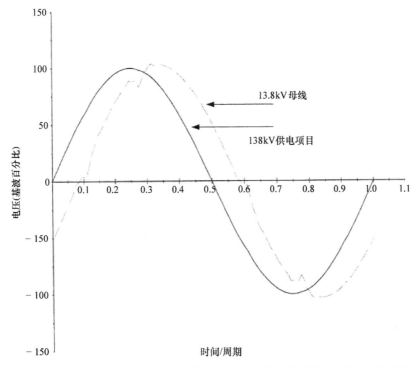

图 4.23 138kV 电网侧和 13.8kV 母线处的电压波形（用于谐波分析的工业系统）

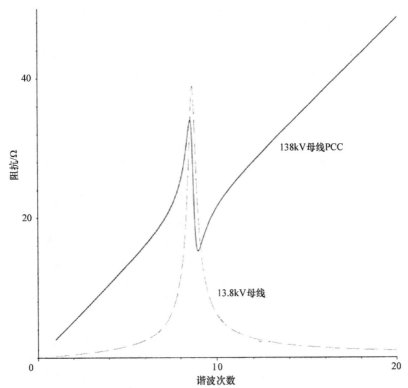

图 4.24 13.8kV 母线侧带 12Mvar 电容器的 G1 投入运行时的阻抗模量（用于谐波分析的工业系统）

谐波负载潮流结果如表 4.6 和表 4.7 所示。图 4.25 和图 4.26 为 PCC 处的电流频谱和波形。

表 4.4　阻抗模量和谐振频率

母线	Z，幅值/Ω	相角	谐振频率/Hz
1	34.10	8.53	512
2	38.92	8.63	518
3	2.29	8.63	518
4	0.05	8.63	518
5	0.04	8.63	518

表 4.5　样本频率扫描的计算机输出结果

母线 2

频率/Hz	幅值/V	角度/rad	频率/Hz	幅值/V	角度/rad	频率/Hz	幅值/V	角度/rad	频率/Hz	幅值/V	角度/rad
492.00	15.96	1.14	494.00	17.06	1.11	496.00	18.28	1.08	498.00	19.66	1.03
500.00	21.22	0.99	502.00	22.97	0.93	504.00	24.93	0.87	506.00	27.10	0.79
508.00	29.46	0.71	510.00	31.94	0.60	512.00	34.40	0.48	514.00	36.58	0.34
516.00	38.19	0.19	518.00	38.92	0.03	520.00	38.63	-0.13	522.00	37.40	-0.29
524.00	35.47	-0.43	526.00	33.17	-0.56	528.00	30.76	-0.67	530.00	28.42	-0.76
532.00	26.23	-0.84	534.00	24.25	-0.90	536.00	22.47	-0.96	538.00	20.88	-1.01
540.00	19.47	-1.05	542.00	18.22	-1.09	544.00	17.10	-1.12	546.00	16.10	-1.15
548.00	15.21	-1.18	550.00	14.40	-1.20	552.00	13.67	-1.22	554.00	13.01	-1.24
556.00	12.41	-1.25	558.00	11.86	-1.27	560.00	11.36	-1.28	562.00	10.89	-1.29
564.00	10.47	-1.30	566.00	10.07	-1.32	568.00	9.71	-1.32	570.00	9.37	-1.33
572.00	9.05	-1.34	574.00	8.76	-1.35	576.00	8.48	-1.36	578.00	8.22	-1.36
580.00	7.98	-1.37	582.00	7.75	-1.38	584.00	7.53	-1.38	586.00	7.33	-1.39
588.00	7.14	-1.39	590.00	6.95	-1.40	592.00	6.78	-1.40	594.00	6.62	-1.41
596.00	6.46	-1.41	598.00	6.31	-1.41	600.00	6.17	-1.42	602.00	6.04	-1.42
604.00	5.91	-1.42	606.00	5.78	-1.43	608.00	5.67	-1.43	610.00	5.55	-1.43
612.00	5.44	-1.44	614.00	5.34	-1.44	616.00	5.24	-1.44	618.00	5.14	-1.44
620.00	5.05	-1.45	622.00	4.96	-1.45	624.00	4.88	-1.45	626.00	4.80	-1.45
628.00	4.72	-1.45	630.00	4.64	-1.46	632.00	4.57	-1.46	634.00	4.49	-1.46
636.00	4.42	-1.46	638.00	4.36	-1.46	640.00	4.29	-1.47	642.00	4.23	-1.47
644.00	4.17	-1.47	646.00	4.11	-1.47	648.00	4.05	-1.47	650.00	4.00	-1.47
652.00	3.94	-1.47	654.00	3.89	-1.48	656.00	3.84	-1.48	658.00	3.79	-1.48
660.00	3.74	-1.48	662.00	3.70	-1.48	664.00	3.65	-1.48	666.00	3.61	-1.48
668.00	3.56	-1.48	670.00	3.52	-1.49	672.00	3.48	-1.49	674.00	3.44	-1.49
676.00	3.40	-1.49	678.00	3.36	-1.49	680.00	3.33	-1.49	682.00	3.29	-1.49
684.00	3.25	-1.49	686.00	3.22	-1.49	688.00	3.19	-1.49	690.00	3.15	-1.49
692.00	3.12	-1.50	694.00	3.09	-1.50	696.00	3.06	-1.50	698.00	3.03	-1.50
700.00	3.00	-1.50	702.00	2.97	-1.50	704.00	2.94	-1.50	706.00	2.91	-1.50
708.00	2.89	-1.50	710.00	2.86	-1.50	712.00	2.83	-1.50	714.00	2.81	-1.50
716.00	2.78	-1.50	718.00	2.76	-1.50	720.00	2.73	-1.51	722.00	2.71	-1.51
724.00	2.69	-1.51	726.00	2.66	-1.51	728.00	2.64	-1.51	730.00	2.62	-1.51
732.00	2.60	-1.51	734.00	2.58	-1.51	736.00	2.56	-1.51	738.00	2.54	-1.51
740.00	2.52	-1.51	742.00	2.50	-1.51	744.00	2.48	-1.51	746.00	2.46	-1.51
748.00	2.44	-1.51	750.00	2.42	-1.51	752.00	2.40	-1.51	754.00	2.39	-1.51
756.00	2.37	-1.51	758.00	2.35	-1.51	760.00	2.33	-1.52	762.00	2.32	-1.52
764.00	2.30	-1.52	766.00	2.29	-1.52	768.00	2.27	-1.52	770.00	2.25	-1.52
772.00	2.24	-1.52	774.00	2.22	-1.52	776.00	2.21	-1.52	778.00	2.19	-1.52
780.00	2.18	-1.52	782.00	2.16	-1.52	784.00	2.15	-1.52	786.00	2.14	-1.52
788.00	2.12	-1.52	790.00	2.11	-1.52	792.00	2.10	-1.52	794.00	2.08	-1.52
796.00	2.07	-1.52	798.00	2.06	-1.52	800.00	2.05	-1.52	802.00	2.03	-1.52
804.00	2.02	-1.52	806.00	2.01	-1.52	808.00	2.00	-1.52	810.00	1.98	-1.52
812.00	1.97	-1.52	814.00	1.96	-1.52	816.00	1.95	-1.52	818.00	1.94	-1.53
820.00	1.93	-1.53	822.00	1.92	-1.53	824.00	1.91	-1.53	826.00	1.90	-1.53

表 4.6 带 12Mvar 电容器组的发电机 G1 投入运行时的谐波电流（基波的百分比）

谐波次数	基波/A	5th	7th	11th	13th	17th	19th	23th	25th	29th	31th	35th	37th	41th	43th	47th	49th
PCC	33.80	40.77	53.80	16.38	6.27	1.62	0.88	0.28	0.15	0.03	0.02	0.04	0.04	0.03	0.03	0.02	0.02

注：PCC 处的 TDD 为 69.77%。

表 4.7 基准母线电压的谐波电压百分数

谐波次数	基波/kV	5th	7th	11th	13th	17th	19th	23th	25th	29th	31th	35th	37th	41th	43th	47th	49th
母线 1	138	0.23	0.42	0.20	0.09	0.03	0.02	0.01	0	0	0	0	0	0	0	0	0
母线 2	13.8	3.20	5.91	2.83	1.27	0.44	0.26	0.10	0.06	0.01	0.01	0.02	0.02	0.02	0.02	0.01	0.01

注：THD（voltage）bus1 = 0.53%，THD（voltage）bus2 = 7.38%。

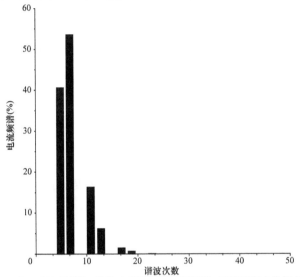

图 4.25 PCC（138kV 母线）处注入的谐波电流频谱（用于谐波分析的工业系统）

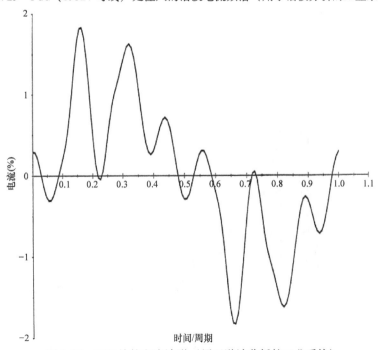

图 4.26 PCC 处的电流波形（用于谐波分析的工业系统）

需注意由于谐振，7 次谐波电流达到基波的 53.8%。PCC 处的谐波总需求失真由 26.22% 上升到 69.77%。PCC 处的电压失真率从 0.31% 上升到 0.53%，母线 2 从 4.41% 上升到 7.38%。电容器的在配电系统中的应用显著增加了失真率。

4.12.5 谐波传播—案例 3

案例 3a 13.8kV 母线的 12Mvar 电容器组转化为一个调谐至 4.85 次谐波的 ST 谐波滤波器，发电机 G1 退出运行。（这对于开关暂态来说可能太大，实际上，它很有可能分裂成两个 6Mvar 的滤波器组）。考虑采用 8.20kV，400kvar 电容器单元，每相并联 11 单元。这使得每相有 4.034Mvar，而三相星形联结未接地的大小为 12.10Mvar。PCC 处的谐波总需求失真减少至 2.88%。另外，每一个谐波的失真率均满足 IEEE 519 要求，计算过程如下：

PCC 处为 $I_s/I_r = 125.7$。如 IEEE 519 所述，谐波总需求失真允许值为 7.5%。单个频率的失真率为

- <11：6%
- $11 \leqslant h \leqslant 17$ 2.75%
- $17 \leqslant h \leqslant 23$ 2.5%
- $23 \leqslant h \leqslant 35$ 1.0%
- $35 \leqslant h$ 0.05%

图 4.27 中的谐波频谱确定了需要满足的要求。图 4.28 展示了 PCC 处的电流波形。并联谐振频率为 271.9Hz。

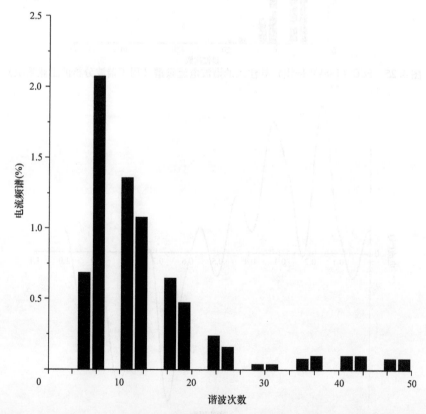

图 4.27 案例 3a，带 12Mvar ST 滤波器的 G1 退出运行时 PCC 处的谐波频谱（用于谐波分析的工业系统）

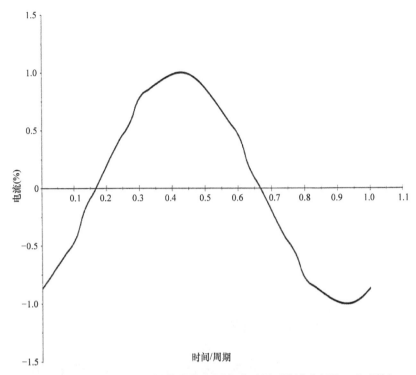

图 4.28 PCC 和 13.8kV 母线处的电压波形（用于谐波分析的工业系统）

表 4.8 展示了 PCC 处的谐波电流，以百分比和安培的形式给出了滤波器中谐波的含量。表 4.9 绘出了 PCC 和 13.8kV 母线处的谐波电压。PCC 处的谐波电压失真率为 0.24%。

表 4.8　带 12MvarST 滤波器的发电机 G1 退出运行时的谐波电流（基波的百分比）

谐波次数	基波/A	5th	7th	11th	13th	17th	19th	23th	25th	29th	31th	35th	37th	41th	43th	47th	49th
PCC	225.90	0.68%	2.07%	1.35%	1.08%	0.65%	0.47%	0.24%	0.16%	0.04%	0.04%	0.08%	0.10%	0.10%	0.10%	0.08%	0.08%
	225.90	5.12A	6.64A	3.92A	3.07A	1.82A	1.34A	0.66A	0.44A	0.12A	0.12A	0.22A	0.27A	0.27A	0.27A	0.22A	0.22A
ST滤波器	569.73	27.42%	9.53%	4.02%	2.99%	1.69%	1.22%	0.60%	0.40%	0.10%	0.10%	0.20%	0.25%	0.25%	0.25%	0.20%	0.20%
	569.73	92.1A	21.60A	8.45A	6.22A	3.49A	2.51A	1.23A	0.82A	0.20A	0.20A	0.41A	0.51A	0.51A	0.51A	0.41A	0.41A

注：PCC 处的 TDD 为 2.88%。

表 4.9　基准母线电压的谐波电压百分数

谐波次数	基波/kV	5th	7th	11th	13th	17th	19th	23th	25th	29th	31th	35th	37th	41th	43th	47th	49th
母线1	138	0.03	0.15	0.11	0.11	0.10	0.08	0.07	0.04	0.03	0.01	0.04	0.02	0.03	0.03	0.03	0.03
母线2	13.8	0.36	1.54	1.58	1.45	1.17	0.96	0.59	0.43	0.12	0.13	0.30	0.40	0.45	0.47	0.41	0.43

注：THD（voltage）bus1 = 0.24%，THD（voltage）bus2 = 3.33%。

案例 3b　谐波负载潮流在运行中的发电机和案例 3a 中的 5 次谐波滤波器中重复使用。这是正常的运行状况。

谐波频谱如图 4.29 所示，PCC 处的谐波总需求失真从案例 3a 中的 2.88% 上升到 17.18%。同样地，PCC 处的电流波形如图 4.30 所示，可看出畸变程度更高。

需注意当发电机投入运行时，PCC 处的负载需求从 225.90A 降落到 32.10A。这里，I_s/I_r = 971，案例 3a 中对失真率的限制同样也适用。因此，谐波随着负载需求增加而增加，在配电系统或 13.8kV 处的 ST 滤波器同样如此。

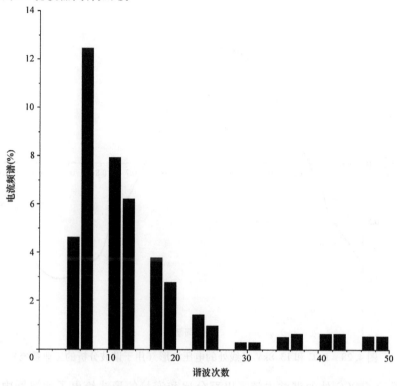

图 4.29 PCC 处的谐波电流频谱，发电机 G1 投入运行，13.8kV 母线侧有一个
12Mvar ST 滤波器（用于谐波分析的工业系统）

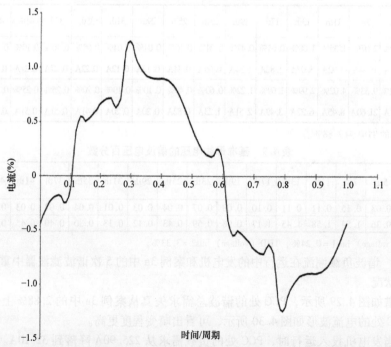

图 4.30 PCC 处的注入电流波形，G1 退出运行，案例 3a（用于谐波分析的工业系统）

表 4.10 展示了与表 4.8 PCC 处的注入电流的对比，当发电机退出运行时，值更加小。同样地，与案例 3a 相比，PCC 处和 13.8kV 母线处的电压失真率更低（见表 4.11）。

表 4.10　12Mvar ST 滤波器，发电机 G1 投入运行时的谐波电流（基波的百分比）

谐波次数	基波/A	5 次	7 次	11 次	13 次	17 次	19 次	23 次	25 次	29 次	31 次	35 次	37 次	41 次	43 次	47 次	49 次
PCC	32.10	4.55%	12.27%	7.78%	6.16%	3.69%	2.70%	1.35%	0.90%	0.23%	0.23%	0.45%	0.57%	0.57%	0.57%	0.45%	0.45%
	32.10	4.52A	5.30A	3.08A	2.41A	1.43A	1.04A	0.52A	0.35A	0.09A	0.09A	0.17A	0.22A	0.22A	0.22A	0.17A	0.17A
ST 滤波器	536.38	25.12%	7.73%	3.17%	2.35%	1.32%	0.96%	0.47%	0.31%	0.08%	0.08%	0.15%	0.19%	0.19%	0.19%	0.16%	0.16%
	536.38	92.1A	21.60A	8.45A	6.22A	3.49A	2.51A	1.23A	0.82A	0.20A	0.20A	0.41A	0.51A	0.51A	0.51A	0.41A	0.41A

注：PCC 处的 TDD 为 17.18%。

表 4.11　基波母线电压的谐波电压百分数

谐波次数	基波/kV	5 次	7 次	11 次	13 次	17 次	19 次	23 次	25 次	29 次	31 次	35 次	37 次	41 次	43 次	47 次	49 次
母线 1	138	0.02	0.09	0.09	0.07	0.05	0.03	0.03	0.02	0.01	0.01	0.02	0.02	0.02	0.03	0.02	0.02
母线 2	13.8	0.63	1.26	1.26	1.18	0.93	0.76	0.46	0.34	0.10	0.11	0.24	0.32	0.35	0.37	0.33	0.34

注：THD（voltage）bus1 = 0.19%，THD（voltage）bus2 = 2.64%。

当负载主要通过发电机供电时，电网充当后备电源，以防发电机组故障，要将谐波总需求失真控制在 IEEE 519 限制以下是很难的：尤其当电网是一个刚性源时。这可能会导致电网源侧没有负载潮流，或者通过共同发电，将电源供应给电网系统。

谐波频谱如图 4.29 所示，波形如图 4.30 所示，由此可得需要额外的 7 次和 11 次 ST 滤波器。谐波分析通过迭代进行。迭代过程没有列写出来，但需要达到以下目标：

- 提供一个在 13.8kV 联络变压器旁的 0.25Ω，2500A 的电抗器。这增加了 PCC 处的谐波负载潮流阻抗。

- 提供 13.8kV 母线 2 侧的 5 次、7 次和 11 次谐波的 ST 滤波器，如下：

第 5 次谐波滤波器：每相由 5 个 400kvar、8.32kV 的电容器组并联，形成一个 5.405Mvar 星形联结的三相电容器组，陷波频率 4.85 次谐波。

第 7 次谐波滤波器：每相由 4 个 400kvar、8.32kV 的电容器组并联，形成一个 4.404Mvar 星形联结的三相电容器组，陷波频率 6.85 次谐波。

第 11 次谐波滤波器：每相由 3 个 400kvar、8.32kV 的电容器组并联，形成一个 3.303Mvar 星形联结的三相电容器组，陷波频率 10.9 次谐波。

这里提供了总共 13.112Mvar 的滤波器。有的无功功率需要在 0.25Ω 串联电抗器中消耗完。

这个结构如图 4.31 所示。PCC 处的谐波频谱如图 4.32 所示，波形如图 4.33 所示。通过 5 次、7 次和 11 次谐波滤波器的电流波形如图 4.34 所示。

记述如下：

- PCC 处的谐波 TDD 为 6.53%。每个谐波的失真都满足 IEEE 519 的要求。

- PCC 处的电压失真减少了 0.06%，13.8kV 母线 2 的电压失真减少了 1.57%。

- 当系统中发电机退出运行时，PCC 处的谐波 TDD 为 1.05%。

因此，研究目的已经达到。失真限值满足 IEEE 519 所有运行条件下的要求，而 PCC 处的功率因数通常高于计划中的 0.85。

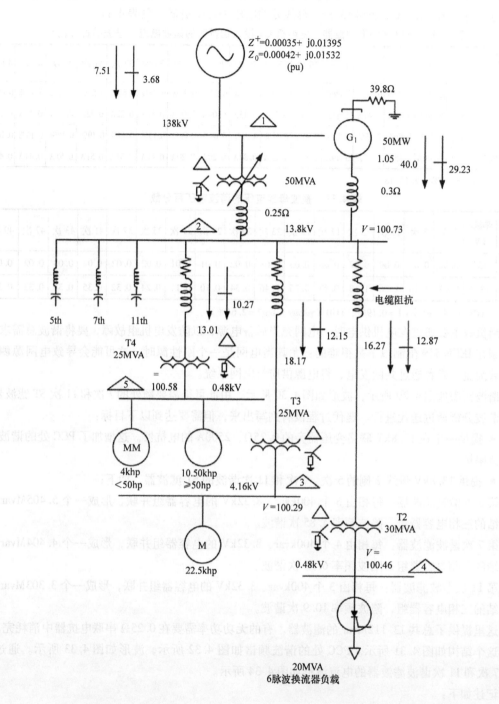

图 4.31 50MVA 变压器二次侧配备电抗器和 3 个谐波滤波器的系统配置（用于谐波分析的工业系统）

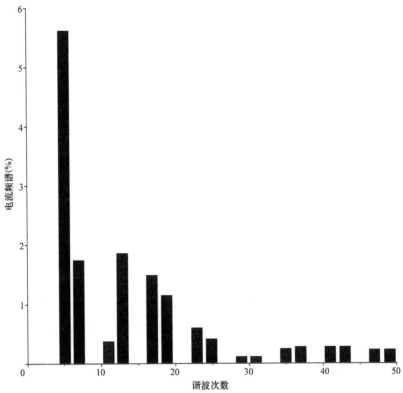

图 4.32 PCC 处的谐波电流频谱，TDD = 6.53% （用于谐波分析的工业系统）

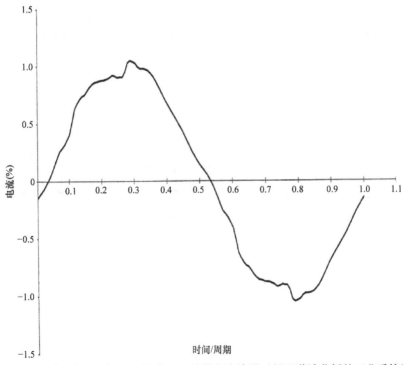

图 4.33 发电机 G1 投入运行时 PCC 处的电流波形 （用于谐波分析的工业系统）

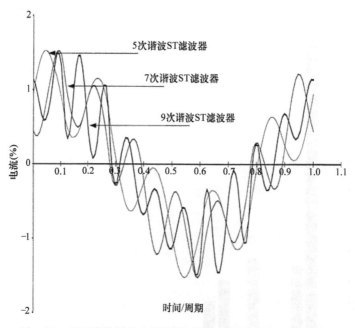

图4.34 通过滤波器的电流波形（用于谐波分析的工业系统）

4.13 长输电线路

考虑一条230kV，200mile 长的输电线路，参数如下：

ACSR 导线，500kcmil，水平间距为25ft，离地高度为108ft，2条地线，相导线高度为158ft，对称间距35ft（见图4.35）。地线为115.6kcmil（#7/#8），大地电阻率为$100\Omega \cdot m$。25℃时电阻率为$0.187\Omega \cdot mile$，外部直径为0.904″，GMR = 0.0311ft。

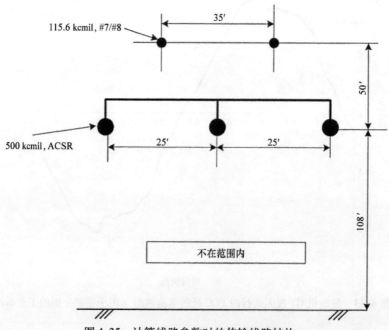

图4.35 计算线路参数时的传输线路结构

线路参数计算如下：

$$R_{abc} = \begin{vmatrix} 68.118 & 31.040 & 30.646 \\ 31.040 & 68.118 & 31.040 \\ 30.646^{\ominus} & 31.040 & 68.118 \end{vmatrix} \Omega/\text{mile} \tag{4.59}$$

$$X_{abc} = \begin{vmatrix} 254.239 & 91.477 & 75.134 \\ 91.477 & 254.239 & 91.477 \\ 75.134 & 91.477 & 254.239 \end{vmatrix} \Omega/\text{mile} \tag{4.60}$$

$$Y_{abc} = \begin{vmatrix} 862.794 & -166.883 & -79.808 \\ -166.883 & 862.794 & -166.883 \\ -79.808 & -166.883 & 862.794 \end{vmatrix} \mu S/\text{mile} \tag{4.61}$$

$$R_{012} = \begin{vmatrix} 130.166 & 4.283 & -4.664 \\ -4.664 & 37.439 & -9.613 \\ 4.283 & 31.040 & 37.439 \end{vmatrix} \tag{4.62}$$

$$X_{012} = \begin{vmatrix} 426.005 & -2.890 & -2.264 \\ -2.264 & 167.916 & 5.623 \\ -2.890 & 5.566 & 167.916 \end{vmatrix} \tag{4.63}$$

$$Y_{012} = \begin{vmatrix} 596.673 & 9.715 & 9.715 \\ 9.715 & 1010.247 & -33.822 \\ 9.715 & -33.822 & 1010.247 \end{vmatrix} \tag{4.64}$$

由于存在互耦合，这些矩阵并不对称。

任何一点的总电流均是入射和反射电流的总和，见 3.8.4 节。

这条线路与一个 100MVA，230kV/115kV 变压器相连，配有 6 脉波 100MVA 换流器负载，在 $\alpha = 30°$，$\mu = 6°$ 下运行。

实际上，存在多种不同频率的谐波负载，它们占总负载的一定比例。这个例子并没有描绘出一个实际的状况，展示的是在长线路模型中产生的频率。图 4.36 展示了谐波分析的系统结构。

空载下的负载潮流分析如下，由于弗兰梯效应，母线 3 的电压由 115kV 上升了 114.98%。需要采用一个 30Mvar 的电抗器将电压降低到额定电压。当线路带载时，电压下降 23%。为了将电压提高到额定电压，需要注入 45Mvar 容性无功功率。因此，母线 3 需要采用可变范围为 +30 ~ −45Mvar 的无功功率补偿设备来调节负载端电压。

可以采用静止无功补偿器（SVC）或静止同步补偿器（STATCOM）。为了满足仿真目的，考虑采用一个 43Mvar 容性补偿，静止无功补偿器或静止

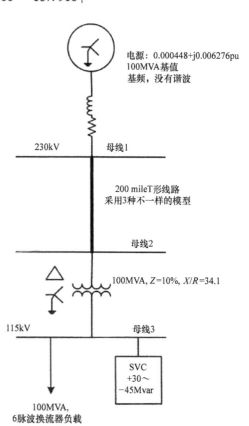

图 4.36　接有变压器、静止无功补偿器和谐波负载的长输电线路模型结构

⊖　原书为 390.646，有误。——译者注

同步补偿器不产生任何谐波污染，这可能与实际相悖。

输电线路采用3种模型：

- 分布式参数，非转置；
- 分布式参数，频率相关，转置；
- 基准 Ⅱ 形等效模型。

三相谐波负载潮流常用于表征这3种线路模型结果的区别。

研究结果如下图和表格所示。

图4.37~图4.40展示了母线1阻抗、电抗 X、电阻 R 和角度随频率变化的情况。

图4.41~图4.44展示了母线2阻抗、电抗 X、电阻 R 和角度随频率变化的情况。

由此可见，图形差别很大，谐振频率和角度取决于所采用的输电线模型。

图4.45为通过输电线路的 A、B、C 三相电流波形。

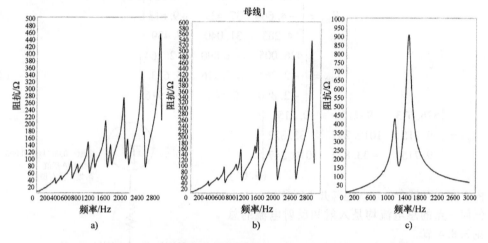

图4.37　阻抗（Ω）随频率的变化情况（母线1）：a）分布式，非转置；
b）频率相关，转置；c）Ⅱ形模型

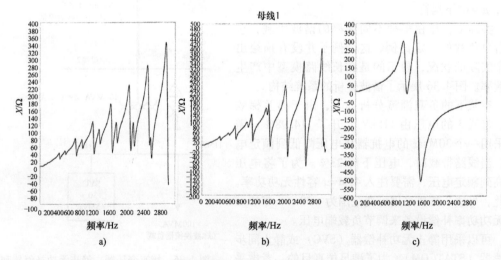

图4.38　电抗（Ω）随频率的变化情况（母线1）：a）分布式，非转置；
b）频率相关，转置；c）Ⅱ形模型

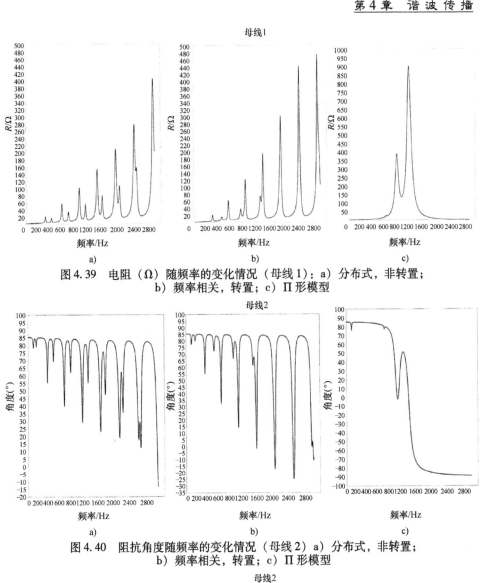

图 4.39 电阻（Ω）随频率的变化情况（母线 1）：a）分布式，非转置；
b）频率相关，转置；c）Ⅱ形模型

图 4.40 阻抗角度随频率的变化情况（母线 2）a）分布式，非转置；
b）频率相关，转置；c）Ⅱ形模型

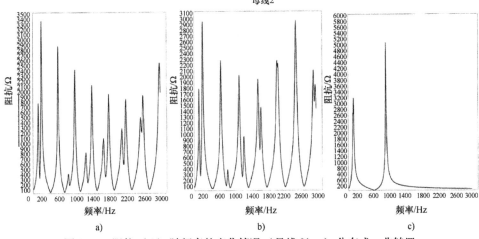

图 4.41 阻抗（Ω）随频率的变化情况（母线 2）a）分布式，非转置；
b）频率相关，转置；c）Ⅱ形模型

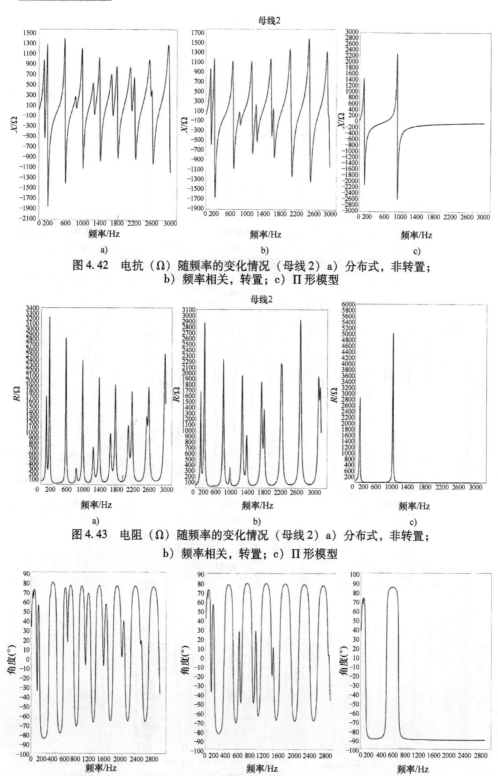

图 4.42　电抗（Ω）随频率的变化情况（母线 2）a）分布式，非转置；
b）频率相关，转置；c）Π 形模型

图 4.43　电阻（Ω）随频率的变化情况（母线 2）a）分布式，非转置；
b）频率相关，转置；c）Π 形模型

图 4.44　阻抗角度随频率的变化情况（母线 2）a）分布式，非转置；
b）频率相关，转置；c）Π 形模型

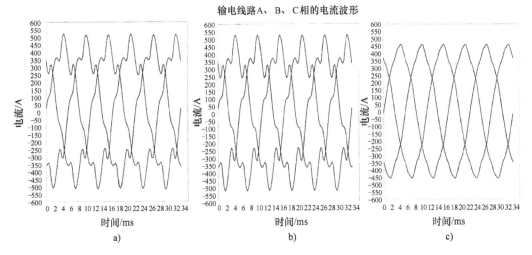

图 4.45　输电线路的电流波形：a）分布式，不转置；b）频率相关转置；c）Ⅱ形模型

对于非转置线路模型，表 4.12 将通过传输线路的电流和它们的相角制成表。由于非转置模型 A、B、C 相电流各不相同。同时也存在中性线不平衡电流，这一点并没有在其中显示出来。表 4.13 展示了母线 1 和 2 的谐波电压失真情况和 A、B、C 相的区别。

对于频率相关的分布式参数线路模型，A、B、C 相中的电流平衡（见表 4.14），当和非转置线路模型相比较时，它们的相角不相等。以此为例，非转置模型中的 7 次谐波电流三相皆为 47.58A。

两个模型之间的电压失真情况也不相同。对于频率相关模型，电压失真情况如表 4.15 所示。和表 4.13 相比，可以看出一定的区别。

表 4.12　非转置分布式参数下输电线路的谐波电流潮流

h	A 相		B 相		C 相	
	电流/A	相角（°）	电流/A	相角（°）	电流/A	相角（°）
基波（100%）	309.30	27.46	309.30	-92.54	309.30	147.46
5	23.38	-48.05	25.09	73.67	23.16	-164.00
7	39.74	-42.93	41.27	-165.20	39.05	73.96
11	4.75	-175.17	5.25	-55.11	4.62	67.98
13	6.78	-163.98	7.54	70.42	6.59	-51.36
17	1.62	63.63	1.90	177.98	1.53	-62.18
19	1.60	71.94	1.78	-52.37	1.59	-172.56
23	0.71	-68.96	0.86	63.89	0.93	171.04
25	0.53	-53.84	0.59	-176.57	0.55	65.77
29	0.61	177.15	0.59	-60.19	0.65	55.68
31	0.23	-179.72	0.27	59.26	0.25	-55.31
35	0.79	127.25	0.82	-128.96	1.1	-0.09
37	0.14	54.50	0.16	-62.17	0.15	-172.67
41	0.13	68.76	0.14	-173.71	0.14	-49.18
43	0.15	-58.17	0.16	-162.53	0.13	75.59

注：谐波电流潮流以基频电流百分比形式显示。

表4.13 非转置分布式参数下的谐波电压失真

h	母线1			母线2		
	A相	B相	C相	A相	B相	C相
5	0.39	0.42	0.39	6.05	6.21	5.93
7	0.93	0.96	0.91	2.14	2.41	2.47
11	0.17	0.19	0.17	1.44	1.54	1.38
13	0.29	0.33	0.29	1.41	1.59	1.45
17	0.09	0.11	0.09	0.39	0.48	0.36
19	0.10	0.11	0.10	0.47	0.52	0.08
23	0.05	0.07	0.07	0.06	0.08	0.15
25	0.04	0.05	0.05	0.15	0.17	0.16
29	0.06	0.06	0.06	0.09	0.07	0.05
31	0.02	0.03	0.03	0.04	0.05	0.04
35	0.09	0.10	0.12	0.22	0.21	0.24
37	0.02	0.02	0.02	0.02	0.01	0.01
41	0.02	0.02	0.02	0.04	0.05	0.04
43	0.02	0.02	0.02	0.03	0.02	0.04

注：谐波电压以基准电压百分比形式显示。

表4.14 频率相关，转置分布式参数下的输电线路谐波电流潮流

h	A相		B相		C相	
	电流/A	相角（°）	电流/A	相角（°）	电流/A	相角（°）
基波（100%）	309.30	27.46	309.30	-92.54	309.30	147.46
5	24.43	-46.30	24.43	73.70	24.43	-166.30
7	47.58	-48.35	47.58	-168.35	47.58	71.65
11	5.05	-174.62	5.05	-54.62	5.05	65.39
13	8.60	-170.11	8.60	69.89	8.60	-50.11
17	1.70	58.77	1.70	178.77	1.70	-61.23
19	1.92	68.36	1.92	-51.63	1.92	-171.63
23	0.78	-66.60	0.78	53.40	0.78	173.40
25	0.60	-55.65	0.60	-175.65	0.60	64.35
29	0.50	170.70	0.50	-69.31	0.50	50.70
31	0.25	-179.70	0.25	59.69	0.25	-60.31
35	0.64	65.65	0.64	-174.35	0.64	-54.35
37	0.13	55.76	0.13	-64.24	0.13	-175.76
41	0.22	63.88	0.22	-176.12	0.22	-56.12
43	0.10	-64.02	0.10	-175.98	0.10	55.98

注：谐波电流潮流以基频电流百分比形式显示。

表4.15 频率相关，转置分布式参数下的谐波电压失真

h	A相 母线1	A相 母线2	h	A相 母线1	A相 母线2
5	0.41	5.96	25	0.05	0.17
7	1.11	2.11	29	0.05	0.03
11	0.19	1.47	31	0.03	0.05
13	0.37	1.63	35	0.07	0.13
17	0.10	0.42	37	0.02	0.01
19	0.12	0.54	41	0.03	0.07
23	0.06	0.10	43	0.01	0.02

注：谐波电压以基准电压百分比显示。

线路Ⅱ形模型差别较大。输电线路中的谐波分量大幅减少（见图4.45波形），如表4.16所示，对比如下：

- 非转置分布式参数模型中的 5 次和 7 次谐波电流分别为：25.09A 和 41.27A，一个时期内的最大值。
- 5 次和 7 次谐波电流和频率相关，转置分布式参数模型为：24.43A 和 47.58A。
- Ⅱ 形模型中的 5 次和 7 次谐波电流分别为：11.65A 和 4.43A。

表 4.16 输电线路谐波电流潮流（基准 Ⅱ 形模型）

h	A 相		B 相		C 相	
	电流/A	相角（°）	电流/A	相角（°）	电流/A	相角（°）
基波（100%）	309.30	27.46	309.30	-92.54	309.30	147.46
5	11.65	-43.93	11.65	76.06	11.65	-163.94
7	4.43	-28.12	4.43	-148.12	4.43	91.88
11	1.93	4.20	1.93	124.20	1.93	-115.80
13	2.15	19.29	2.15	-100.71	2.15	139.29
17	1.49	-120.90	1.49	-0.90	1.49	119.11
19	0.56	-108.32	0.56	131.68	0.56	11.68
23	0.29	-90.96	0.29	29.04	0.29	149.04
25	0.37	-131.57	0.37	108.43	0.37	-11.57
29	0.03	-178.97	0.03	-58.97	0.03	61.03
31	0.01	-166.56	0.01	73.44	0.01	-46.56
35	0.003	-135.90	0.003	-15.90	0.003	104.10
37	0.002	-119.58	0.002	120.42	0.002	0.42
41	0.001	-86.17	0.001	33.83	0.001	153.83
43	0.00	-69.25	0.00	170.75	0.00	50.75

注：谐波电流潮流以基频电流百分比形式显示。

最后，Ⅱ 形模型的母线 1 和母线 2 谐波失真率如表 4.17 所示。对比如下：

- 非转置分布式参数模型母线 1 的 5 次和 7 次谐波电压失真率分别是 0.42% 和 0.96%。
- 频率相关，转置分布式参数模型母线 1 的 5 次和 7 次谐波电压失真率分别是 0.41% 和 1.11%。
- Ⅱ 形模型母线 1 的 5 次和 7 次谐波电压失真率分别是 0.19% 和 0.10%。

这展示了输电线路建模的重要性，尤其是长度在 100mile 以上的长线路（见图 4.46）。

表 4.17 谐波电压失真率（线路 Ⅱ 形模型）

h	A 相 母线 1	A 相 母线 2	h	A 相 母线 1	A 相 母线 2
5	0.19	6.71	25	0.03	0.09
7	0.10	3.43	29	0.00	0.04
11	0.07	2.06	31	0.00	0.03
13	0.09	2.46	35	0.00	0.01
17	0.08	1.66	37	0.00	0.01
19	0.04	0.55	41	0.00	0.00
23	0.02	0.15	43	0.00	0.00

注：谐波电压失真率以基准电压百分比形式显示。

4.14 34.5kV UG 电缆

图 4.46 为对 10mile 长，34.5kV、350kcmil 三层地下直埋电缆，用 10 个 Π 形模型进行建模。电缆为一个 12 脉波负载供电。另外，电缆用一个 Π 形模型替代。

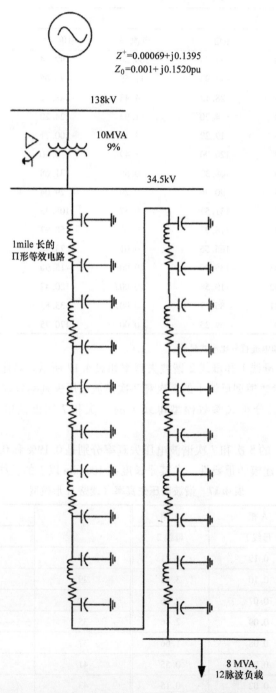

图 4.46 10mile 长、34.5kV、10 个串联 Π 形等效电路电缆

图 4.47 和图 4.48 分别展示了频率扫描下的阻抗角和阻抗。注意到,单个 Π 形模型显著地削弱了高次谐波。

表 4.18 描绘出了两种情形下谐波电压失真的情形,表 4.19 描绘出了注入 10MVA 变压器的谐波电流情况。谐波失真的区别显而易见。单个 Π 形模型削弱了高次谐波。

2.2 节中描述了串联 Π 形模型的数量和屏蔽连接。

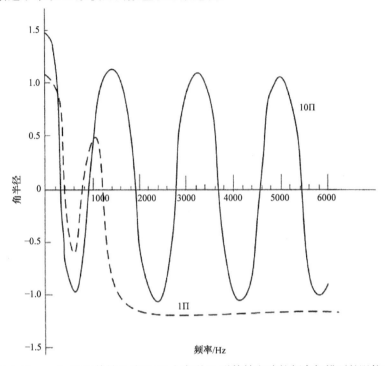

图 4.47　一个 Π 形等效电路和 10 个串联 Π 形等效电路的频率扫描下的阻抗角

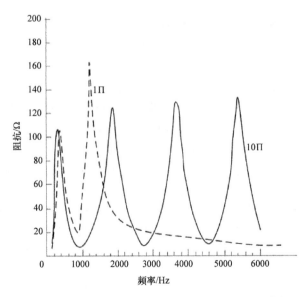

图 4.48　一个 Π 形等效电路和 10 个串联 Π 形等效电路的频率扫描下的阻抗

表4.18 图4.46中母线2的谐波电压失真

谐波次数	单个 Π 形模型	10 个串联 Π 形模型	谐波次数	单个 Π 形模型	10 个串联 Π 形模型
5	1.49	1.76	29	0.01	0.04
7	0.81	0.64	31	0	0.04
11	1.97	1.44	35	0.01	0.19
13	1.20	0.83	37	0.01	0.13
17	0.07	0.03	41	0	0.01
19	0.07	0.03	43	0	0.01
23	0.41	0.25	47	0	0.05
25	0.19	0.27	49	0	0.05

注：谐波电压失真以基准电压百分比形式显示。

表4.19 图4.45中，10MVA 变压器的谐波电流失真

谐波次数	单个 Π 形模型	10 个串联 Π 形模型	谐波次数	单个 Π 形模型	10 个串联 Π 形模型
基波	27.5A（138 kV）=100%		29	0	0.02
5	4.95	5.84	31	0.01	0.02
7	1.90	1.51	35	0	0.08
11	2.94	2.13	37	0	0.05
13	1.51	1.04	41	0	0
17	0.06	0.03	43	0	0
19	0.29	0.02	47	0	0.01
23	0.12	0.17	49	0	0.01
25	0	0.17			

注：谐波电流以基频电流百分比形式显示。

4.15 5 母线输电系统

本节中，谐波潮流的研究对象是5 母线输电系统，电压等级400kV，有一个500MVA 的发电机，6 条输电线路，5 条母线，一个对称短路电流为40kA 的电源，如图4.49 所示。在该图中，母线2 为一个100MVA 12 脉波换流器供电，母线5 为一个100MVA 的6 脉波换流器供电。

线路长度和其他数据如图4.49 所示。所有线路参数都相等，ACSR/30 股，每相一根导线，相与相水平距离35ft，地线为#7/#8。每 mile 的线路参数按欧姆计算如下：

$$Z_+ = Z_- = 0.18716 + j0.88038$$

$$Z_0 = 0.61239 + j2.09945$$

同样地，并联正序和负序电容导纳为 $Y_1 = 4.6144\mu S/mile$，零序导纳为 $Y_0 = 3.06053\mu S/mile$。长线路分布参数用于长度大于100mile 的线路。

静态负载为578.7MW 和330.27Mvar（功率因数为滞后86.2）。发电机输出功率为425MW 和26Mvar。然而，为平衡母线处的400kV 电源提供130.6Mvar 的无功功率。这意味着，线路分布并联电容大概产生435Mvar 的超前无功功率。由图4.49 可以看出，在没有任何无功补偿的情况下，所有母线的运行电压均可以维持在比额定电压稍高的水平。

发电机运行时，移除5 母线输电系统中的所有负载，系统的计算电压比基准电压高约20% ~ 30%。这意味着当负载不同时，所需并联的调节无功功率也不一样。由于空载时电压升高，线路的输出容性无功上升到728Mvar。

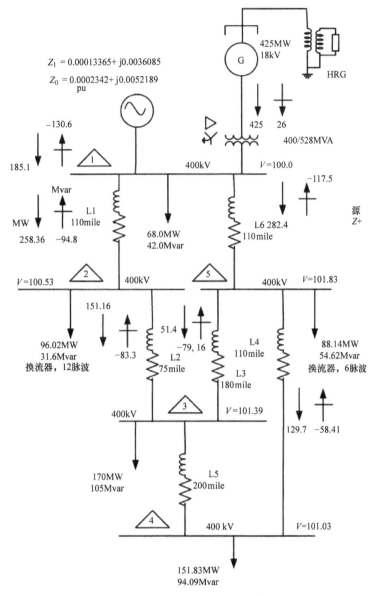

图 4.49 一个 5 母线 400kV 的输电系统，由两个换流器负载和一个 500MVA
发电机组成，负载潮流计算为叠加的结果

频率扫描角度和模长如图 4.50 和图 4.51 所示。图中给出了一系列谐振频率。表 4.20 为母线 1、母线 3、母线 5 的阻抗模长和频率。

谐波电压失真如表 4.21 所示。它超出了 IEEE 对母线的限制要求。线路的谐波电流失真如表 4.22 所示，同样超出了 IEEE 对谐波的限制要求。图 4.52 展示了线路 L1、L2、L3 的电流波形。表 4.23 展示了 500MVA 发电机吸收的谐波。这些谐波是以发电机负载电流的百分比给出的，值为 13.65kA。

本次研究发现，谐波失真率、谐波电流和电压远超允许限值。显著的谐波为 5 次、7 次和 11 次。非线性负载处，可以装设带有二阶高通滤波器的 ST 滤波器，以消除线路上的谐波潮流。增加滤波器后，会增加更多的容性无功功率，母线电压也会因此上升。因此，需要有由静止无功补偿器或静止同步补偿器提供可控感性无功功率[31]。

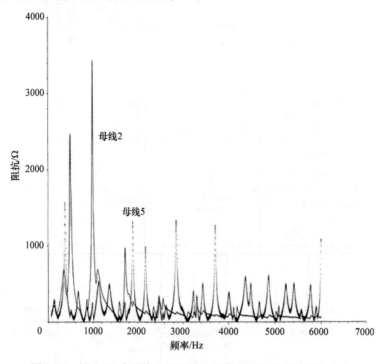

图 4.50　图 4.49 中母线 2 和母线 5 频率扫描下的阻抗模长变化

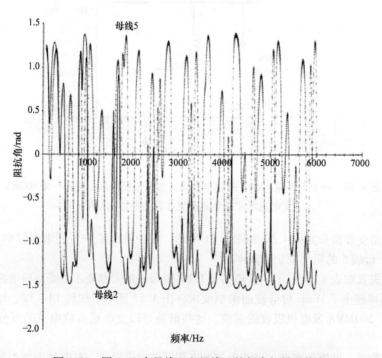

图 4.51　图 4.49 中母线 2 和母线 5 的频率扫描阻抗角

表 4.20　频率扫描结果（400kV，5 母线输电系统）

母线序号	Z 模长/Ω	相角	母线序号	Z 模长/Ω	相角
1	37.07	6.107	5	272.89	2.200
	69.1	8.067		1563.42	6.267
	67.59	10.833		136.62	8.330
	139.3	13.3		367.43	11.067
	293.76	16.523		282.83	14.410
	143.87	22.510		238.81	16.512
	483.76	26.357		519.10	11.967
	348.15	28.533		480.01	22.801
	120.67	39.487		64.32	25.467
	445.92	36.312		243.99	28.512
	912.23	39.233		1315.61	31.567
	311.4	41.433		979.86	36.845
	301.44	47.433		58.49	39.257
	1047.23	51.734		322.07	41.401
	432.71	53.987		115.68	42.733
	271.74	55.234		201.21	43.867
	66.69	57.342		1321.33	47.567
	504.97	61.833		393.51	53.977
	562.37	64.623		326.92	56.167
	699.75	66.757		490.63	57.333
	158.98	68.57		1291.0	61.912
	87.50	62.60		82.30	61.342
3	354.54	2.233		175.05	68.512
	372.33	5.901		39.62	69.501
	155.35	12.220			
	699.61	14.508			
	165.97	15.533			
	173.22	18.367			
	577.52	22.912			
	367.92	26.512			
	302.44	28.604			
	180.59	30.204			
	302.86	31.733			
	141.68	35.914			
	266.84	39.432			
	107.13	41.543			
	200.23	62.001			
	302.04	47.633			
	340.8	51.925			
	117.38	54.067			
	271.56	60.767			
	188.34	64.947			
	83.00	67.023			
	116.23	68.467			

表 4.21　400kV 5 母线输电系统的电压失真率的计算结果

母线	电压/kV	THDV（%）	IEEE 限值（%）
1	400	0.72	1.5
2	400	5.50	1.5
3	400	5.39	1.5
4	400	4.19	1.5
5	400	7.67	1.5

表 4.22　400kV 5 母线输电系统的 TDD 的计算结果

线路	基波电流	5	7	11	13	17	19	23	25
1	399.88	7.33	3.06	0.70	1.30	1.79	0.72	0.08	0.18
2	250.37	5.37	0.84	1.16	0.10	1.85	0.76	0.59	0.11
3	136.25	14.39	13.42	8.52	0.20	1.70	1.90	1.05	0.26
4	202.95	13.97	1.31	5.38	0.40	0.42	1.34	0.76	0.16
5	124.19	21.71	13.10	12.55	1.01	0.63	3.32	1.75	0.19
6	446.08	8.82	4.03	5.34	0.93	0.51	0.95	1.08	0.32
IEEE 限值（%）	$I_s/I_r > 50$	3.0	3.0	1.5	1.5	1.15	1.15	0.45	0.45

注：所有谐波以基频电流百分比的形式显示。

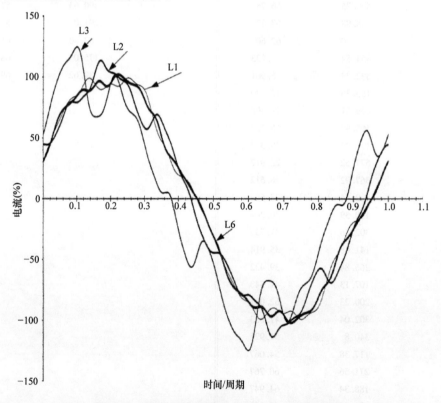

图 4.52　图 4.49 中线路 L1、L2、L3 的电流波形

表 4.23　400kV 5 母线输电系统的 500MVA 发电机的谐波潮流

5	7	11	13	17	19	23	25
0.08	0.05	0.18	0.01	0.04	0.01	0.04	0.02

注：所有谐波以基频电流百分比的形式展示。

参 考 文 献

1. G.D. Breuer, et al., "HVDC-AC interaction. Part-1 development of harmonic measurement system hardware and software," IEEE Transactions on Power Apparatus and Systems, vol. 101, no. 3, pp. 701–706, March 1982.
2. G.D. Breuer, et al., "HVDC-AC interaction. Part-II AC system harmonic model with comparison of calculated and measured data," IEEE Transactions on Power Apparatus and Systems, vol. 101, no. 3, pp. 709–717, March 1982.
3. IEEE. Task Force on Harmonic Modeling and Simulation, "Modeling and simulation of propagation of harmonics in electrical power Systems-Part I: concepts, models and simulation techniques," IEEE Transactions on Power Delivery, vol. 11, pp. 452–465, 1996.
4. IEEE. Task Force on Harmonic Modeling and Simulation, "Modeling and simulation of propagation of harmonics in electrical power systems-Part II: sample systems and examples," IEEE Transactions on Power Delivery, vol. 11, pp. 466–474, 1996.
5. G.D. Brewer, J.H. Chow, T.J. Gentile, et al. "HVDC –AC Harmonic interaction. Development of a harmonic measurement system hardware and software," IEEE Transactions on Power Apparatus and Systems vol. 101, pp. 701–708, 1982.
6. M. Nagpal, W. Zu, J. Swada, "Harmonic impedance measurement using three-phase transient," IEEE Transactions on Power Delivery, vol. 13, no. 1, pp. 8–13, 1998.
7. C. Hatziadoniu, G.D. Galanos. "Interaction between the AC voltages and DC current in weak AC/DC interconnections," IEEE Transactions on Power Delivery, vol. 3, pp. 1297–1304, 1988.
8. A.A. Mohmoud, R.D. Shultz, "A method of analyzing harmonic distribution in AC power systems," IEEE Transactions on Power Apparatus and Systems 101, 1815–1824, 1982.
9. B.C. Smith, J. Arrilaga, A.R. Wood, and N.R. Watson. "A review of iterative harmonic analysis for AC-DC power systems," IEEE Transactions on Power Delivery, vol. 13, pp. 180–185, Jan. 1998.
10. M. Valcarcel, J.G. Mayordomo, "Harmonic power flow for unbalanced systems," IEEE Transactions on Power Delivery, vol. 8, pp. 2052–2059, Oct. 1993.
11. D. Xia, G.T. Heydt, "Harmonic power flow studies Part-1-formulation and solution," IEEE Transactions on Power Apparatus and Systems vol. 101, pp. 1257–1265, 1982.
12. D. Xia, G.T. Heydt, "Harmonic power flow studies-Part II, implementation and practical applications," IEEE Transactions on Power Apparatus and Systems vol. 101, pp. 1266–1270, 1982.
13. J. Arrillaga, C.D. Callaghan, "Three-phase AC-DC load and harmonic flows," IEEE Transactions on Power Delivery, vol.6, no.1, pp. 38–244, Jan 1991.
14. W. Xu, J.R. Marti, H.W. Dommel, "A multiphase harmonic load flow solution technique," IEEE Transactions on Power Systems, vol. 6, n. 1, pp. 174–182, Feb. 1991.
15. S. Herraiz, L. Sainzand J. Clua. "Review of harmonic load flow formulations," IEEE Transactions on Power Delivery, vol. 18, no. 3, pp. 1079–1087, July 2003.
16. J.P. Tamby, V.I. John. "Q'Harm-A harmonic power flow program for small power systems," IEEE Transactions on Power Systems vol. 3, no. 3, 945–955, Aug. 1988.
17. N.R. Watson, J. Arrillaga, "Frequency dependent AC system equivalents for harmonic studies and transient converter simulation," IEEE Transactions on Power Delivery, vol. 3, no. 3, 1196–1203, July 1988.
18. M.F. Akram, T.H. Ortmeyer, and J.A. Svoboda, "An improved harmonic modeling technique for transmission network," IEEE Transactions on Power Delivery, vol.9, pp.1510–1516, 1994.
19. C. Dzienis, A. Bachry, Z. Stycezynski. "Full harmonic load flow calculation in power systems for sensitivity investigations," in Conf record 17th Zurich Symposium on Electromagnetic Compatibility, pp. 646–649, Feb. 2006.
20. S.M. Mohd. Shokri, Z. Zakaria, "A direct approach used for solving the distribution system harmonic load flow solutions," in Conf. Record, IEEE 7th International Power Engineering and Optimization Conference (PE)C)), Langkawi, Malaysia, pp. 708–713, June 2013.
21. J-H Teng, C-Y Chang, "A fast load flow method for industrial distribution systems," Proceedings, International Conference on Power Systems Technology (PowerCon), pp. 1149–1154, Perth, WA, 2000.

22. W.H. Kersting, D.L. Medive, "An application of ladder network to the solution of three-phase radial load flow problems," in Conf. Record, IEEE PES Winter Meeting, New York, 1976.

23. M.A. Moreno L.de.Saa, and U. Garcia. "Three-phase harmonic load flow in frequency and time domain" IEE Proceedings, Electrical Power Applications, vol. 150, no 3, pp.295–300, May 2003.

24. X-P Zhang, "Fast three-phase load flow methods," IEEE Transactions on Power Systems, vol. 11, no. 3, pp.1547–1554, August 1996.

25. IEEE Task Force On Probabilistic Aspects of Harmonics (Y. Baghzouz-Chair). "Time varying harmonics Part II-harmonic summation and propagation," IEEE Transactions on Power Delivery, Vol. 17, no.1, pp. 279–285, 2002.

26. IEEE Task Force for Modeling and Simulation. "Test system for harmonic modeling and simulation," IEEE Transactions on Power Delivery, vol. 14, no.2, pp. 574–587, 1999.

27. P. Caremia, G. Carpinelli, F. Rossi, P. Verde, "Probabilistic iterative harmonic analysis of power systems," IEE Proceedings, Generation, Transmission and Distribution, vol. 141, no. 4, pp. 329–338, July 1994.

28. IEEE 519. IEEE Recommended Practice and Requirements for Harmonic Control in Electrical Systems, 1992.

29. ANSI C50.13. Requirements for Cylindrical Rotor 50 Hz and 60 Hz Synchronous Generators Rated 10 MVA and Above, 2005.

30. T.J. E. Miller. Reactive Power Control in Electrical Power Systems, John Wiley, New York, 1982.

31. J.G. Mayordomo, M.Izzeddine, and R. Asensi, "Load and voltage balancing in harmonic power flows by means of static var compensators," IEEE Transactions on Power Delivery, vol. 17, no. 3, pp. 761–769, July 2002.

第5章 无源滤波器

无源滤波器采用无源器件，例如电感、电容和电阻，这些器件不能增强信号。谐波滤波器的滤波频率限制在3000Hz左右，选频滤波器的滤波通带特性是很常见的。

5.1 滤波器种类

低通（LP）滤波器可以通过低频分量，抑制高频分量。
它们的损耗特性定义如下：

$$A(\omega) = 0, 0 \leq \omega < \omega_c \tag{5.1}$$
$$= \infty, \omega_c < \omega < \infty$$

通带频率为 $0 \sim \omega_c$，阻带频率为 ω_c 到 ∞。通带频率和阻带频率的边界 ω_c 称作截止频率。不过，通带到阻带不可能瞬时实现。实际上，通带损耗不等于零，阻带损耗也并非无穷。通带和阻带之间存在一个渐进的转换。那么，对于低通滤波器，损耗特性为

$$A(\omega) \leq A_p, 0 \leq \omega \leq \omega_p \tag{5.2}$$
$$\geq A_a, \omega_a \leq \omega \leq \infty$$

高通滤波器工作特性恰恰相反，它可以抑制低频，通过高频。对于一个理想滤波器

$$A(\omega) = \infty, 0 \leq \omega < \omega_c \tag{5.3}$$
$$= 0, \omega_c < \omega < \infty$$

对于实际滤波器，损耗特性为

$$A(\omega) > A_a, 0 \leq \omega \leq \omega_a \tag{5.4}$$
$$\leq A_p, \omega_p \leq \omega \leq \infty$$

带通滤波器允许一定频带范围内的频率通过，抑制低频和高频。理想情况下，有

$$A(\omega) = \infty, 0 \leq \omega < \omega_{c1} \tag{5.5}$$
$$= 0, \omega_{c1} < \omega < \omega_{c2}$$
$$= \infty, \omega_{c2} \leq \omega < \infty$$

对于实际滤波器，损耗特性为

$$A(\omega) \geq A_a, 0 \leq \omega \leq \omega_{a1} \tag{5.6}$$
$$\leq A_p, \omega_{p1} \leq \omega \leq \omega_{p2}$$
$$\geq A_a, \omega_{a2} \leq \omega \leq \infty$$

带阻滤波器的工作特性和带通滤波器相反。如果阻带较窄，那么就称作陷波滤波器。理想情况下，有

$$A(\omega) = 0, 0 \leq \omega < \omega_{c1} \tag{5.7}$$
$$= \infty, \omega_{c1} < \omega < \omega_{c2}$$
$$= 0, \omega_{c2} \leq \omega < \infty$$

对于一个实际滤波器，损耗特性为

$$A(\omega) \leqslant A_p, 0 \leqslant \omega \leqslant \omega_{p1}$$
$$\geqslant A_a, \omega_{a1} \leqslant \omega \leqslant \omega_{a2} \qquad (5.8)$$
$$\leqslant A_p, \omega_{p2} \leqslant \omega \leqslant \infty$$

损耗函数定义如下:

用电压传递函数表示滤波器:

$$\frac{V_o(s)}{V_i(s)} = H(s) = \frac{N(s)}{D(s)} \qquad (5.9)$$

式中，$V_i(s)$ 和 $V_o(s)$ 是输入和输出电压的拉普拉斯变换; $N(s)$ 和 $D(s)$ 是 s 的多项式。

损耗或衰减以分贝计算:

$$A(\omega) = 20\log\left|\frac{V_i(j\omega)}{V_o(j\omega)}\right| = 20\log\frac{1}{|H(j\omega)|} \qquad (5.10)$$

图 5.1 展示了这些滤波器的幅值特性。图 5.2a 展示了低通滤波器特性，而图 5.2b 展示了其衰减特性。

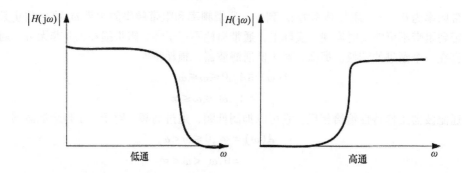

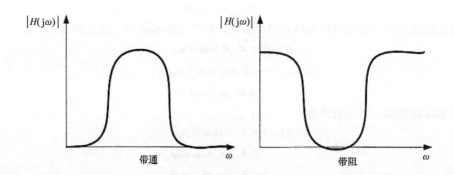

图 5.1 低通、高通、带通和带阻 (陷波) 滤波器

巴特沃斯滤波器的衰减特性如图 5.2c 所示，这取决于滤波器所滤波的阶数。当阶数增加时，滤波器的结构会更加复杂。巴特沃斯滤波器幅值函数的二次方为

$$|H(j\omega)|^2 = \frac{1}{1 + k^2(\omega/\omega_c)^2} \qquad (5.11)$$

式中，k 是决定通带 $0 \sim \omega_c$ 的一个常数。

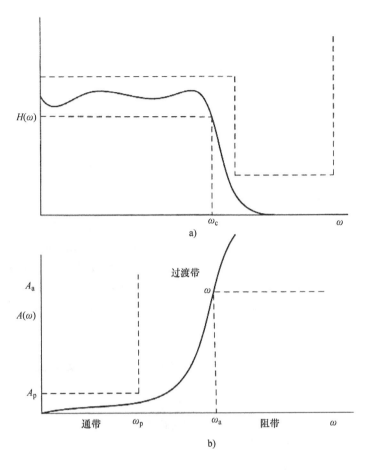

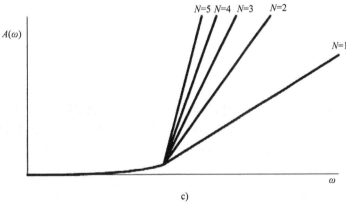

图 5.2 a）和 b）分别为低通滤波器的频率响应和衰减特性；
c）为巴特沃斯滤波器不同阶数的衰减特性

衰减系数为

$$A_{dB} = \lg\left[\, 1 + \left(\frac{f_{stop}}{f_c}\right)^{2N} \,\right] \tag{5.12}$$

式中，N 是定义滤波器阶数的正整数。

通常，低通滤波器的传输函数如下：

$$H(s) = \frac{1}{s^n + a_{n-1}s^{n-1} + \cdots + a_1 s + 1} \tag{5.13}$$

本章参考文献［1］介绍了正常模式下，感应电动机中用来降低噪声的巴特沃斯函数。

5.1.1 并联和串联滤波器

并联滤波器用于减轻谐波影响，能够为特定谐波提供低阻抗通道，使得这些谐波对系统影响达到最小，如下节所述。滤波器可以采用滤波元件谐振的方式，对特定谐波或一系列谐波带提供最小的阻抗。而串联滤波器通常和换流器串联使用（见5.7节带通滤波器的应用）。

5.1.2 谐波滤波器的位置

无源滤波器适宜配置在靠近谐波源附近，用以消除谐波电流，避免谐波流入公共耦合点（PCC）。有关文献介绍了减少源侧谐波辐射的有源滤波器、有源和无源混合滤波器及相位倍增。通过减少源侧谐波，能够减少系统损耗，缩小电气设备的尺寸，降低电压失真率，设计时滤波器的尺寸可以针对负载来用，根据负载调节的开关控制器。相反地，当滤波器配置在离产生谐波的负载很远时，谐波将通过系统阻抗流入滤波器，使得电气设备运行容量变小。但是，在每一个谐波源附近配置滤波器既不现实也不符合经济效益。

滤波器的安装位置主要考虑以下几点：

- PCC 处的谐波满足 IEEE 519 的要求，但整个电力系统都满足谐波失真率的要求是最理想的。
- 需要同时进行无功补偿的情况（见4.12节）。
- 发电厂正常与紧急运行情况下的谐波含量都应该考虑。
- 正常与紧急情况下的滤波都应该考虑。
- 多种运行情况下的谐波含量都应该正确估计。
- 需要考虑谐波之间的相互作用机理。
- 当出现不平衡情况时，需要进行三相建模。

5.2 单调谐滤波器

单调谐滤波器（ST）是很有效的滤波器，它调谐后一定频次的谐波可以忽略。通常被广泛用于减少谐波的影响。不过，单调谐滤波器的设计需要仔细考虑，由于滤波器的元件不能过载和过电压，所以应用受到一定限制。多种情况下，需要针对一些频次谐波采用一组单调谐滤波器进行调谐。

并联单调谐滤波器运行模式如图5.3所述（以任何一种形式并联的滤波器都可以定义为并联滤波器）。图5.3a展示了非线性负载的系统结构，图5.3b为其等效电路。电源通过阻抗 Z_c 注入谐波电流。这个系统阻抗可以通过简化电路得到——实际上是母线1的等效短路阻抗。I_s 电流流入3条并联路径：PCC处的电流如下：

$$I_h = I_f + I_s \tag{5.14}$$

式中，I_h 是注入系统的谐波电流；I_f 是通过滤波器的电流；I_s 是通过系统阻抗的电流。同样地，有

$$I_f Z_f = I_s Z_s \tag{5.15}$$

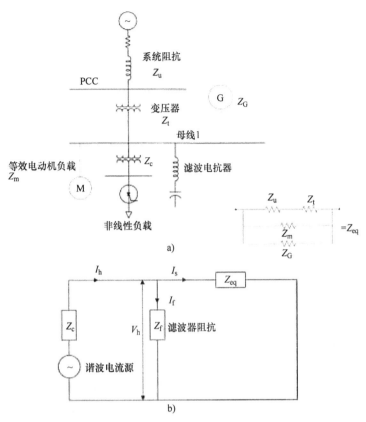

图 5.3 a) 一种单调谐滤波器的连接方法，配电系统中有一个谐波源；b) 从谐波源看进去的等效电路

也就是说，滤波器阻抗（Z_f）的谐波电压等于等效系统阻抗（Z_s）上的电压。

$$I_f = \left[\frac{Z_s}{Z_f + Z_s} \right] I_h = \rho_f I_h \tag{5.16}$$

$$I_s = \left[\frac{Z_f}{Z_f + Z_s} \right] I_h = \rho_s I_h \tag{5.17}$$

式中，ρ_f、ρ_s 是决定滤波器谐波电流和系统阻抗的复数。这些公式可以用导纳形式表示。

设计恰当的滤波器，ρ_f 接近于 1，约为 0.995，系统 ρ_s 大概为 0.05。ρ_f、ρ_s 的阻抗角分别为 $-81°$、$-2.6°$。

谐波电压越低越好。由图 5.3b 所示的等效电路可以看出，系统阻抗在谐波电流分配中具有显著的作用。对于无穷大的系统阻抗，短路功率很小，滤波效果很好，因此没有谐波电流流经系统阻抗。相反，对于零谐波阻抗系统，短路功率很高，所有谐波电流都将流入系统而非滤波器。在没有过滤的情况下，所有的谐波电流均会流入到系统中。系统阻抗越低，则短路电流越大，电压失真率越低，只要滤波器阻抗降低，就能吸收大多数的谐波电流。IEEE 对谐波总需求失真的限值是基于有源滤波器这个概念设定的[2]。电源的短路容量越高，谐波总需求失真越大。

单调谐滤波器中的感抗和容抗在谐振频率下相当，阻抗表示如下：

$$Z = R + j\omega_n L + \frac{1}{j\omega_n C} \tag{5.18}$$

在谐振频率 ω_n 处满足 $Z = R$。

下列参数可以定义为：

ω_n 是调谐角角频率，单位为 rad，定义如下：

$$\omega_n = \frac{1}{\sqrt{LC}} \tag{5.19}$$

X_0 是电感或者电容在调谐角频率下的电抗值。此处，$n = f_n/f$，式中，f_n 是滤波器调谐频率，f 是系统频率。

$$X_0 = \omega_n L = \frac{1}{\omega_n C} = \sqrt{\frac{L}{C}}, \omega_n = \sqrt{\frac{1}{LC}} \tag{5.20}$$

调谐电抗器的品质因数为

$$Q = \frac{X_0}{R} = \frac{\sqrt{L/C}}{R} \tag{5.21}$$

它决定了调谐的灵敏度。受频率所限的通带满足

$$|Z_f| = \sqrt{2}R \tag{5.22}$$

$$\delta = \frac{\omega - \omega_n}{\omega_n} \tag{5.23}$$

$$\omega = \omega_n(1 + \delta)$$

在这些频率下，总电抗等于电阻值，电容在一侧，电感在另一侧。如果用调谐频率定义单位偏差，那么对小频率偏差阻抗近似为

$$|Z_f| = R\sqrt{1 + 4\delta^2 Q^2} = X_0\sqrt{Q^{-2} + 4\delta^2} \tag{5.24}$$

为了最小化谐波电压，应减小 Z_f 或增大滤波器导纳（与系统导纳相比较）。

阻抗曲线如图 5.4[3] 所示。调谐的灵敏度取决于 R 和 X_0，滤波器谐振频率阻抗可以通过 R 和 X_0 减小。渐进线为

$$|X_f| = \pm 2X_0|\delta| \tag{5.25}$$

通带的边缘为 $\delta = \pm 1/2Q$，宽度为 $1/Q$。在图 5.4 中，曲线 A 的 $R = 5\Omega$，$X_0 = 500\Omega$，$Q = $

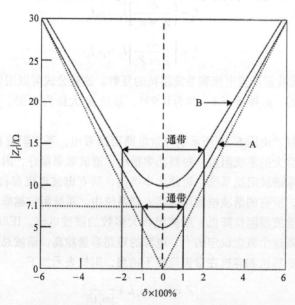

图 5.4 单调谐并联滤波器的响应特性（展示了通带和渐进线）

100，通带和渐近线如图 5.4 所示。曲线 B 的 $R = 10\Omega$，$X_0 = 500\Omega$，$Q = 50$。两条曲线的渐近线相同。因此，电阻会影响调谐的灵敏度。

导纳的表达式如下式所示：

$$Y_f = G_f + jB_f$$
$$= \frac{Q}{X_0(1 + 4\delta^2 Q^2)} - \frac{2\delta Q^2}{X(1 + 4\delta^2 Q^2)} \qquad (5.26)$$

滤波器母线的谐波电压为

$$V_h = \frac{I_h}{Y_h} \qquad (5.27)$$

为使电压畸变最小化，应该增大滤波器的总导纳。阻抗代表谐波阻抗，通常在 (R, jX) 区间上定义，由两条直线和通过区域的圆形决定（见图 2.27~图 2.29）。

5.2.1 调谐频率

单调谐滤波器并不会完全在谐波频率处调谐：

- 系统频率的变化会导致谐波频率发生变化。滤波电抗器和电容器的偏差值会因老化和温度影响而发生变化。

- 商业电容器单元的偏差为 $\pm 20\%$，电抗器为 $\pm 5\%$。对于滤波器设备，区分出电容器和电感器的偏差值是很重要的。当一系列电容器串联或并联时，需要仔细测量出容抗的值，从而避免出现某项严重不平衡的情况。相间任何不平衡的情况都会导致过电压；另外，当星形联结电容器组不接地时，中性点不等于地电势。在实际运行中，电抗器偏差值在 $\pm 2.0\%$，电容器在 $+5\%$（没有负偏差）都是可以接受的。对于高压直流（HVDC）设备，需要更精密。

- 特定谐波的调谐，可能会吸收邻近设备的谐波，使得滤波器过载。

当 L 或 C 变化 2% 时引起的失谐与系统频率变化 1%[3] 时相同：

$$\delta = \frac{\Delta_f}{f_n} + \frac{1}{2}\left(\frac{\Delta L}{L_n} + \frac{\Delta C}{C_n}\right) \qquad (5.28)$$

滤波器阻抗同样可以写为

$$Z = R\left(1 + jQ\delta\frac{2 + \delta}{1 + \delta}\right) \qquad (5.29)$$

5.2.2 最小滤波器

设计的目的在于控制谐波失真，而非满足无功功率需求的滤波器，这就称为最小滤波器。通常，滤波器需能满足功率因数（PF）调整时的无功功率需求。常常包含以下情况：

- 最小滤波器需要比仅满足无功功率需求时的尺寸要大。

- 相反地，满足特定无功功率要求时，最小滤波器的尺寸会增大。

- 每种情况都需要进行考虑。

图 5.5 展示了 $R - X$、$Z - \omega$ 和单调谐滤波器在隔离和并联时的相角图。

5.2.3 转移谐振频率

- 采用单调谐滤波器后，并没有谐振。它通常会转移到一个比选定调谐频率低的频率上，给定如下：

$$f_{11} = \frac{1}{2\pi}\sqrt{\frac{1}{(L_s + L)C}} \qquad (5.30)$$

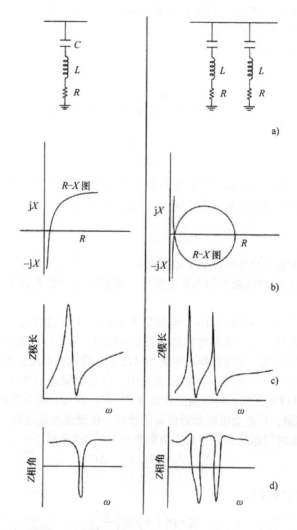

图 5.5 a）连接方法；b）$R-X$ 图；c）$Z-\omega$ 图；d）单调谐滤波器的相角图

式中，L_s 是系统电抗。

- 谐振峰值 Q 给定如下：

$$Q = \frac{\sqrt{(L_s + L)/C}}{(R_s + R)} \tag{5.31}$$

式中，R_s 是系统电阻。

- 并联单调谐滤波器会导致转移谐振频率低于它原来的调谐频率。如果转移谐振频率与系统中的特性、非特性或 3 倍谐波频率之一相等，则对应这些频率的电流值将会增大。变压器浪涌电流富含偶次和 3 次谐波。尽管变压器投入或切除的过程贯穿整个开关过程，注入系统和滤波器的谐波电流将会增加，但这可能导致谐波电压很大。

- 如果系统被急剧调谐到变压器浪涌电流（2 次、3 次、4 次和偶次谐波）激励的谐波，有可能会出现过电压。电容器可能会提前退出运行。这对 ST 滤波器的设计造成了限制。当设计针对电弧设备的滤波器时，电弧变压器可能频繁投入或切除，这些频率必须考虑。

当电容器和变压器一起投切时，将导致谐振和开关暂态的出现。

根据滤波器实际运行情况，建议转移谐振频率应至少和邻近偶次或奇次谐波差 30 个周期。但这样会增大部分变压器的开关浪涌电流。

5.2.4　滤波元件的偏差影响

电容器或电抗器的偏差会影响调谐。假设以下元件的偏差为

电容器：+5%；

电抗器：±2%。

5 阶和 7 阶滤波器的容抗增加 5%，感抗增加 2%。这个值对检验失谐效应和电流分布情况来说相当保守。5 阶和 7 阶滤波器的串联会使调谐频率变低。调谐频率对偏差的影响如下式所示[4]：

$$f_{\text{tuned}} = f_{\text{nominal}} \left(\frac{1}{\sqrt{(1+t_r)(1+t_c)}} \right) \tag{5.32}$$

式中，f_{tuned} 是实际调谐频率；f_{nominal} 是特定调谐频率；t_r 是电抗器偏差的标幺值；t_c 是电容器偏差的标幺值。

5.2.5　迭代设计要求

前文已对减弱谐波滤波器性能、转移谐波频率的位置以及微调滤波器的迭代设计进行了描述。设计时可以选择精度高的元件，但这样并不实际也不经济。随着金属薄膜式电容器老化，电容值会减少，调谐频率升高。非金属电极电容的容抗值比较稳定。谐波滤波器的调谐比所需预期性能更敏感，从而导致元件承受不必要的运行压力，并可能会因其他谐波源导致过载。

负载和谐波的增长、变压器储能和附近故障清除都会导致滤波器产生暂时的谐波电流浪涌。变压器故障和储能还会使变压器饱和，产生额外的谐波负载。如果谐波滤波器不自动退出，最好先对滤波器运行工况进行分析。因此有必要为选择合适开关设备以及保证不停电对开关暂态和开关状态进行分析。

5.2.6　并联滤波器中的一个运行中断

假设我们有针对 5 次、7 次、11 次谐波的三阶单调谐滤波器，并联单调谐滤波器中的一个运行中断，会产生以下影响：

- 剩余滤波器的电流可能会上升，电容器和电抗器可能会过载。
- 谐振频率会转移，并导致谐波电流变大。
- 谐波失真率增大。

剩余并联滤波器退出运行是很必要的，并针对滤波器保护和开关模式做出相关设计。且随着并联电容滤波器中的一个运行中断，余下的滤波设备应满足 IEEE 对 PCC 处的谐波发射要求。另外，应有足够的空余部件使得故障器件在短时间内恢复运行（见第 6 章的例 1）。

5.2.7　变化负载下的运行

当负载开关用于无功功率补偿时，多种电容器用于 5 次、7 次、11 次谐波的清除。这种情况通常发生在开始阶段；但是，当需要减少负载时，也会持续进行这样的工作，在每一个运行负载和开关阶段下，控制谐波失真率是非常重要的。谐波负载是否按照比例减小使得设计合适的无源滤波器增加了一个步骤，以满足 TDD 要求。

5.2.8 并联滤波器组之间无功功率的分配

当需要多个并联滤波器，且总无功功率需求已知时，需要对并联滤波器之间最优的无功功率分配方式进行研究。假如我们需要 5 次、7 次、11 次谐波滤波器，若直接用无功功率相等来确定它们的全部容量是一种太简单的分配方法，很少采用。滤波器应该根据谐波负载确定容量，一种方法是根据每一个滤波器承载的谐波电流百分比分配所需要的无功功率，每一个滤波器所承载的谐波电流百分比之前是未知的。另一种方法是根据谐波电流在滤波器间按比例分配，也就是说，

越低次数的谐波幅值越高，所以更多的无功功率分配给低次滤波器。再结合一些迭代方法来优化实际基波和谐波电流负载，以及预想的无功功率补偿所选择的初始容量。具体见第 6 章的延伸研究。

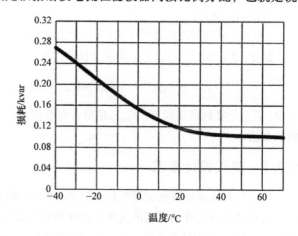

图 5.6　箔式电容器的平均损耗

5.2.9 电容器损耗

电力电容器中存在一些小的有功损耗。图 5.6 展示了电容器的平均损耗随温度变化的情况。如图所示在运行温度为 40℃ 的工况下，损耗大概为 0.10W/kvar，在 -40℃ 时，上升到 0.28W/kvar。这种情况下，滤波器设计应考虑用一个等效串联电阻代表。

5.3　谐波滤波器失谐和不平衡

内置或外置熔断器的运行或无熔断器电容器组短路改变了滤波器的容抗，并使其受到较高的过电压。如第 1 章所述，采用不平衡检测系统时，考虑因素如下：

- 谐振频率会发生变化。熔断器在并联电容器组下运行，会降低容抗并增加谐振频率值。外置式电容器组短路可能会导致容抗增加，谐振频率降低。确定最大和最小可承受的容抗变化是需要的。而失谐情况可能比在剩余电容器上出现过电压的情况更加严重。
- 可以采用模糊识别。例如当一个可忽略的电流流入对称双星形不接地联结电容器组的中性点时，如果故障熔断器的数量相等，或星形组的同相元件短路时，将不会发生任何改变。当出现这样的情况时，熔断器故障或无熔断器电容器组的元件故障情况都应该进行考虑。
- 电容器组外部的电弧故障会导致容抗发生急剧变化和失谐。不平衡保护可能不根据滤波器的结构动作。相电流继电保护装置根据 IEEE 标准 C37.99[5] 进行设计。另外，谐波电流不能影响开关和预警继电器。时间继电器设计包括了滤波器和根据基波电流和电压进行响应的算法。
- 为了模拟电容器单相熔断器发生故障对失谐的影响，应进行三相谐波负载潮流建模和分析。

5.4　单调谐滤波器之间的关系

如果基频处的电容器无功功率输出为 V^2/X_c，当增加滤波电抗器时，定义如下：

$$S_f = \frac{V^2}{X_L - X_c}$$

$$= \frac{V^2}{X_c/n^2 - X_c} \tag{5.33}$$

$$= \frac{n^2}{n^2 - 1} \times （没有电抗器时的无功功率）$$

有滤波电抗器时，无功功率比没有滤波电抗器时约高 4%。这是因为，当电抗器的压降施加到电容器上时，电容器的运行电压为

$$V_c = V + V_L = \frac{Vj\omega L}{\left(j\omega L - \frac{1}{j\omega C} \right)} = \frac{n^2}{n^2 - 1} V \tag{5.34}$$

- 5 次谐波滤波器的电容器调谐到 $4.85f$ 运行时，比系统电压高约 4%。

稳态基频电压为

$$V_r = V\left(\frac{n^2}{n^2 - 1} \right) + \sum_{h=2}^{\infty} I_h X_{ch} \tag{5.35}$$

式中，V_r 是额定电压；I_h 是谐波电流；V 是电容器两端的最大系统电压，不包括电抗器上的电压升高；X_{ch} 是存在谐波的容抗。

电容器的基准负载由下式给出：

$$\frac{V_c^2}{X_c} = \frac{V^2}{X_c}\left[\frac{n^2}{n^2 - 1} \right]^2 = s_f\left[\frac{n^2}{n^2 - 1} \right] \tag{5.36}$$

谐波负载为

$$\frac{I_h^2 X_c}{h} = \frac{I_h^2 V^2}{s_f} \frac{n^2}{n^2 - 1} \tag{5.37}$$

当谐波电压和电流潮流可从仿真结果中得到时，谐波负载可如下表示：

$$\sum_{h=2}^{\infty} V_h I_h \tag{5.38}$$

滤波电抗器的基频负载为

$$\frac{V_L^2}{X_L} = \left[\frac{V_c}{n^2} \right]^2 \left[\frac{n^2}{X_c} \right] = \frac{V_c^2}{n^2 X_c} = \frac{S_f}{n^2}\left[\frac{n^2}{n^2 - 1} \right] \tag{5.39}$$

电抗器的谐波负载和电容器相同。

例 5.1：假设在 13.8kV 下，应用单调谐滤波器组成一个 5Mvar 电容器组。单调谐滤波器星形不接地，谐波负载为 $I_1 = 209A$，$I_5 = 150A$，$I_7 = 60A$，$I_{11} = 20A$，$I_{13} = 9A$，$I_{17} = 4A$，忽略高次谐波。当调谐到 4.7 次谐波时，计算串联电抗器和电容器节点处的电压。

工频处的容抗为

$$X_{ch} = \left(\frac{n^2}{n^2 - 1} \right)\left(\frac{(kV)^2}{Q_{eff}(Mvar)} \right) \tag{5.40}$$

式中，Q_{eff} 是滤波器的有效无功功率。

$$X_{ch} = \left(\frac{4.7^2}{4.7^2 - 1} \right)\left(\frac{13.8^2}{5} \right) = 39.89\Omega$$

稳态运行下由式（5.35），电容器电压为

$$209 \times 39.89 + 150 \times \frac{39.89}{5} + 60 \times \frac{39.89}{7} + 20 \times \frac{39.89}{11} + 9 \times \frac{39.89}{13} + 4 \times \frac{39.89}{17} = 9.99kV$$

例 1.3 展示了开关暂态次数和计算最大暂态过电压、相不平衡等情况下的额定电压选定标

准。电压计算标准还需要考虑稳态下的电容器。选择合适的额定电压很重要——电容器组的安全、保护和完整性都取决于它。选择的电容器额定电压不合适，会导致很多故障发生。

5.5　因数 *Q* 的选择

式（5.21）定义了基于调谐频率时感抗或容抗滤波器的 *Q* 值。除了滤波器性能的影响，因数 *Q* 决定了基频损耗，这是首要考虑因素，尤其是中压电抗器需要配置在金属或玻璃纤维外壳中时，空间非常重要。假设二次谐波滤波器需要 5.1687Ω 的滤波电抗器，*X/R* 为 50（*Q*）时，电抗器电阻为 0.1032Ω。如果基频电流有效值为 1280A，则损耗大概为 507kW/h（ = 4441MW/年）。多数滤波电抗器安装在封闭的环境里，需要在设计通风设施时仔细考虑热负荷。

基频损耗和热分配是主要考虑因素，但这不代表可以忽略对滤波器性能的影响。*Q* 值越大，在调谐频率处的谷值越明显。对于工业系统，*R* 值可以限制内部电抗的电阻值，也就是说，电抗器有一个确定的因数 *Q*——*Q* 越大，电抗器的造价越高。然而，*Q* 值在实际应用中也有一些限制。

调谐电抗器在 60Hz 时，*X/R* 为 3.07$K^{0.377}$，其中 *K* 为三相容量（kVA）$= 3I^2X$（*I* 为额定电流，单位为 A，*X* 为电抗，单位为 Ω）。1500kVA 电抗器的 *X/R* 等于 50，一个 10MVA 电抗器为 100。*X/R* 值高的电抗器可以基于价格进行购买。因此，电抗器 *X/R* 的选择基于

- 投资金额；
- 有源损耗；
- 滤波器的效率。

对于工商业电力系统，滤波电抗器 *Q* 的要求并不严格。而对于高压输电系统则不然。输电系统需要对滤波器导纳和网络阻抗角进行优化。根据本章参考文献 [3]，*Q* 的理想值为

$$Q = \frac{1 + \cos\phi_m}{2\delta_m + \sin\phi_m} \tag{5.41}$$

式中，ϕ_m 是网络阻抗角。考虑到频率偏差为 ±1%，每摄氏度的温度系数为 0.02%，电容器和电抗器的温度偏差为 ±30℃，由式（5.28）可得，$\delta = 0.006$。对于阻抗角为 $\phi_m = 80°$ 的情况，根据式（5.41）可得，*Q* 为 99.31。元件的精度和频率偏差越大，*Q* 值越低。

5.6　双调谐滤波器

两个单调谐滤波器可以构成一个双调谐滤波器，如图 5.7 所示。由双调谐滤波器的 *R* - *X* 图和 *Z* - *ω* 图可以看出两个单调谐滤波器是并联的，如图 5.5 所示。两个单调谐滤波器的优点在于用一个电感代替两个电感受到全脉冲电压，工频下损耗更少。在图 5.7 中，电抗器 L_2 的 BIL（基本绝缘水平）减少，而 L_1 出现了全脉冲电压。

以上情况在高压应用中是一个优势，式（5.42）~ 式（5.47）[6] 将两个不同频率的单调谐滤波器转换为一个独立的双调谐滤波器。

$$C_1 = C_a + C_b \tag{5.42}$$

$$L_2 = \frac{(L_a C_a - L_b C_b)^2}{(C_a + C_b)^2 (L_a + L_b)} \tag{5.43}$$

$$R_2 = R_a\left[\frac{a^2(1-x^2)}{(1+a)^2(1+x^2)}\right] - R_b\left[\frac{1-x^2}{(1+a)^2(1+x^2)}\right] + R_1\left[\frac{a(1-a)(1-x^2)}{(1+a)^2(1+x^2)}\right] \tag{5.44}$$

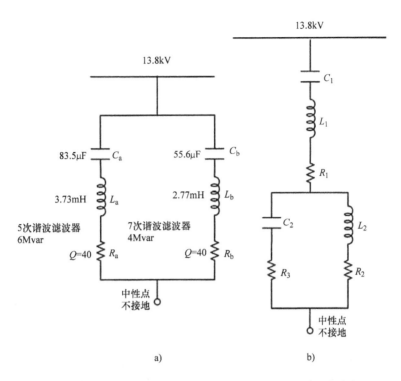

图 5.7　a）两个滤波器并联：6Mvar 的单调谐滤波器（5 次谐波），
4Mvar 的单调谐滤波器（7 次谐波）；b）一个双调谐滤波器的等效电路

$$C_2 = \frac{C_a C_b (C_a + C_b)(L_a + L_b)^2}{(L_a C_a - L_b C_b)^2} \tag{5.45}$$

$$R_3 = -R_a \left[\frac{a^2 x^4 (1-x^2)}{(1+ax^2)^2 (1+x^2)} \right] + R_b \left[\frac{(1-x^2)}{(1+ax^2)^2 (1+x^2)} \right] + R_1 \left[\frac{(1-x^2)(1-ax^2)}{(1-x^2)(1-ax^2)} \right] \tag{5.46}$$

$$L_1 = \frac{L_a L_b}{L_a + L_b} \tag{5.47}$$

式中

$$a = \frac{C_a}{C_b}, \quad x = \sqrt{\frac{L_b C_b}{L_a C_a}} \tag{5.48}$$

　　通常，忽略 R_1，修改 R_2 和 R_3，从而使得谐振附近的阻抗值相等。注意，电感 L_1 有一定电阻，在上式中已考虑。

　　这些类型的滤波器应用于各电压等级的电力系统中：输电、配电、工商业系统。例如，高压直流输电系统输电换流器采用了多个滤波环节，用于对离散频率进行调频，并和提供无功功率、抑制谐波的交流侧换流器并联连接。在配电系统中，滤波器用于电容器组失谐时将其控制到正常的谐振频率。为了消除高次谐波，可能会采用二阶高通滤波器。

　　图 5.7 给出了并联 5 次和 7 次谐波滤波器的参数。读者可以利用先前给出的表达式，将这些参数转换为一个双调谐滤波器。

5.7 带通滤波器

带通滤波器是用于消除谐波的新型滤波器。根据图5.8a，一个简单的 LC 电路可以充当一个带通滤波器，但需要大的元件。LC 电路不受谐振问题影响，但空载输出电压很高，功率因数超前于所有负载[7]。

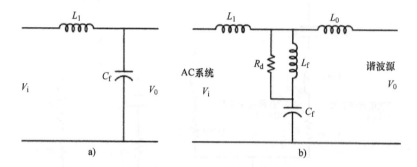

图5.8 a）充当带通滤波器的 LC 电路；b）改进后用于消除谐波的带通滤波器

改进型 $LLCL$ 滤波器如图5.8b所示，由图可知滤波电容 C_f 为三角形联结，阻尼电阻与 C_f 相连。滤波器输出电压 V_0 与整流器相连，L_0 比较小，为标准值的3%~5%。对于整流器的谐波，滤波器的输入电抗器 L_1 为宽频范围内的并联滤波器阻抗提供了大阻抗。因此，抑制了谐波潮流进入交流线路，并减少整流器线路的谐波电压影响。滤波器的并联谐振频率由下式给出：

$$f_p = \frac{1}{2\pi \sqrt{(L_1 + L_f) C_f}} \tag{5.49}$$

并联谐振频率在基频和整流电路的第一个主要谐波频率和5次谐波之间选择。负载变化时，电压维持在一个很窄的范围内。C_f、L_f 为整流器的主要谐波提供了一条低阻抗的通路，如单调谐滤波器。

在设计过程中，L_0（见图5.8b）取电抗的4%：

$$L_0 = 0.04 \frac{V^2}{\omega P} \tag{5.50}$$

式中，P 是额定功率；V 是线对线电压。

根据总谐波失真、功率因数和电压脉动及空载到满载的情况，选择滤波器的元件，这是一个复杂的数学问题。本章参考文献 [8] 使用适应度函数，采用 GA（遗传算法，见5.14节）对这些参数进行优化：

$$适应度 = THD + \Delta V_0 + \left(\frac{1}{PF}\right) \tag{5.51}$$

一个5.5kW可调速驱动器（ASD）的参数为

$$L_1(mH) = 10.1$$
$$L_f(mH) = 8.1$$
$$C_f(\mu F) = 21$$

对于5.5kW的可调速驱动器，谐波总需求失真限制在6%~6.5%，PF = 0.98 - 0.99，ΔV_0 = 3.0%~3.2%。额定参数需要进行计算得到。当出现许多不同非线性源时，滤波器有很多限制。

5.8　阻尼滤波器

图 5.9 给出了 4 种阻尼滤波器。由于一阶滤波器基频处损耗过大，需要加一个大的电容，因此并不常用。二阶高通滤波器通常用于高频的复合滤波器。

如果滤波器用于全波段谐波，则电容器的容量更大，并且需要考虑电阻基频处的损耗。由于三阶滤波器中 C_2 的存在，基频处的损耗减少、滤波器阻抗增加，C_2 与 C_1 相比更小。C 类滤波器的性能在二阶和三阶滤波器之间。C_2 和 L_2 在基频处串联调谐，减少了基频损耗。

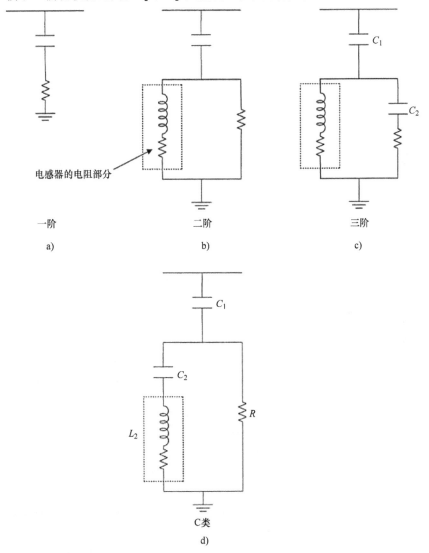

图 5.9　阻尼滤波器：a）一阶滤波器；b）二阶滤波器；c）三阶滤波器；d）C 类滤波器

带通滤波器会导致转移谐振频率的产生，而阻尼滤波器则不会。阻尼滤波器的优点使其能够避免在转移谐振频率处出现可能的谐振。与并联多个单调谐滤波器不同，阻尼滤波器没有并联支路，元件的容量相对比较大，且可能无法在每一个系统设计中展示出它的优点。由于阻尼滤波器的性能和负载大小对精度不是很敏感，其性能可以用以下两个参数（见本章参考文献［6］）进行描述。

$$m = \frac{L}{R^2 C} \tag{5.52}$$

$$f_0 = \frac{1}{2\pi CR} \tag{5.53}$$

阻抗可用下式描述：

$$Y_f = G_f + jB_f \tag{5.54}$$

式中

$$G_f = \frac{m^2 x^4}{R_1 \left[(1 - mx^2)^2 + m^2 x^2 \right]} \tag{5.55}$$

$$B_f = \frac{x}{R_1} \left[\frac{1 - mx^2 + m^2 x^2}{(1 - mx^2)^2 + m^2 x^2} \right] \tag{5.56}$$

式中

$$x = \frac{f}{f_0} \tag{5.57}$$

当滤波器和交流系统并联，交流系统的导纳为 $Y_a < \pm \phi_a$（最大），那么当总的导纳最小，且随 ϕ_a 和 Y 变化时，有

$$Y = B_f \cos\phi_a + G_f \sin\phi_a \tag{5.58}$$

假定式中各部分均取正数，x 比以下的给定值小：

$$|\cos\phi_f| = \left| \frac{G_f}{B_f} \right| = |\tan\phi_a| \tag{5.59}$$

对于给定的 C，选定 f_0，m 来保证在所需频率的变化范围内，导纳比较大（阻抗小）。M 通常取 $0.5 \sim 2$。

5.8.1 二阶高通滤波器

二阶高通滤波器的 $R - X$、$Z - \omega$ 图如图 5.10 所示。由图可知在转角频率内，滤波器阻抗较小。因此，在这个频率范围内，滤波器会滤掉大部分谐波。高通滤波器的调谐敏锐度和单调谐滤波器类似：

$$Q = \frac{R}{(L/C)^{1/2}} = \frac{R}{X_{LN}} = \frac{R}{X_{CN}} \tag{5.60}$$

在调谐频率处 $X_{LN} = X_{CN}$。滤波器的阻抗按下式给定：

$$Z = \frac{1}{j\omega C} + \left(\frac{1}{R} + \frac{1}{j\omega L} \right)^{-1} \tag{5.61}$$

电阻越大，调谐灵敏度越高。Q 值从 $0.5 \sim 2$ 不等，二阶高通滤波器和带通滤波器不同，不存在最优的 Q。

对于单调谐滤波器来说，与基频处电容器的无功功率相同。h 次谐波的负载为

$$I_h^2 \frac{X_c}{h} = \frac{1}{S_f} \frac{I_h^2}{h} V^2 \left(\frac{n^2}{n^2 - 1} \right) \tag{5.62}$$

因此，总的谐波负载为

$$V^2 \frac{n^2}{S_f (n^2 - 1)} \sum_{h = \min}^{h = \max} \frac{I_h^2}{h} \tag{5.63}$$

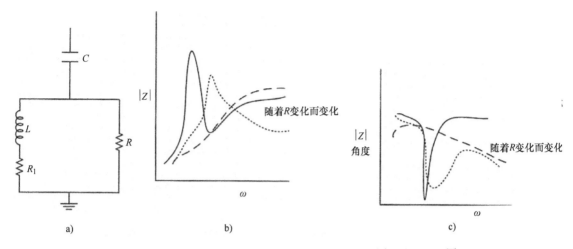

图 5.10 二阶高通滤波器：a）电路图；b）$R-X$ 图；c）$Z-\omega$ 图

基频处电抗器的负载可以通过流经并联电抗器的电流为零计算得到，即通过电感器的电流和通过电容器的电流相等。那么，基频处的负载为

$$I_L^2 X_L = I_h^2 \frac{X_c}{n^2} = \frac{S_f}{n^2}\left(\frac{n^2}{2}-1\right) \tag{5.64}$$

在 h 次谐波处，谐波电流 I_h 分为电阻部分和电感部分。电流的感性部分为

$$I_{hL} = I_h \frac{R}{R+j\omega L} = I_h \frac{Q}{\left[Q^2+(h/n)^2\right]^{1/2}} \tag{5.65}$$

因此，总的谐波负载情况为

$$Q^2 \frac{V^2}{S_f}\left(\frac{n^2}{n^2-1}\right)\sum_{h=\min}^{h=\max}\left(h\frac{I_h^2}{Q^2 n^2+h^2}\right) \tag{5.66}$$

电阻的损耗计算如下：

$$R = Qh X_L \tag{5.67}$$

$$|I_R| = \frac{|I_L|X_L}{R} = \frac{I_L}{Qn} \tag{5.68}$$

因此，功率损耗为

$$I_R^2 R = \frac{1}{Qn}I_L^2 X_L \tag{5.69}$$

$$= \frac{1}{Qn}(无功负载) \tag{5.70}$$

$$= \frac{S_f}{Qn^3}\left(\frac{n^2}{n^2-1}\right) \tag{5.71}$$

由上可得，为了消除低次谐波，需要许多二阶高通滤波器。实际上，常用一个或多个单调谐滤波器来消除低次谐波，二阶高通滤波器常用于滤除高次谐波和降低陷波。有时，并联单调谐滤波器和二阶高通滤波器同时对低次谐波进行调谐（见图 5.11）。在图中，R_1 代表和滤波电抗器相关的电阻。图 5.12 显示了电阻 R 变化对二阶高通滤波器单独工作时的 $Z-\omega$ 图的影响。二阶高通滤波器针对高次谐波进行了有效的设计，而单调谐滤波器滤除低次谐波时，二阶高通滤波器可以用于滤除高次谐波。由于阻尼滤波器不产生转移谐振频率，当出现一系列间谐波时，可用阻尼滤波器就。第 6 章中的案例 3 展示了这类用于滤除宽频带滤波器的设计和应用。

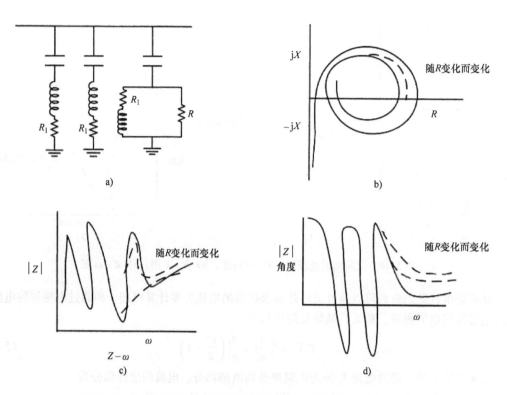

图 5.11 a) 两个配有二阶高通滤波器的并联单调谐滤波器电路图；
b) $R-X$ 图；c) $Z-\omega$ 图；d) 角度图

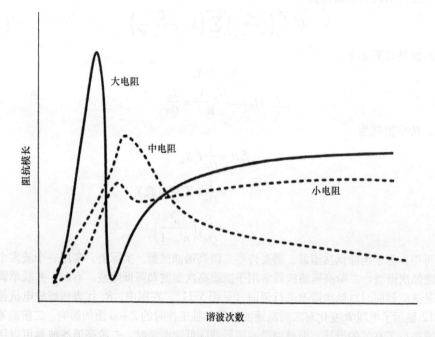

图 5.12 二阶高通滤波器的 R 大小对阻抗特性的影响

5.9 C 类滤波器

C 类滤波器首次在法国 – 英国高压直流输电互连项目[9-11]中引入，在魁北克 – 新英格兰高压直流输电项目中也有使用。它可以有效地代替传统的单调谐滤波器，并在电弧炉和钢包炉中应用[12,13]。图5.13a 展示了 C 类滤波器的等效电路。忽略电抗器的电阻，C 类滤波器阻抗由下式给定：

$$Z(\omega) = \left[\frac{1}{R} + \frac{1}{j\omega L + 1/(j\omega C)} \right]^{-1} + \frac{1}{j\omega C_1} \tag{5.72}$$

$$= \frac{R(\omega^2 LC - 1)^2 + jR^2\omega C(\omega^2 LC - 1)}{(R\omega C)^2 + (\omega^2 LC - 1)^2} - j\frac{1}{\omega C_1}$$

阻抗随着频率不同而不同。为了避免阻尼电阻器 R 在基频 f 处产生的功率损耗，L 和 C 调谐至基频：

$$\omega_f^2 LC = 1 \tag{5.73}$$

因此，基频处的滤波器阻抗取决于 C_1：

$$Z(\omega_f) = \frac{-j}{\omega_f C_1} = -j\frac{V_s}{Q_f} \tag{5.74}$$

式中，Q_f 是基频处无功功率；V_s 是系统基准电压。由此可以直接计算得到 C_1。

当系统频率上升时，L 和 $C + C_1$ 产生谐振，此时 C 类滤波器和配备阻尼电阻器的单调谐滤波器工作情况相同。

对于 C 类滤波器，谐波次数不同，阻抗值也不同：

$$\frac{R[jX(h-1/h)]}{R + [jX(h-1/h)]} - j\frac{X_1}{h} \tag{5.75}$$

在调谐频率处，滤波器总的电抗为零：

$$\frac{R^2\omega_0 C(\omega_0^2 LC - 1)}{(R\omega_0 C)^2 + (\omega_0^2 LC - 1)^2} - \frac{1}{\omega_0 C_1} = 0 \tag{5.76}$$

式中，ω_0 是调谐频率的角速度。

滤波器的总阻抗为

$$r = \frac{R(\omega_0^2 LC - 1)^2}{(R\omega_0 C)^2 + (\omega_0^2 LC - 1)^2} \tag{5.77}$$

滤波器在调谐频率处如等效电阻一般工作。

从式（5.77）可得

$$\frac{\omega_0 RC}{\omega_0^2 LC - 1} = \frac{1}{r\omega_0 C_1} \tag{5.78}$$

并且

$$r = \frac{R}{\dfrac{1}{(r\omega_0 C_1)^2} + 1} \tag{5.79}$$

那么，在调谐频率处，有

$$r^2 - Rr + \frac{1}{(\omega_0 C_1)^2} = 0 \tag{5.80}$$

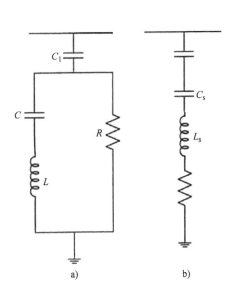

图 5.13　a）C 类滤波器；
b）单调谐滤波器的等效电路

如果 h_0 为调谐谐波，那么

$$h_0 = \omega_0 \sqrt{LC} \tag{5.81}$$

我们引入

$$R_0 = \frac{2}{\omega_0 C_1} \tag{5.82}$$

其中，R 必须大于 R_0，也就是说 $R = mR_0$，$m \geq 1$，那么由式（5.80）可得

$$r^2 - mR_0 r + \frac{R_0^2}{4} = 0 \tag{5.83}$$

一个正根为

$$r = \frac{m - \sqrt{m^2 - 1}}{2} R_0 \tag{5.84}$$

根据 r 的值，L 和 C 的值如下：

$$C = \frac{h_0^2 - 1}{m^2 - m\sqrt{m^2 - 1}} \frac{Q_f}{2V_s^2 \omega_f}$$

$$L = \frac{m^2 - m\sqrt{m^2 - 1}}{h_0^2 - 1} \frac{2V_s^2}{\omega_f Q_f} \tag{5.85}$$

L 和 C 可以通过假定 $m > 1$ 得到，但这些并非最终值或理想值。

因为 L 和 C 在基频处调谐，基频电流 I_f 完全由 L 和 C 得到：

$$I_f = \frac{V_s}{\sqrt{3}} \omega_f C_1 \tag{5.86}$$

通过 L 和 C 的无功功率必须相等，这意味着 L 越大，C 越小，反之亦然。如果电容值减少到最小，整个滤波器的成本也会降低。

函数表达为

$$g(m) = m^2 - m\sqrt{m^2 - 1} \tag{5.87}$$

它的导数通常为负，是一个减函数。它的最大值为

$$\text{当} \quad m \to \infty \text{ 时 } g(m) = m^2 - m\sqrt{m^2 - 1} \to 0.5 \tag{5.88}$$

L 和 C 的值为

$$C = \frac{(h_0^2 - 1)Q_f}{\omega_f V_s^2}$$

$$L = \frac{V_s^2}{(h_0^2 - 1)\omega_f Q_f} \tag{5.89}$$

这是基于 m 是无限大求得的。这意味着 C 类滤波器没有并联电阻 R。那么，滤波器又转化为单调谐滤波器，等效电路如图 5.13b 所示。

L_s 和 C 类滤波器中的 L 相同：

$$L_s = \frac{V_s^2}{(h_0^2 - 1)\omega_f Q_f} \tag{5.90}$$

$$\frac{1}{C_s} = \frac{1}{C} + \frac{1}{C_1} = \frac{h_0^2 - 1}{h_0^2 \omega_f} \frac{Q_f}{V_s^2} \tag{5.91}$$

这有助于计算 C 类滤波器的参数。

最后，已知 R 值之后，滤波器的品质因数 Q_{filter} 也可以求得，如下式所示：

$$Q_{\text{filter}} = \frac{R\omega_0 C}{\omega_0^2 LC - 1} = Rh_0 \frac{Q_f}{V_s^2}$$

$$R = \frac{Q_{\text{filter}} V_s^2}{h_0 Q_f} \qquad (5.92)$$

实际上，对于很多高压直流输电工程，Q 值从 1 到 2 不等。第 6 章中的案例 2 展示了用于电弧炉的 C 类滤波器。表 5.1 给出了应用于高压直流输电工程中的 C 类滤波器参数。随着频率变化的特性图如图 5.14 所示。

表 5.1　高压直流输电工程项目中的 C 类滤波器参数

参数 工程项目	f/Hz	h_0	电压/kV	Q	Q_{filter}	R/Ω	L/mH	C/μF	C_1/μF
法 – 英互连	50	3	400	130	1.64	666	424	23.89	2.586
美国山间电力工程	60	3	345	58	2	1300	658	10.7	1.3
魁北克 – 新英格兰雷迪森	60	3	315	49	2	1349	671	10.48	1.31
Nicolet 终端	60	3	230	38	2	928	462	15.24	1.91
Sandy Pond 终端	60	3	345	88	1	450	450	15.63	1.954
龙迁 – 镇平	60	3	525	118	2.3	1800	929.39	10.929	1.363

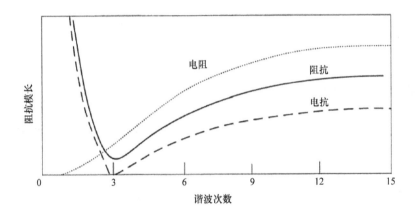

图 5.14　C 类滤波器的特性图，随着频率变化电阻、电抗、阻抗的变化

5.10　零序陷波器

Z 形变压器和三角形 – 星形联结变压器在与三相四线制系统中性点电路相连时，可以充当零序陷波器。图 5.15 展示了一个三角形 – 星形联结变压器，用于如开关电源、个人计算机、打印机、荧光灯的单相非线性负载中。中性点处存在大量谐波电流。一个 Z 形或三角形 – 星形联结如图 5.15 所示变压器可以减少谐波电流和电压。

由于零序磁通只能通过空气或变压器外壳这样磁阻大的路径流通，三角形 – 星形联结变压器的零序阻抗很小。三角形联结绕组所运载的零序电流来平衡一次安匝。在不平衡系统中，仍会出现正序和负序参数元件，并不会被抑制。在 Z 形变压器中，所有的绕组匝数相同，方向相反。Z 形变压器的零序阻抗很小，工作方式和三角形 – 星形联结变压器相同。

中性点电流通过两条路径流通，使用三角形 – 星形联结或 Z 形变压器或中性点接地的方式，阻抗值都很小。由于中性点电压不稳定，因此中性点电压上升幅值会大幅减小。

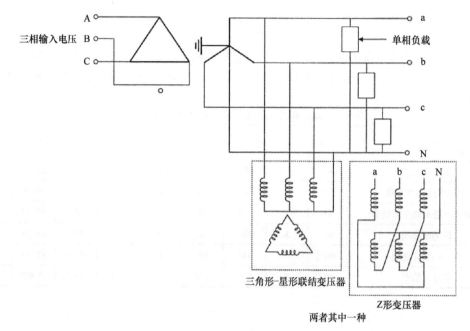

图 5.15 零序陷波器

5.11 串联低通滤波器

串联低通滤波器的基本结构如图 5.16 所示。如果这类滤波器设计得当，将不会产生谐振问题。电容器为负载产生的谐波提供了一条低阻抗的通路，高频电流被电容器吸收。基频处，电容器产生无功功率，并引起电抗器两端的电压上升，这个电压由调压变压器所控制，以降低负载上的电压。如果负载上的电压没有受到控制，会导致诸如可调速驱动器之类的负载因过电压触发跳闸。

负载可写为

$$X_0 = \sqrt{X_L X_C} = \sqrt{\frac{L}{C}} \tag{5.93}$$

滤波器的大小为

$$Q_{\text{filter}} = \frac{V^2}{X_C - X_L} = \frac{h_n^2}{h_n^2 - 1} Q_c \tag{5.94}$$

h 次谐波的串联阻抗为

$$Z_h = R_h + j\left(hX_L - \frac{X_C}{h}\right) \tag{5.95}$$

电容器基频处的电压为

$$V_{\text{c,f}} = V_{\text{bus,f}} \frac{h_n^2}{h_n^2 - 1} \tag{5.96}$$

式中，$V_{\text{bus,f}}$ 是母线上的基频电压。

调谐频率处电容器的谐波电压为

$$-j\frac{X_n}{R} = -jQ \tag{5.97}$$

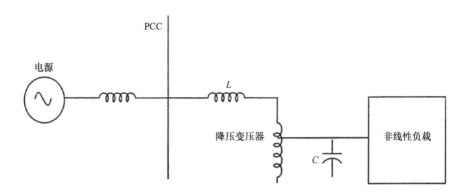

图 5.16　串联低通滤波器

5.12　滤波器的传递函数

无源滤波器的传递函数常采用拉普拉斯变换，本书不对拉普拉斯变换进行详细讨论。拉普拉斯变换将时域转化为复频域（$s = \sigma + j\omega$），傅里叶变换将其转化为虚部频率 $j\omega$[14]。

拉普拉斯变换将指数函数和超越函数及它们的组合转换为算术表达式。将求导和积分转化为乘法和除法运算。并有效利用阶跃函数和冲激函数。在转换过程中，需考虑边界值。通过求解这些几何方程，进行拉普拉斯逆变换，可以得到时域中的解。这个解方程的三步法可以简化计算。

如果 $t > 0$ 定义 $f(t)$，那么

$$F(s) = \int_0^\infty e^{-st} f(t) \, dt \tag{5.98}$$

假如存在积分，则称作为 $f(t)$ 的拉普拉斯变换。我们可以写为

$$L[f(t)] = F(s) \tag{5.99}$$

如果 $F(s)$ 是 $f(t)$ 的拉普拉斯变换，并且如上所示，那么

$$f(t) = L^{-1} F(s) \tag{5.100}$$

则称为 $F(s)$ 的拉普拉斯逆变换。

由此回到图 5.3b，可以得到图 5.17。系统/滤波器的传递函数为

$$F(s) = Z(s) = \frac{V(s)}{I(s)} \tag{5.101}$$

式中的各组成部分用 s 域描述。那么

$$F(s) = \frac{V(s)}{I_f(s) + I_s(s)} = \frac{1}{[1/Z_f(s)] + [1/Z_s(s)]} \tag{5.102}$$

定义 $F_{\text{cds}}(s)$ 是系统电流与注入电流的比，$F_{\text{cdf}}(s)$ 是滤波器电流与注入电流的比。那么

$$F_{\text{cds}}(s) = \frac{Z_f(s)}{Z_f(s) + Z_s(s)}$$

$$F_{\text{cdf}}(s) = \frac{Z_s(s)}{Z_f(s) + Z_s(s)} \tag{5.103}$$

因此

$$F_{\text{cdf}}(s) = \frac{Z_s(s)}{Z_f(s)} F_{\text{cds}}(s) \tag{5.104}$$

由图 5.17，滤波器传递函数变换为

$$F_{fs}(s) = \frac{Z_f(s)Z_s(s)}{Z_f(s) + Z_s(s)} \tag{5.105}$$

那么

$$F_{cds}(s) = \frac{1}{Z_s(s)}H_{fs}(s)$$

$$F_{cdf}(s) = \frac{1}{Z_f(s)}H_{fs}(s) \tag{5.106}$$

对于一个串联谐振电路

$$F_f(s) = R + sL + \frac{1}{sC} = \frac{1}{sC}\left[1 + \frac{1}{Q}\left(\frac{s}{w_0}\right) + \left(\frac{s}{w_0}\right)^2\right] \tag{5.107}$$

串联阻抗图如图 5.18 所示。

计算系统和滤波器分流器在高频和低频处的传递函数 $F_{cds}(s)$，获得渐近线。如果忽略电源电阻，认为电源阻抗 $L_s > L$，结果如图 5.19 所示。

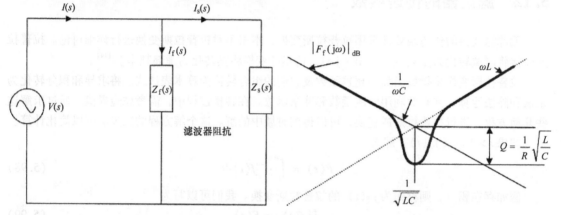

图 5.17 图 5.3b 用拉普拉斯变换形式的电路   图 5.18 串联 *RLC* 滤波器的阻抗传递函数

当 $L_s < L$，如图 5.20 所示。F_{max} 并不在并联谐振频率时出现：

$$F_{max} \neq |F_{cds}(j\omega)|, \quad \omega = \frac{1}{\sqrt{L_sC}}$$

$$F_{min} \approx |F_{cds}(j\omega)|, \quad \omega = \frac{1}{\sqrt{L_sC}} \tag{5.108}$$

传递函数可以通过相应图像来确定最大值，或通过求导得到：

$$\frac{d}{d\omega}|F_{cds}(j\omega)| = 0$$

$$\frac{d}{d\omega}|F_{fs}(j\omega)| = 0 \tag{5.109}$$

对于一个二阶高通滤波器（见图 5.21），传递函数可以表述为

$$F_f(s) = \frac{A}{s\left(1 + \frac{s}{\omega_p}\right)}\left[1 + \frac{1}{Q_p}\left(\frac{s}{\omega_0}\right) + \left(\frac{s}{\omega_0}\right)^2\right] \tag{5.110}$$

式中，$A = \frac{1}{C}$；$\omega_0 = \sqrt{\frac{RR_1}{RLC}} \approx \frac{1}{\sqrt{LC}}$；$Q_p = \frac{RR_1}{RR_1CL\omega_0}$；$\omega_p = \frac{RR_1}{L} \approx \frac{R}{L}$。

滤波器的 R 不同，传递函数的特性也不一样。Q_p 越大，串联谐振消除的谐波越多，通过的

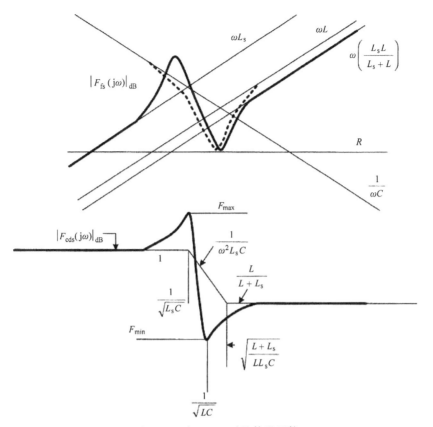

图 5.19 当 $L_s > L$ 时的传递函数

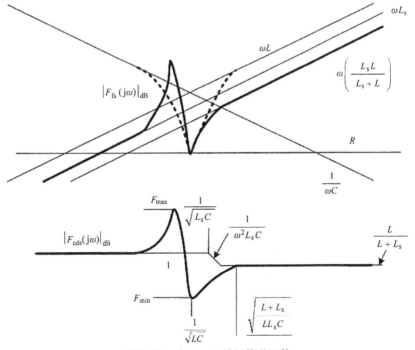

图 5.20 当 $L_s < L$ 时的传递函数

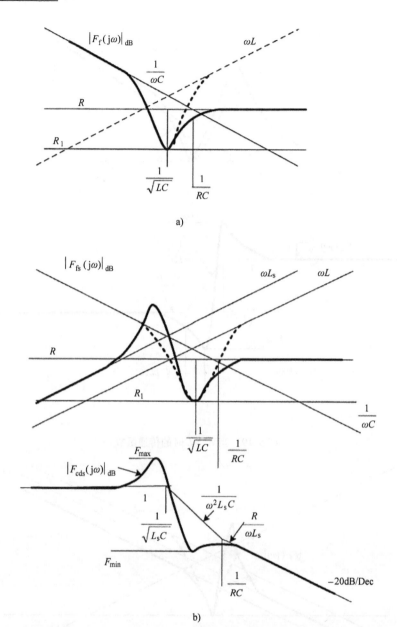

图 5.21   a）二阶阻尼滤波器阻抗传递函数；b）二阶阻尼滤波器/系统阻抗和电流分流器传递函数

高次谐波越少；Q_p 越小，串联谐振消除的谐波越少，通过的高次谐波越多。Q_p 的值大概在 0.5 和 2.0 之间。图 5.21a 展示了二阶阻尼滤波器阻抗的传递函数，而图 5.21b 展示了二阶阻尼滤波器/系统阻抗和电流分流器的传递函数（见本章参考文献 [15，16]）。

若采用高阶滤波器，很多串联支路可以统一定义为 $F_f(s)$，传递函数所需的数学方法更加简单。传递函数的解可以通过画图得到，也可以通过迭代进行优化。

$$F_f(s) = \cfrac{1}{\cfrac{1}{Z_{fs}(s)} + \cfrac{1}{Z_{fl}(s)} + \cfrac{1}{Z_{fl2}(s)} + \cdots + \cfrac{1}{Z_{fn}(s)}} \tag{5.111}$$

5.13　滤波器设计优化技术

电力系统中采用的计算机优化技巧非常强大，能够在可靠性、速度、适用度方面达到新的高度。滤波器优化的目的在于减少谐波失真，或者使目标函数达到最大值，例如，功率因数达到最大。这样的最大值和最小值常常受约束条件限制。因此滤波器优化的问题转化为使一个目标函数在特定约束下达到最大值或最小值的数学建模问题。

线性建模[17-19]解决了一系列线性方程求最大值或最小值的问题。等式或不等式的约束条件在一个多维空间里定义了一个区域。区域中的任何一点或边界都满足所有约束条件。因此，这是一个由约束条件围成的区域，而并非一个离散的单值解。假定给出一个或多个变量的数学函数，当变量的值在一定的允许限值内变化时，求出最大值或最小值，变量间可能会相互作用，或者在可接受的范围中，有可能求得可行解，也有可能求不出可行解。

数学上，我们可以定义最小函数为

$$f(x_1, x_2, \cdots, x_n) \tag{5.112}$$

服从

$$g_1(x_1, x_2, \cdots, x_n) \leqslant b_1^{\ominus}$$
$$g_2(x_1, x_2, \cdots, x_n) \leqslant b_2$$
$$\vdots$$
$$g_m(x_1, x_2, \cdots, x_n) \leqslant b_n \tag{5.113}$$

当所有约束条件 [式 (5.113)] 为线性时，可线性编程为一个目标函数 [式 (5.112)] 的特殊应用。

5.13.1　内点惩罚函数法

内点惩罚函数法是一个约束的优化方法[20,21]，它将有约束的最优化问题转化为一系列无约束问题。在 x 点约束函数为 $g_j(x)$ 和 $f(x)$，则非约束优化函数为

$$\phi(x) = f(x) + r_k \sum_{j=1}^{j=m} G_j [g_j(x)] \tag{5.114}$$

式中，第二个因子为惩罚因子，代表对 x 的约束条件。

柯西非约束方法用于优化由惩罚函数建立的非约束方程。

$$S = -\nabla \phi \tag{5.115}$$

优化从最初的起点向搜索的方向开始。最初的起点对收敛是很重要的，下一点由下式给出：

$$X_{\text{new}} = X_{\text{old}} + S\lambda \tag{5.116}$$

式中，S 是搜索方向；λ 是步长。

优化基于以下几点

- 谐波水平最小化，也就是 THD 的值最小；
- 滤波器损耗最小化；
- 成本最小化。

一个单调谐滤波器的阻抗可以定义为在任何频率的 Q 函数

$$Z^2(Q) = R^2 \left[1 + Q^2 \delta^2 \left(\frac{\delta + 2}{\delta + 1} \right) \right] = R^2 (1 + K^2 Q^2) \tag{5.117}$$

式中

⊖　原书为 b，有误。——译者注

$$K = \delta \sqrt{\frac{\delta + 2}{\delta + 1}} \tag{5.118}$$

$Z^2(Q)$ 是 ST 滤波器的优化函数，Q 满足 $a < Q < b$。这个范围可以当作是优化变量 Q 的一个约束条件。惩罚函数由下式给定

$$r_k \sum_{j=1}^{m} G_j [g_j(Q)] = r_k [\log(Q - a) + \log(b - Q)] \tag{5.119}$$

那么非约束函数 ϕ 由下式给定：

$$\phi(Q, r_k) = Z^2(Q) + r_k [\log(Q - a) + \log(b - Q)] \tag{5.120}$$

因此，ϕ 是采用渐进方法得到的优化，该方程可用于优化 Q。

类似地，单调谐滤波器的总损耗是电阻和电容器的损耗之和，一样可以进行优化。

许多优化方法都可以类似于优化负荷潮流一样进行应用。

5.13.2 内点法和变量

1984 年，Karmarker[22] 提出多项式有界算法，称该算法比单一算法速度快 50 倍。定义线性问题如下：

$$\min c^{-t} \overline{x}$$
$$\text{st } \overline{A} \, \overline{x} = \overline{b}$$
$$\overline{x} \geq 0 \tag{5.121}$$

式中，$\overline{c}$，$\overline{x}$ 是 n 维列向量；$\overline{b}$ 是 m 维向量；$\overline{A}$ 是 $m \times n$ 维矩阵，$n \geq m$。传统简化方法需要 2^n 次迭代求解。多项式时间算法⊖是一个能在 $O(n)$ 步内求解 LP 问题的算法。式（5.121）可以写为

$$\min c^{-t} \overline{x}$$
$$\text{st } \overline{A} \, \overline{x} = 0$$
$$e^{-t} \overline{x} = 1$$
$$\overline{x} \geq 0 \tag{5.122}$$

式中，$n \geq 2$，$\overline{e} = (1, 1, \cdots, 1)'$，还有：

- 式（5.122）中，$x^0 = (1/n, 1/n, \cdots, 1/n)'$ 是其可行解；
- 式（5.122）的目标值为 0；
- 矩阵 $\overline{A}$ 满秩为 m。

等式的求解是基于一个内切球空间里的投影变换以实现优化的过程，这个过程使得多项式时间，算法产生了一系列的点。投影变换使得一个多面体有 $P \in R^n$，一个严格内点（IP）有 $a \in P$，另一个多面体和点有 $a' \in P'$。与 a' 共心，包括 P' 的最大球体半径为 $O(n)$。这个方法通常称为 IP 法，是因为求解过程中所依循的求解路径。所需的迭代次数和系统规模无关。

5.13.3 Karmarker 内点法

这个算法通过下述步骤产生了一系列点 x^0，x^1，$\cdots$，x^k。

⊖ 多项式时间（Polynomial time）在计算复杂度理论中，指的是一个问题的计算时间 $m(n)$ 不大于问题大小 n 的多项式倍数。——译者注

1) 令 x^0 为简化的中心。

2) 计算下一点 $x^{k+1} = h(x^k)$。函数 $\phi = h(a)$ 按以下步骤做出定义。

3) 令 $\overline{D} = \mathrm{diag}(a_1, a_2, \cdots, a_n)$ 为对角矩阵。

4) 增广 $\overline{AD}$ 为

$$\overline{B} = \left| \begin{array}{c} \overline{AD} \\ \hline \overline{e}^t \end{array} \right| \tag{5.123}$$

5) 将 Dc 的正交投影计算转换到 B 空间里：

$$\overline{c}_p [1 - \overline{B}^t (\overline{B}\overline{B}^t)^{-1} \overline{B}] \overline{D}c \tag{5.124}$$

6) $\overline{c}_p$ 方向的单位向量为

$$\overline{c}_u = \frac{\overline{c}_p}{|c_p|} \tag{5.125}$$

7) $\overline{c}_u$ 方向上取步长为 ωr：

$$Z = \overline{a} - \omega r \overline{c}_u, r = \frac{1}{\sqrt{n(n-1)}} \tag{5.126}$$

8) 对 z 采用投影逆变换：

$$\overline{\phi} = \frac{\overline{Dz}}{\overline{e}^t \overline{Dz}} \tag{5.127}$$

将 ϕ 用 x^{k+1} 替代。

势函数定义如下：

$$f(\overline{x}) = \sum_{i=1}^n \ln\left(\frac{c^t x}{x_i}\right)^{\ominus} \tag{5.128}$$

检查解是否可行。

每一步对势函数都有一定的改进。如果没有实现改进，则可以断定目标函数为正。这种方法可以用于检查可行性。

5.13.4　Barrier 函数法

Karmarkar 提出内点法一年后，Gill 等人[23]提出了基于牛顿对数的 Barrier 函数算法。Gill[24]的研究指出 Karmarkar 的成果可看作 Barrier 函数解决非线性问题的特殊应用。Karmarkar 算法的缺点是它不能产生双重解，这对于经济问题是很重要的。Todd 的研究[25]是 Karmarkar 算法的拓展，产生的目标值收敛于最优原始值和双重值的初始解和双重解。Barrier 函数法通过创建 Barrier 函数来处理不等式约束，该 Barrier 函数是原始目标函数与边界上具有正奇异性函数加权和的组合。当给奇点施加权重接近零时，Barrier 函数的最小值接近原始函数的最小值。

下述是 Karmarker IP 方法的变形：

- 投影范围方法；
- 初始和双重远交方法[26]；
- Barrier 函数方法；

$\ominus$　原书为 $\ln\left(\frac{c^t x}{x_i}\right)$，有误。——译者注

- 采用 IP 法的二次规划法。

本章参考文献［27］描述了利用下述信息对一个无源滤波器进行优化的过程：

- 电源电流的有效值。
- 电源电流的 THD。
- 负载电压的 THD。
- 由谐振确定约束条件。谐振时的调谐频率是可以规避的。约束条件建立了一个界外区域，而滤波器的电容值不能选择在区域外。
- 无功补偿。
- 对参数变化的免疫性。

利用双重 Barrier 函数内点法可以解决上述问题。图 5.22 给出了两个滤波器案例的可行域：5 次和 7 次谐波[27]。虚线展示了由约束条件确定的界外区域。MATLAB 是优化滤波器参数的有用工具（见本章参考文献［28 - 33］）。

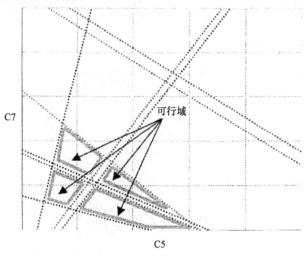

图 5.22　通过给定约束条件对 5 次和 7 次谐波滤波器
电容器进行优化（可行域由约束条件确定）

5.14　滤波器设计的遗传算法

J. Holland 博士在 1975 年提出了遗传算法的基本框架[34]。这个框架是基于自然选择和基因学的算法。遗传算法可以应用于通信、计算机网络、可靠性计算、神经网络、模式识别等领域。

一开始，可能的解决方案被称作"染色体"或"个体"。一条"染色体"由多个二进制基因组成，可以用二进制数表述。不同的基因组合构成不同的"染色体"。每一个"染色体"都可能是问题的一个可能解。

一组"染色体"称为该代的"种群"。一代中的"染色体"通过 3 种遗传算法运算可在下一代中进化得更好：

- 复制；
- 交换；
- 突变。

针对问题的函数也称为目标函数。

在复制模式中，当代中选定一定数量的染色体复制后成为下一代。在交换模式中，两条随机选定的独立染色体交换成为新一代。在突变模式中，染色体中随机选定的部分突变。对于二进制编码，这代表着1变成0，反之亦然。图5.23展示了3种模式。

当代		后代
01011101	→	01011101
11000110	→	11000110

a)

当代		后代
01011101	→	01000101
11000110	→	01011101

b)

当代		后代
01011101	→	01001101
11000110	→	11000111

c)

图5.23　遗传算法的基本工作机理：a）复制；b）交换；c）突变（来源：本章参考文献［35］）

适应度函数（目标函数）在区分好和坏染色体中充当着外界环境的作用。从一代到另一代的流程如图5.24所示。每一条染色体通过目标函数进行评价，并选择一些好的染色体[35,36]。

遗传算法不需要用求导的方法，它在一个解决方案的空间里提供了并行搜索路径，而非点到点的搜索模式。因此，遗传算法可以快速为一个复杂的问题提供最优解。

遗传算法可用于不同无源*LC*滤波器的拓扑结构中。

5.14.1　粒子群优化（PSO）算法

本章参考文献［37］的作者认为基于粒子群（PSO）的方法比遗传算法所需收敛的时间更短。这是一个基于种群的随机搜索算法。它模仿了动物种群群体间的交流过程，例如，昆虫或鸟类。如果一个成员找到了一个理想的路径，群体剩下的成员将会跟随它。在PSO中，种群的习性由粒子群在搜索空间特定方向和速度所代表，种群里的每一个成员称为粒子。每一个粒子飞过搜索空间，并在经历过的路径里找寻最好的方向。粒子群成员互相交流方向信息，并根据最好的方向信息调整自身的方向和速度。速度的调整是基于粒子及其伙伴的历史习性进行的。这样的话，粒子将飞向最优的方向。

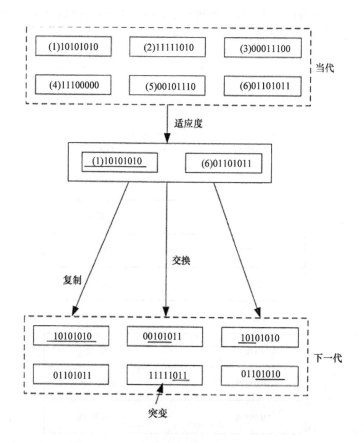

图 5.24　遗传方法从一代到另一代的标准过程（来源：本章参考文献 [35]）

　　滤波器的设计是基于权重优化问题进行的。通过引入一个变量，模拟主要交流电源电流的功率因数和 THD、THD 的减少以实现目标的最大化：

$$Opt1 = 1 - THD \tag{5.129}$$

　　因此，通过施加 w_1，w_2，滤波器主要的目标函数为

$$Obj1 = w_1 PF + w_2 Opt1 \tag{5.130}$$

　　目标函数可以写为

$$Obj = Max\left[\left\{\sum Obj I_k\right\}/M\right] \quad k = 2,3,4,\cdots,M \tag{5.131}$$

式中，M 是负载位置的数量，$M = 10$；$k = 2$ 代表 20% 负载。

　　约束条件可以写为

$$THD_i \leqslant THD_{i,permissible}$$
$$Q_{min} \leqslant Q \leqslant Q_{max} \tag{5.132}$$

　　图 5.25 展示了计算的流程图。本章参考文献 [38] 描述了一个为 12 脉波换流器设计的无源滤波器，换流器为四极，60kVA，400V，50Hz 的 LCI 同步电动机供电。例如，对于一个常转矩变速负载，二阶高通滤波器参数为 $C = 1000\mu F$，$L = 0.06mH$，$R = 0.246\Omega$。

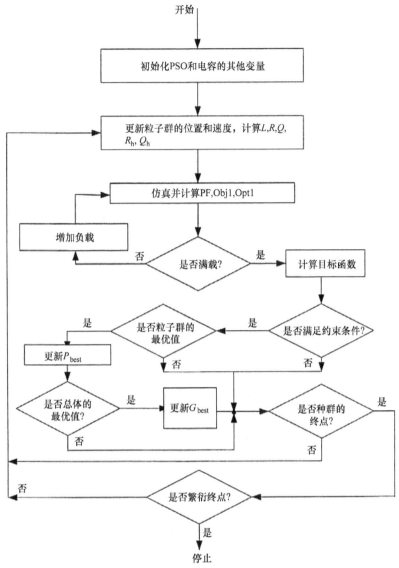

图 5.25 优化流程图，PSO（来源：本章参考文献：[37]）

5.15 HVDC – DC 滤波器

直流谐波滤波器为连接直流母线和地线的并联滤波器。它们在直流谐波频率处调谐，使得这些谐波流入大地，而非直流线路。高压直流输电系统所需要的直流滤波器如第 3 章所述，其中直流平滑电抗器是必须的。直流滤波器对并联补偿没有用。

从直流滤波作用来看，图 5.26 展示了一个流程图。如图所示逆变器和整流器的谐波电压产生相关的谐波电流。高压直流输电线路充当了分布式串联和并联谐波阻抗的作用，每一个谐波频率的等效阻抗都不一样。

由逆变器和整流器产生的谐波在直流线路上流通并放大。由直流谐波产生的问题主要是由于谐波频率的电磁感应造成的通信干扰。

谐波电压是脉冲数量、触发角、延迟角、消弧角、运行方式—单极或双极、相对特定谐波的直流电路阻抗、直流平滑电抗器和阻尼的函数。

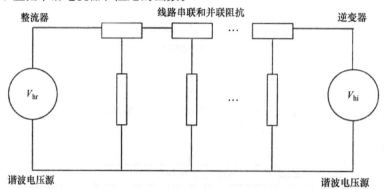

图 5.26　高压直流输电系统谐波的相互作用机理，输电线路、整流器和逆变器的等效电路

　　直流滤波器设计过程和交流滤波器类似。滤波器的无功功率很小。额定功率由最大直流电压要求的电容和因谐波引起的热额定值所决定。

　　图 5.27 展示了一个直流滤波器的典型结构。平滑电抗器的电感值很大，能减少直流谐波电流。

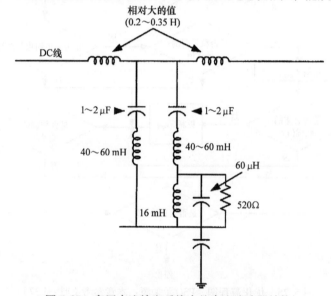

图 5.27　高压直流输电系统中的直流滤波器结构

　　例 5.2：例 13 对直流侧的暂态情况进行了仿真。通过 EMTP 仿真，给出了如图 5.27 直流滤波器的影响，如图 5.28 所示。电压纹波和频率大幅降低，并和图 3.22a、b 中的仿真结果进行了对比。

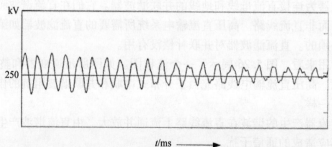

图 5.28　EMTP 仿真下，利用直流滤波器减少纹波和频率

5.16 无源滤波器的限制

无源滤波器广泛用于限制谐波传播，提高电能质量，降低谐波失真和提供无功补偿。由于满足这些需求，许多大电流、高电压的设备得到设计。很多这样的滤波器在高压直流输电系统、可调速驱动器和工商业电力系统中得以应用。当面对高电压、大电流时，无源滤波器仍然是唯一的选择。

无源滤波器的限制总结如下[39,40]：

* 无源滤波器不适用于运行情况变化较多的系统，一旦安装好了，位置也就固定了。不管是滤波器的容量还是调谐频率，都不能轻易改变，滤波器中的无源元件精度很高。

* 系统的改变或运行情况的变化可能导致失谐或者失真率增加。但当系统安装了在线监测设备时，这些情况都可以监测得到。

* 滤波器设计主要受系统阻抗的影响。滤波器的阻抗应该小于系统阻抗，刚性系统的滤波器（见 5.2 节）设计也是一个问题。在这些情况下，需要一个很大的滤波器。这可能会导致无功功率的过补偿和开关过电压及退出运行时的低电压。

* 无源滤波器需要许多并联支路。并联单元停电会改变谐振频率和谐波电流潮流。这可能会使得失真水平上升到允许范围以上。

* 无源滤波器阻性元件的功率损耗是很显著的。

* 滤波器和系统（对于单调谐或双调谐滤波器）的并联谐振可能会放大特征或非特征谐波电流。设计者需要在有限的空间内选定调谐频率以避免与背景谐波共振。系统的改变会在某种程度上影响谐振频率，且内部设计也需要仔细进行。

* 阻尼滤波器不会引起系统的并联谐振，但这不适用于单调谐滤波器。高通滤波器陷波频率处的阻抗比单调谐滤波器的大。为了处理谐和谐波频率，滤波器的容量更加大。

* 老化、污染和温度影响会使得滤波器失谐（尽管最大变化造成的影响在设计阶段就进行了考虑）。

* 无源滤波器对周期换流器无效。

* 需要配置特定的断路器。为了控制开关涌流，需要配置特定的同步重合闸装置或电阻性重合闸装置。

* 星形联结组的接地中性点为三次谐波提供了低阻抗通路。在某些案例中，会出现三次谐波放大的情况。

* 需要配置特定的保护监测装置（在此不做讨论）。

5.17 滤波器的设计流程

如图 5.29 所示为无源滤波器的设计流程。对于最小化滤波器的设计，假定不需要无功补偿，母线电压可以通过如 ULTC（有载调压或稳压器）保持在额定电压附近，第 6 章提供了一些滤波器的可行设计。

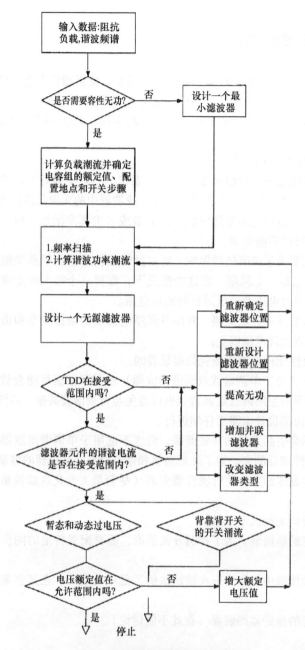

图 5.29 无源滤波器设计流程

5.18 滤波器元件

5.18.1 滤波电抗器

滤波电抗器种类如下：

- 干式空心，主要用于中压和高压设备。

- 干式铁心电抗器，主要用于低压和中压设备，电压等级达到 30kV。
- 液柱式铁心电抗器用于中压设备。

尽管常常参考 IEEE C57.16 标准[41]，但是滤波电抗器的设计没有标准。

电压在 30kV 以上时，常采用空心电抗器。比起铁心电抗器，空心电抗器可用于更高电压等级及更高精度要求的设计。对于中压设备，可以采用单相铁心电抗器，尺寸更小，与空心电抗器相比，磁间隙更小。由于三相铁心电抗器要满足不影响其他相的电抗来调整一相电抗的要求是很困难的，所以三相铁心电抗器并不常用。磁性材料的变化可以导致铁心电抗器的电抗值变化很大，尽管电抗器是在磁间隙更小和磁通密度更低的情况下设计的。但用于滤波器的电抗器受高次谐波影响很大。基于最差运行情况下的谐波电流频谱，通常可以通过制造商获得。与电容器类似，稳态额定电压通过计算基波和谐波电压的数学总和得到：

$$V_r = \sum_{h=1}^{h=\infty} I_h X_{R(h)} \tag{5.133}$$

式中，$X_{R(h)}$ 是给定谐波次数的电抗值。

早期的空气绝缘电抗器是用聚酯纤维和水泥包裹的大型导体组成，现在已经被用环氧树脂绝缘包裹的小型并联导体所取代。图 5.30 展示了一个实际被淘汰的设计，取而代之的是如图 5.31[42] 所示的设计。由图可以看出，并联导体分配电流，很有可能采用复合玻璃纤维环氧树脂来包裹绕组导体。因此，绕组长度完全支撑时，绕组能更好地承受短路带来的压缩和拉伸的电动力。与环氧树脂结合使用的玻璃纤维丝在节点处的拉力强度比钢材还要强。电抗器必须能承受持续时间为 3s 的系统对称故障电流。同时，也应能够承受对应的非对称短路电流的机械应力，还需要考虑由于开关和变压器浪涌电流导致的动态压力。

1—吊环
2—互锁夹
3—端子
4—水泥或树脂盆
5—绝缘子
6—绝缘棒
7—大型电缆

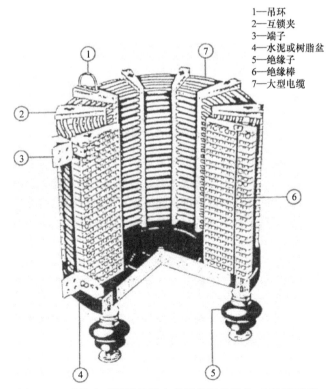

图 5.30 成块大型导体滤波电抗器绕组的结构（现已不用）

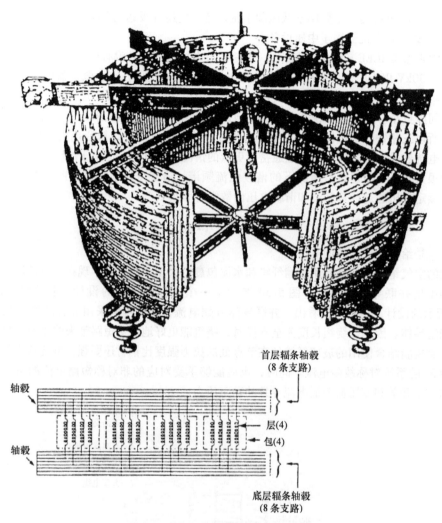

首层辐条轴毂
(8 条支路)

轴毂

层(4)

包(4)

轴毂

底层辐条轴毂
(8 条支路)

图 5.31　滤波电抗器线圈的现代结构

在中压电平时，谐波滤波器通常以未接地配置连接，当电抗器配置在电容器的电源侧时，限制了故障电流；当一个铁心电抗器在相同情况下时，可能会饱和，并不会降低短路电流。对于高压接地组，滤波电抗器可能会安放在中性点的位置。这可能会使得电抗器的基本脉冲电平低于系统的基本脉冲电平。空心电抗器垂直安装，目的是节省间隔距离。中间一相的绕线相反，从而平衡励磁涌流。

空心电抗器的磁间隙比较大等于电抗器侧线圈组的半径，且只要没有出现磁性材料的闭合环，基座中任何磁性材料绕组只有直径的四分之一。有时，当所需要的磁间隙条件不能满足时，可以通过在基座或侧面提供 0.5in 的铝碟解决。

用于室内或室外的电抗器会加金属屏蔽，玻璃纤维屏蔽适用于室外腐蚀性强的环境。为了防止电流循环，金属外壳通常用绝缘条和绝缘螺栓类似物来隔断磁路。

5.18.2　滤波电阻

目前，对于谐波电阻没有特定的标准，IEEE 标准 32[43] 可能适用。根据 IEEE 32，接地电阻的允许温升为

10s 或 1min 短时额定值 = 760℃

10min 或更长时间的额定值 = 610℃

持续时间额定值 = 385℃

对于滤波电阻，短时额定值并不适用，甚至为了保守起见，允许温升都要减少。温度上升后，电阻的精度也是需要考虑的。表 5.2 给出了两种不同材料的数据：考虑到最差运行状况，在给定最大负载量时滤波电阻的尺寸应该一致。

为了避免接地电流的大幅度变化，应该确定不大于 $0.002\Omega/℃$ 的温度系数。

表 5.3 给出了电抗器和电阻所需的主要标准。电容器的标准如第 1 章所示。

表 5.2　随温度变化而变化的电阻

	AISI 304 镍铬合金	铝铬钢
温度系数	$0.001\Omega/℃$	$0.00012\Omega/℃$
电阻值	8Ω	8Ω
10s 后	14.08Ω	8.7Ω
变化幅度	43.2%	8.1%

表 5.3　谐波滤波器电抗器和电阻的标准

参数	是否适用于谐波滤波器电抗器	是否适用于谐波滤波器电阻
最大的系统线对线电压，频率	x	x
BIL（通过电抗器线圈和对地可能不同）	x	x
安装地点：室内，室外	x	x
屏蔽：金属屏蔽、通风	x	x
环境状况，环境温度，工业污染，所需爬电距离，风速，覆冰程度，海拔等	x	x
最大短路电流和通过电抗器的时间，不对称短路电流的机械支撑，绝缘支撑	x	x
展示所有谐波电流频谱图，谐波电流在不同条件下运行情况不同，从而确定最大电流	x	x
每一个连接处的电感精度	x	x
电压和电流的占空比	x	x
电抗器的电感值（mH），若需要必须指明连接开关	x	
暂态和动态电压峰值	x	x
磁间隙的限制——为了做出适合的评估，需要做出结构计划，需要对钢材进行加固，玻璃纤维也可能需要		
高度和线圈尺寸	x	
电阻值，精度，温度系数，有功功率额定值		x
一些设备可能需要电阻小串联电感		x
结构特征，屏幕，屏蔽，绝缘子，不锈钢底座——绕组或铸型栅等		x

5.19　谐波滤波器故障

导致谐波滤波器故障的主要原因如下：

- 电容器额定电压的选择不合适。经验表明，电容器额定电压是最重要的参数。没有考虑本章和第 1 章相关参数，选择了不恰当的额定电压是故障的主要原因之一。
- 外部熔断器组中各个电容器元件的熔断器保护不当。通过电容器的零故障概率曲线可以得到更好的配合。
- 不合适的保护装置，尤其是不平衡保护及其设置。
- 没考虑谐波负载情况下的滤波电抗器确定额定值，尽管这个原因导致的故障概率很小。空心电抗器的结构图如图 5.31 所示，对于高电压等级，这是一个很好的选择。
- 滤波电抗器不恰当的组装和结构。电阻可以开路或短路，这些情况都会导致继电器动作。

实际上滤波器组没有维护费用，并采用了同步旋转电机进行了替代。不过，电容器的有效使用寿命大概是 20 ~ 25 年，之后对电容器进行检查是非常必要的，所有的电容器器件可能都要替换。因此，需要时刻对组内每一相电容器进行整体检查。

参 考 文 献

1. C. Khun, V. Tarateeraseth, W. Khan-ngern and M. Kando. "Design procedure for common mode filter for induction motor drive using Butterworth function," IEEE Power Conversion Conference, Nagoya, pp. 417–422, 2007.
2. IEEE 519. Recommended practice and requirements for harmonic control in electrical systems, 1992.
3. E.W. Kimbark. Direct Current Transmission, Chapter 8. John Wiley, New York, 1971.
4. IEEE Standard 1531. IEEE guide for application and specifications of harmonic filters, 2003.
5. IEEE Standard C37.99. Guide for protection of the capacitor banks, 2000.
6. J.D. Anisworth. Filters, Damping Circuits and Reactive Voltamperes in HVDC Converters, in High Voltage Direct Current Converters and Systems. Macdonald, London, 1965.
7. M. M. Swamy, S. L. Rossiter, M.C. Spencer and M. Richardson. "Case studies on mitigating harmonics in ASD systems to meet IEEE-519-1992 standards," IEEE-IAS Conference Record, vol. 1, pp. 685–692, 1994.
8. H.M. Zubi, R.W. Dunn, F.V.P. Robinson and M.H. El-werfelli. "Passive filter design using genetic algorithms for adjustable speed drives," IEEE Power and Energy Society General Meeting, Minneapolis, 2010.
9. B.J. Abramovich and G.L. Brewer. "Harmonic filters for Sellindge converter station," GEC Journal of Science and Technology, vol. 48, no. 1, 1982.
10. M.A. Zamani, M. Moghaddasian, M. Joorabian, S.Gh. Seifossadat and A. Yazdani. "C-type filter design based on power-factor correction for 12-pulse HVDC converters," IEEE Industrial Electronics, IECON, 34th Annual Conference, pp. 3039–3044, 2008.
11. CIGRE Working Group 14.03. "AC harmonic filters and reactive power compensation for HVDC," CIGRE Report, 1990.
12. C.O. Gercek, M. Ermis, A. Ertas, K.N. Kose and O. Unsar. "Design implementation and operation of a new C-type 2nd order harmonic filter for electric arc and ladle furnaces," IEEE Transactions of Industry Applications, vol. 47, no. 4, pp. 1545–1557, 2011.
13. S.H.E.A. Aleem, A.F. Zobaa and M.M.A. Aziz. "Optimal C-type filter based on minimization of voltage harmonic distortion for non-linear loads," IEEE Transactions of Industrial Electronics, vol. 59, no. 1, pp. 281–289, 2012.
14. S. Goldman. Laplace Transform Theory and Electrical Transients, Dover Publications, New York, 1966.
15. Y.-S. Cho, B.-Y. Kim and H. Cha. "Transfer function approach to a passive filter design for industrial process application," Proceedings of the 2010 IEEE International Conference on Mechatronics and Automation, Xian, China, pp. 963–968, 2010.
16. J.K. Phipps. "Transfer function approach to harmonic filter design," IEEE Industry Applications Magazine, pp. 175–186, vol. 3, 1973.
17. P.E. Gill, W. Murray and M.H. Wright. Practical Optimization. Academic Press, New York, 1984.
18. D.G. Lulenberger. Linear and Non-Linear Programming, Addison Wesley, Reading, MA, 1984.
19. G.B. Dantzig. Linear Programming and Extensions, Princeton University Press, Princeton, NJ, 1963.
20. R. Fletcher and M.J.D. Powell. "A rapidly convergent descent method for minimization," Computer Journal, vol. 5, no. 2, pp. 163–168, 1962.
21. R. Fletcher and C.M. Reeves. "Function minimization by conjugate gradients," Computer Journal,

vol. 7, no. 2, pp. 149–153, 1964.

22. N. Karmarkar. "A new polynomial time algorithm for linear programming," Combinatorica, vol. 4, no. 4, pp. 373–395, 1984.

23. P.E. Gill, W. Murray, M.A. Saunders, J.A. Tomlin and M.H. Wright. "On projected Newton barrier methods for linear programming and an equivalence to Karmarkar's projective method," Math Program, vol. 36, pp. 183–209, 1986.

24. B. Stott and L.J. Marinho. "Linear programming for power system security applications," IEEE Transactions of Power and Systems, vol. PAS 98, pp. 837–848, 1979.

25. M.J. Todd and B.P. Burrell. "An extension of Karmarkar's algorithm for linear programming using dual variables," Algorithmica, vol. 1, pp. 409–424, 1986.

26. R.E. Marsten. "Implementation of dual affine interior point algorithm for linear programming," ORSA Computing, vol. 1, pp. 287–297, 1989.

27. J.C. Churio-Barboza, J.M. Maza-Ortega and M. Burgos-Payan. "Optimal design of passive filters for time-varying non-linear loads," Proceedings of International Conference on Power Engineering, Energy and Electrical Drives, Malaga, Spain, 2011.

28. R.D. Koller and B. Wilamowski. "LADDER-A microprocessor tool for passive filter design and simulation," IEEE Transactions on Education, vol. 29, no. 4, pp. 478–487, 1996.

29. J.C. Churio-Barboza, J.M. Maza-Ortega and M. Burgos-Payan. "Optimal design of passive tuned filters for time varying non-linear loads," Proceedings of the 2011 International Conference on Power Engineering, Energy and Electrical Drives, Torremolinos, Spain, 2011.

30. D. Wu, Y. Chen, S. Hong, X. Zhao, J. Luo and Z. Gu. "Mathematical model analysis and LCL filter design of VSC," IEEE 7th International Power Electronics and Motor Control Conference, Harbin, China, 2012, pp. 2799–2804.

31. C. Fu and H. Wang. "An efficient optimization of passive filter design," IEEE International Conference on Industrial Informatics, Daejeon, Korea, pp. 631–634, 2008.

32. M. Azri and N.A. Rahim. "Design analysis of low-pass passive filter in single-phase grid connected transformer less inverter," IEEE Conference on Clean Energy and Technology (CET), Kula Lumpur, pp. 349–353, 2011.

33. J.M. Maza-Ortega, J.C. Churio-Barboza, J.M. Burgos-Payan. "A software-based tool for optimal design of passive tuned filters," IEEE International Symposium on Industrial Electronics (ISIE), Bari, pp. 3273–3279, 2010.

34. D.E. Goldberg. Genetic Algorithms in Search, Optimization and Machine Learning, Addison Wesley, Reading MA, 1989.

35. Y.-M. Chen. "Passive filter design using genetic algorithms," IEEE Transactions on Industrial Electronics, vol. 50, no. 1, pp. 202–207, 2003.

36. J.F. Frenzel, "Genetic algorithms," IEEE Potentials, vol. 12, pp. 21–24, 1998.

37. J. Kennedy and R. Eberhart. "Particle swarm optimization," International Conference on Neural Networks, vol. 4, pp. 1942–1948, 1995.

38. S. Singh and B. Singh. "Passive filter design for a 12-pulse converter fed LCI-synchronous motor drive," Joint Conference on Power Electronics, Drives and Energy Systems and 2010 Power India, New Delhi, India, pp. 1–8, 2010.

39. J.C. Das. "Analysis and control of harmonic currents using passive filters," TAPPI Proceedings, Atlanta Conference, pp. 1075–1089, 1999.

40. J.C. Das. "Passive filters-potentialities and limitations," IEEE Transactions on Industry Applications, vol. 40, no. 1, 232–241, 2004.

41. IEEE Standard C57.16. IEEE standard for requirements, terminology and test code for dry type air-core series connected reactors, 2011.

42. J.C. Das, W.F. Robertson and J. Twiss. "Duplex reactor for large cogeneration distribution system-an old concept reinvestigated," TAPPI Engineering Conference, Nashville, TN, pp. 637–648, 1991.

43. IEEE Standard 32. IEEE standard requirements, terminology and test procedures for neutral grounding devices, 1972.

第6章 无源滤波器的设计实例

在本章中将讨论一些谐波分析和无源滤波器设计实例。

6.1 实例1：6脉波载荷的小型配电系统

如图6.1所示为一个简单系统，其中6脉波驱动负载占77%。当非线性负载占总需求负载的比例超过30%时，为了控制总需求失真（TDD），需要进行详细的分析。4.16kV母线2为公共耦合点（PCC）。

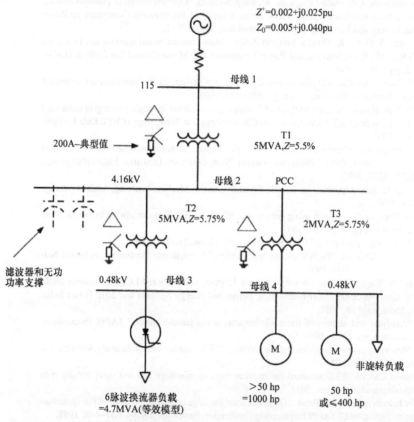

图6.1 6脉波载荷的小型配电系统

步骤1：估计注入谐波电流

正确地估计非线性负载产生的谐波电流是非常重要的。下面重申前几章中所阐述的步骤：

• 随着运行模式、系统驱动负载和电源短路水平的不同，分析结果也各不相同。通过谐波分析可以求出短路电流的最大值和最小值。

• 在这个实例中，假定只有1个谐波源，不考虑谐波的相角。当出现多于1个谐波源时，需要对每一个谐波的相角进行建模。

● 此实例在分析中阐述了最不理想的情况。例如，当 $\alpha = 15°$ 时，利用下式，重复上述步骤，重叠角为 12.25°：

$$\mu = \arccos\left[\cos\alpha - (X_s + X_t)I_d\right] - \alpha \tag{6.1}$$

式中，X_s、X_t 是以换流器为基础的系统电抗标幺值和变压器电抗标幺值；I_d 为以换流器为基础的电流标幺值。

简化步骤为，假设波形为梯形波，延迟角较大，重叠角较小。所得基波的谐波电流频谱如表 6.1 所示，在 31 次谐波处结束分析。谐波分析可以求得高于 49 次的谐波，在脉波数更高的情况下尤为实用。非特征谐波所占比率较少，如 2 次、3 次、4 次等，表 6.1 中忽略了这些谐波。

表 6.1　谐波发射量估计

h（谐波次数）	5	7	11	13	17	19	23	25	29	31
%	18	13	6.5	4.8	2.8	1.5	0.5	0.4	0.3	0.2

步骤 2：计算负载潮流和确定所需的无功补偿功率

为了开展负载潮流计算，需要估计非线性负载和线性负载的功率因数。通过计算机计算得到的负载潮流表明运行功率因数为 0.82。这就必须将 PCC 处的功率因数控制在 0.9 以上，并且 PCC 处的 TDD 要满足 IEEE 519 的限值要求。

负载潮流需要 115kV 电源提供 5.279MW 和 3.676Mvar 的功率，其中包括系统损耗。4.16kV 母线侧的一个 1200kvar 电容器组能使 115kV 电源提供的无功功率输入减少到 2.44Mvar，并使总功率因子约等于 0.91。

步骤 3：确定短路水平和 PCC 处的负载需求

为了计算允许的 TDD 值，首先必须计算 PCC 处的短路值和 15min 或 30min 内的负载需求。4.16kV 母线的短路值为 36.1kA，负载需求为 800A，$I_s/I_r = 45$，IEEE TDD 限值如表 6.2 第 1 行所示。

这个实例的计算结果如表 6.2 所示。第 1 列为实例的数目和结果。

表 6.2　谐波滤波器设计的计算步骤（实例 1）

	实　例	谐波次数	5	7	11	13	17	19	23	25	29	31	TDD
	IEEE TDD 限值		7.0	7.0	3.5	3.5	2.5	2.5	1.0	1.0	1.0	1.0	8
1	没有电容器	I_h	118	85.6	42.7	31.5	18.4	9.8	3.3	2.6	2.0	1.3	—
		HD	14.75	10.70	5.34	3.94	2.30	1.23	0.41	0.33	0.25	0.16	19.57
2	600kvar/相	I_h	137	117	121	402	31.9	10.1	1.7	1.1	0.6	0.3	—
		HD	17.13	14.60	15.10	50.50	3.99	1.26	0.21	0.14	0.08	0.04	57.23
3	500kvar/相	I_h	133	110	94.9	136	58.6	15.3	2.33	1.41	0.7	0.4	—
		HD	16.63	13.75	11.86	17.00	7.32	1.91	0.29	0.18	0.09	0.05	30.86
4	5 次 ST 滤波器,600 kvar/相,$n = 4.6$	I_h	58	70.2	37.2	27.7	16.2	8.7	2.9	2.3	1.8	1.2	—
		HD	7.25	8.77	4.65	3.46	2.03	1.09	0.36	0.29	0.23	0.15	12.99
5	5 次/7 次 ST 滤波器,300/ 300kvar/相,$n = 4.6,6.7$	I_h	86.6	33.3	33.7	25.5	15.2	8.1	2.7	2.2	1.7	1.1	—
		HD	10.85	4.16	4.21	3.18	1.90	1.01	0.34	0.28	0.21	0.14	12.93
6	5 次/7 次 ST 滤波器,300/ 300kvar/相,$n = 4.85,6.7$	I_h	60.4	33.1	33.5	25.4	15.1	8.1	2.7	2.2	1.7	1.1	—
		HD	7.56	4.14	4.19	3.18	1.89	1.01	0.34	0.28	0.21	0.14	10.25
7	5 次/7 次 ST 滤波器,400/ 300kvar/相,$n = 4.85,6.7$	I_h	50.9	32.6	32.8	24.9	14.8	8.0	2.7	2.1	1.6	1.1	—
		HD	6.36	4.08	4.10	3.11	1.86	1.00	0.34	0.28	0.21	0.14	9.39

（续）

实　例	谐波次数	5	7	11	13	17	19	23	25	29	31	TDD
8　5次/7次/11次ST滤波器400/300/300kvar/相 n=4.85,6.7,10.6	I_h	52.9	35.8	7.5	14.4	10.5	5.8	2.0	1.6	1.3	0.8	—
	HD	6.61	4.48	0.94	1.80	1.31	0.73	0.25	0.20	0.16	0.10	8.38
9　5次/7次/11次ST滤波器500/400/300kvar/相 n=4.85,6.7,10.6	I_h	46.5	29.3	7.4	13.9	10.1	5.6	1.9	1.6	1.3	0.8	—
	HD	5.81	3.66	0.93	1.74	1.26	0.73	0.24	0.20	0.16	0.10	7.3
10　如第9个实例,满足精度要求	I_h	77.00	42.2	11.7	14.8	10.4	5.71	2.0	1.6	1.3	0.8	—
	HD	9.63	5.28	1.46	1.85	1.30	0.71	0.25	0.20	0.16	0.10	11.33
11　5次/7次/11次ST滤波器900/600/300kvar/相 n=4.85,6.7,10.6	I_h	30.6	21.2	7.22	12.8	9.2	5.1	1.8	1.4	1.1	0.73	—
	HD	3.83	0.65	0.90	1.60	1.15	0.64	0.23	0.18	0.14	0.09	5.18
12　如第11个实例,满足精度要求	I_k	51.1	28	10.5	13.5	9.4	5.2	1.8	1.4	1.1	0.73	—
	HD	6.39	3.50	1.31	1.69	1.18	0.65	0.23	0.18	0.14	0.09	7.71
13　如第11个实例,但5次谐波组退出运行	I_h	196	23.3	7.5	14.0	10.3	5.7	2.0	1.6	1.2	0.82	—
	HD	24.50	2.91	0.94	1.75	1.29	0.71	0.25	0.20	0.15	0.10	24.80
14　如第11个实例,但7次谐波组退出运行	I_h	28.4	75.5	7.73	14.8	10.7	5.9	2.1	1.7	1.3	0.85	—
	HD	3.55	9.44	0.97	1.85	1.34	0.74	0.26	0.21	0.16	0.11	10.42
15　如第11个实例,但11次谐波组退出运行	I_h	30	20	26.2	20.3	12.2	6.6	2.2	1.8	1.4	0.9	—
	HD	3.75	2.50	3.28	2.54	1.53	0.83	0.28	0.23	0.18	0.11	6.38

注：谐波按实际安培值计算；HD是单个谐波的失真值。

步骤4：谐波分析研究

第3章中所讨论的组件建模方法是适用的。没有附近的谐波负载，所有的研究都是按一个实用短路电平的单一值进行的，其容量为3987MVA（20kA，$X/R=10$）。

（1）4a没有电容器组的谐波分析

没有电容器的谐波电流失真情况如表6.2第1个案例所示。5次、7次、11次和13次谐波的失真限值超过了允许值，TDD等于19.57%而最大允许值为8%。由于非线性负载占比较多，这个结果是在预料之内的。图6.2为PCC处的谐波频谱，图6.3为其波形。

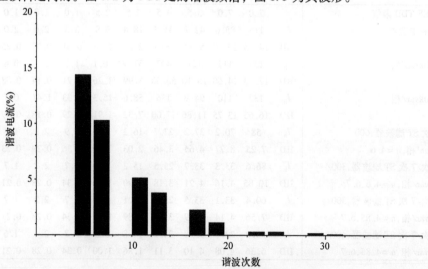

图6.2　没有电容器时PCC处的谐波电流频谱

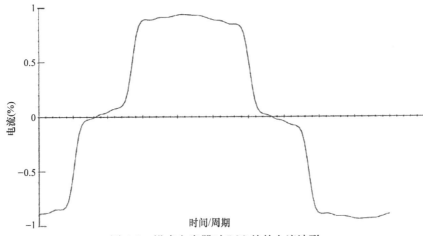

图 6.3　没有电容器时 PCC 处的电流波形

（2）4b 配有电容器组的谐波分析

在步骤 2 中，图 6.1 中的母线 2 需要一个 1200kvar 的电容器提供无功补偿。一定容量的单个电容器串并联组成了一个电容器组（见第 1 章）。因此，可以选择比单个电容器更高的额定电压值（见第 1 章）。

假设每相串联一组容量为 200kvar、额定电压为 2.77kV 的电容器，结构为不接地星形联结结构。然后每相三组可以提供 450.42kvar，运行电压为 4.16kV 时，三相无功功率为

$$kvar_{4.16kV} = 3 \times 600 \left(\frac{2.4}{2.77}\right)^2 \approx 1351.3 kvar$$

容抗为每相 12.788Ω，电容值为 2.074E − 4μF。谐波分析的结果如表 6.2 第 2 个案例所示。

计算得到的并联谐振频率为 822 ~ 825Hz（计算中步长为 3Hz），最大的阻抗角为 89.64°，最小的阻抗角为 − 85.34°。因此，13 次谐波电流的增益是很明显的，如表 6.2 所示。谐波处的失真为 50.5%，TDD 为 57.25%。图 6.4 为 PCC 处的频谱，而图 6.5 为它的波形，失真明显。因此，增加电容器后恶化了谐波失真的情况，大概在 13 次谐波附近出现谐振。

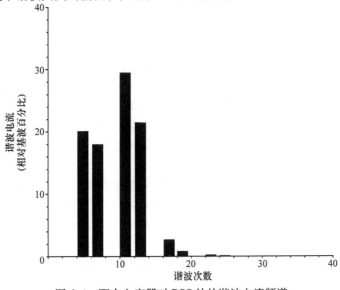

图 6.4　配有电容器时 PCC 处的谐波电流频谱

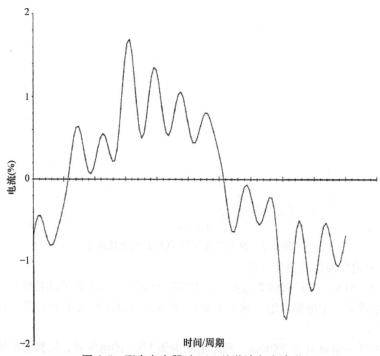

图 6.5　配有电容器时 PCC 处谐波电流波形

（3）4c 配有消除谐振的电容器时进行的谐波分析

为了消除谐波，有时会定制定位电容器。这已在第 1 章中进行了讨论。

如果减小电容器组的容量，谐振频率将会上移。一个 4.16kV 的 1192kvar 电容器组（每相由 500kvar，2.77kV 的单个电容器组成），谐振频率将会转移到大约 900Hz。由于负载不产生这个频率，因此可以避免谐振。表 6.2 第 3 个案例的谐波分析确定了这一点。尽管第 13 次谐波的失真率降低了，但低次谐波超过了允许值，TDD 在 30.86% 范围内这样一个不可接受的水平里。因此，在配电系统中确定电容器的容量和位置将会影响初始结果，但问题在于系统变化时振荡将更加严重。

步骤 5：设计一个谐波滤波器

（1）5a 建立一个 5 次谐波单调谐滤波器

通过调谐到第 4.7 次谐波，建立一个 5 次谐波滤波器。考虑到第 4 章中所描述的失谐影响，选择低于谐波 3% ~ 10% 的调谐频率。然后，需要串联一个 $L = 1.53$mH 的电抗器。在基频处选择 $Q = 40$。计算结果如表 6.2 第 4 个案例所示。5 次谐波的失真率为 7.25%，几近满足 7% 的要求，但 7 次、11 次谐波以及整体 TDD 全部超过了 IEEE 限值。并联谐振频率大概在 266 ~ 268Hz，串联谐振频率在 282 ~ 284Hz。如第 4 章所述，谐振没有被消除，而是转移到调谐频率以下。

（2）5b 增加一个 7 次谐波单调谐滤波器

1350kvar 电容器可以分解为两个相同的并联单调谐滤波器，一个调谐到次数 $n = 4.7$，另一个调谐到 $n = 6.7$。表 6.2 第 5 个案例标明 7 次谐波减少了，而 5 次谐波电流增加，导致失真率增大。这是意料之中的，因为 5 次谐波滤波器的容量减小了。失真率超过了允许的限值。

（3）5c 调谐频率的影响

尝试使调谐更接近 5 次谐波，滤波器重整为相同的电容器，采用相同大小的电容器，$n = 4.85$。结果如表 6.2 第 6 个案例所示。对于相同大小的滤波器组，5 次谐波失真显著减少。

（4）5d 增大 5 次谐波滤波器的容量

当 5 次谐波含量仍然比较多时，将 5 次谐波 ST 滤波器的容量增大，每相由 2.77kV，400kvar 的电容器组成，这使 5 次谐波能够降低到允许值的范围内，但 11 次谐波和 TDD 仍然很大，如表 6.2 的第 7 个案例所示。

（5）5e 增加 11 次谐波滤波器的容量

11 次单调谐滤波器每相安装 300kvar 电容器，$n=10.6$，用来降低第 11 次谐波的失真率，表 6.2 第 8 个案例显示，所有谐波失真率都在允许范围内，但 TDD 为 8.38，也就是说，比允许值 8% 要稍微高一点。

（6）5f 增大 5 次和 7 次单调谐滤波器的容量

5 次和 7 次谐波滤波器通过在每相安装 500kvar 和 400kvar 的电容器进行重组。结果如表 6.2 第 9 个案例所示，可以看到所有谐波的失真率都满足要求，PCC 处的 TDD 降低到 7.3%。

因此，需要每相安装 2.77kV，1200kvar 的电容器。这意味着当需要 1200kvar 用于无功补偿时，运行电压下需要安装的额定容量为 2862kvar。然而，这时滤波器仍然不是最终设计。

步骤 6：考虑失谐影响

滤波器的电抗器和电容器容差要求很高，用于限制频率漂移，考虑到第 4 章中的要求如下：

- 电容器：+5%，没有负偏差；
- 电抗器：±2%。

而且，每相的电容器组都是这样构成的，每相之间的容抗差是有限的。单个或整个电容器组都遵循一样的容差要求，单个电容器单元中每一相的总容抗和其他两相的容抗相等。每相之间的容抗差引起不平衡电流。

假设每一组的容抗每增加 5%，电抗就增加 2%，这对于检查 5 次、7 次、11 次滤波器组的失谐影响来说是一个很保守的假设。

计算结果如表 6.2 第 10 个案例所示。5 次谐波的谐波失真率和 TDD（为 11.3%），超过了允许的限值。只有降低失真的设计值，失真率才能满足 IEEE 的要求。这意味着滤波器的容量在未来会进一步增大。

不同大小滤波器的迭代计算展示了 5 次、7 次和 11 次谐波滤波器需要每相 900、600 和 300kvar 的电容器（额定电压为 2.77kV）。如表 6.2 第 11 个案例和第 12 个案例显示的电容器无容差和容差为 5% 的电容器和电抗器偏差为 2% 时的计算结果。

因此，当滤波器容量更大时需要遵循前面的步骤。在 2.4kV 系统电压的三相滤波器所需电容容量为 4054kvar，此时只有 1200kvar 用于无功补偿。仅满足失真要求的滤波器称之为最小滤波器，如第 4 章所述。某种程度上，这个术语可能会带来误解；下面的例子阐明了控制大型滤波器谐波失真率比提供无功补偿更重要。反之亦然。

最终设计出来的滤波器会使 115kV 侧的所有功率因数变得统一。

图 6.6a 和 b 为起决定作用的三阶滤波器的阻抗角和模量。

步骤 7：并联电容器组中有一个发生故障时的情况

设计良好并保护得当的电容滤波器实际上很少需要维修，然而故障还是不可避免的。对于一个持续运行的发电厂，由于滤波器故障导致停机的情况是不允许出现的，这对谐波失真率影响很大，因此，需要考虑并联滤波器组中的退出运行情况。IEEE 519 标准允许运行失真率在短时间内增加 50%。滤波器在维修期间失真限值的增加在下面的计算中进行了考虑。见表 6.2 第 13~15 个案例，计算表明：

1）5 次谐波滤波器退出运行时，5 次谐波失真率增加到 24.5%，TDD 为 24.8%。同样，5 次谐波的失真率超过了 IEEE 限值。

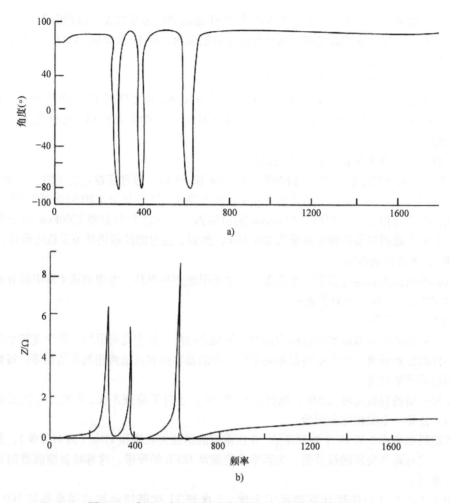

图 6.6 采用三步法进行滤波器设计时的阻抗角和模量

2）7 次谐波滤波器退出运行时，假设系统快速恢复，所有谐波和 10.42% 的 TDD 均可接受。

3）11 次谐波滤波器退出运行时，TDD 为 6.38% 可以接受。

因此，只需要考虑 5 次谐波滤波器退出运行的状况。可以安装在线备用的 5 次谐波滤波器并且自动切换，相比于关闭运行设备，这可能是一个更符合经济性的措施。

步骤 8：考虑转移谐振频率

转移频率如下：

1）5 次单调谐滤波器：260 ~ 262Hz；

2）7 次单调谐滤波器：368 ~ 370Hz；

3）11 次单调谐滤波器：584 ~ 586Hz。

当转移频率符合系统中已有的特征谐波、非特征谐波或第 3 次谐波时，这些频率下的电流幅值将会增大，参见第 5 章，转移的谐振频率至少离临近奇谐波和偶谐波 30 个周期。上述转移频率表明评价标准并不是任何情况下都能满足要求。

考虑过电压能力图 1.3 ~ 图 1.5 显示了短时和暂态过电压和过电流的能力。为了应用这些曲线，需要对暂态进行研究。

考虑到 1 年中需要进行 100 次开关操作，图 1.4 中 k = 2.6，由式（1.22）可以得到，如电容器组切换、断路器重启等的瞬态事件时有：

$$V_{tr} = \sqrt{2} \times 2.6 \times 2.77 = 10.18 kV \text{（峰值）}$$

因此，通过计算，可以得到这时候的开关操作次数和电压值没有超过限值。考虑到将开关操作降低到 10 次，那么由同一个图可以得到 $k = 3.2$，电压由 10.18kV 上升到 12.53kV。

当考虑到失谐时，检查最终滤波器对发电机不同开关状态下的功能是非常必要的。这些可导致失谐。滤波器对电源的阻抗非常敏感。在所示的系统结构中，一些电动机负载可能会退出运行，导致 PCC 的失真率增加。

步骤 9：考虑后备滤波器设计

要设计出一个 5 次单调谐滤波器来满足 IEEE 失真率要求是可行的；但是，滤波器的容量会很大。同样，不同 Q 值的高通滤波器都会进行设计尝试，然而，这些滤波器容量仍然会很大。

步骤 10：考虑电力电容器承担谐波负载的情况

电力电容器承载谐波时应用第 1 章所描述的方法计算。

大多数计算机程序都能计算谐波滤波器和电容器的负载情况，并在过载时预警。这也可以通过人工计算得到。本研究的最终设计没有超出上述限制。（读者可以手动计算，验证这一说法。）

6.2　实例 2：针对电弧炉的滤波器设计

图 6.7 为电弧炉的安装配置，工作总负载为 150MVA。认为 34.5kV 母线是一个公共耦合点。如图所示，电弧炉负载通过 34.5kV/7.2kV 降压变压器连接。无功功率补偿需要 98Mvar，它由 49Mvar、24.5Mvar 和 24.5Mvar 电容器组成的单调谐滤波器实现，分别针对 2、4、5 次谐波。这些滤波器都和 34.5kV 母线相连。在满载时计算无功补偿的需求。由于无功功率的需求和负载形式不一，电弧炉负载会导致闪变产生，因此，通常需要配备 TCR、SVC 或相近的快速响应设备。

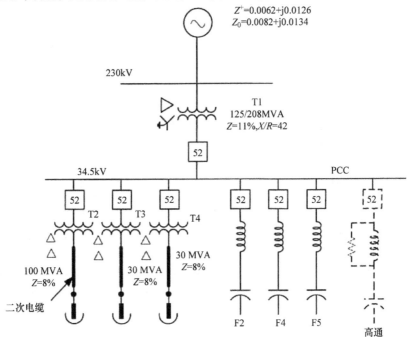

图 6.7　电弧负载的系统结构

1. 有电流注入时的建模

表4.6 为 IEEE 519 中电弧炉熔化提炼时的谐波电流频谱。由表可知，熔化阶段谐波幅值增大，这种情况在仿真时也给予了考虑。

在这个过程中产生了 3 次谐波；不过，由于变压器的三角形绕组可以滤除 3 次谐波，3 次谐波不会出现在架空线路里，因此不会配备相应的滤波器。3 个单调谐滤波器按如下规则设计：

- 2 次谐波的 ST 滤波器：双星形联结，不接地，3 个串联组，每一组由 8 个 400kvar、额定电压为 7.2kV 的电容器组成。这使得三相无功容量为 49Mvar；如图 1.14d 所示为一个双星形联结不接地结构的 ST 滤波器。
- 4 次和 5 次谐波的 ST 滤波器：单星形联结不接地，3 个串联组，每一组由 8 个 400kvar、额定电压为 7.2kV 的电容器组成。这使得三相无功容量为 24.5Mvar。

ST 滤波器的 2、4、5 次谐波调谐频率分别为基频的 1.95、3.95 和 4.95 倍。使得 2、4、5 次谐波的串联电抗器为 1.694E −2mH、8.259E −3mH 和 5.260E −3mH。第 2 次谐波滤波器的品质因数为 60，而 4、5 次谐波滤波器的品质因数为 40。

在电弧炉熔化周期内，系统也会受谐波影响。我们可以看到，每一个 ST 滤波器的正常运行都为谐波的分流提供了一条低阻抗通路。

在 230kV 时，负载需求为 319.7A，PCC 处的短路电流为 20kA，$I_s/I_r = 62.5$。230kV 母线 TDD 允许值为 3.5%，34.5kV 母线 TDD 允许值为 12%。同样，每一个谐波都需要满足 IEEE 519 的标准。PCC 处的谐波计算结果和失真率如表 6.3 所示，其显示当 34.5kV 作为 PCC 时，所有谐波都满足限值要求，而 230kV 母线作为 PCC 时则不然。230kV 的 2 次谐波允许值为 0.75%，而实际计算得到为 2.20%。为了控制电弧炉中的偶次谐波在允许值范围内，需要容量更大的 2 次谐波滤波器。2 次谐波滤波器的大小需要对半减小到 0.75%。实际上，这也是一个非常大的滤波器，230kV 处的电压失真率为 0.16%，34.5kV 母线处则为 1.27%，如 IEEE 限值所示⊖。

表 6.3 电弧炉采用 3 个 ST 滤波器（49Mvar、24.5Mvar、24.5Mvar）时的谐波发射计算，IEEE 519 注入电流模型

谐波	通过滤波器的电流			TDD 计算结果			谐波电压失真率			
	2 次 ST 滤波器	4 次 ST 滤波器	5 次 ST 滤波器	230kV 或 34.5kV 母线的 TDD	IEEE 对 34.5kV 的 TDD 限值	IEEE 对 230kV 的 TDD 限值	34.5kV PCC	IEEE 限值	230kV 母线	IEEE 限值
基频（电流或电压）	1117.5A	439.9A	429.3A	310.76A，230kV 2071.7A，34.5kV	2071.7A	310.76A	34.5kV		230kV	
$h = 2$	15.39	1.38	1.25	**2.20**	2.5	0.75	0.54	3.0	0.07	1.0
$h = 4$	0.09	15.11	1.07	0.20	2.5	0.75	0.10	3.0	0.01	1.0
$h = 5$	0.06	0.75	24.32	0.15	10	0.75	0.09	3.0	0.01	1.0
$h = 7$	0.51	3.58	7.86	1.34	10	3	1.14	3.0	0.14	1.0
TDD，THDV				2.54	12	3.75	1.27	5.0	0.16	1.5

注：所有谐波电流、电压用基波的电流电压百分比展示。

阻抗模量和阻抗角如图 6.8 和图 6.9 所示。阻抗模量和转移谐振频率如表 6.4 所示。

⊖ 由于书中其他案例没有考虑这些因素，仅适用于表 6.3。

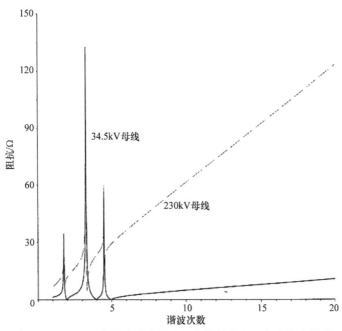

图 6.8　2、4、5 次谐波滤波器的阻抗模量和典型电流注入模型

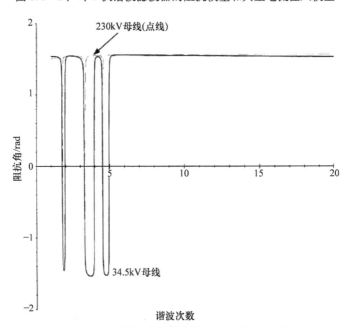

图 6.9　2、4、5 次谐波滤波器的阻抗角和典型电流注入模型

表 6.4　电弧炉采用 3 个 ST 滤波器（49Mvar，24.5Mvar，24.5Mvar）
时谐波发射的阻抗模量和谐振频率的计算结果

母线	阻抗模量/Ω	谐振谐波	谐振频率/Hz
34.5 kV 母线	34.43	1.767	106
	132.59	3.267	196
	56.75	4.5	270

（续）

母线	阻抗模量/Ω	谐振谐波	谐振频率/Hz
230kV 母线	21.36	1.73	104
	91.39	3.27	196
	60.09	4.50	270

34.5kV 母线和230kV 母线的电压波形如图6.10 所示，通过滤波器的电流波形如图6.11 所示，PCC 处的电流波形如图6.12 所示，看起来接近正弦。滤波器中没有任何一个元件过载。

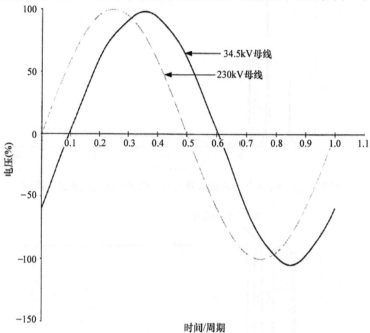

图6.10 34.5kV 和230kV（PCC）母线的电压波形

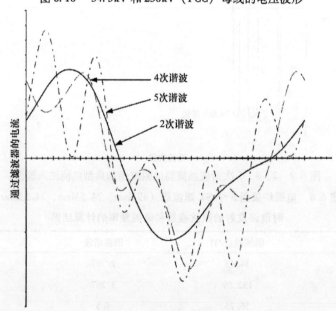

图6.11 滤波器的电流波形

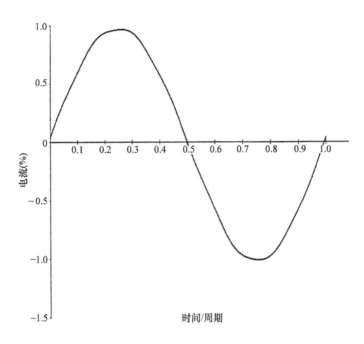

图 6.12　PCC 处的电流波形

2. 对典型谐波电压进行建模

通常采用谐波电压注入模型而非电流注入模型开展对电弧炉的谐波进行研究。在正常和最差情况下，谐波电压如表 6.5 所示。谐波电压通过电弧变压器二次侧的引线流入，对此应该进行合适的建模。

表 6.5　电弧炉的谐波电压分析

谐波次数	最大电压失真	典型电压失真（基波电压的百分比）
2	17	5.0
3	29	20
4	7.5	3.0
5	10	10
6	3.5	1.5
7	8	6
8	2.5	1
9	5	3

表 6.6 为电弧炉的谐波电压分析结果。由表可知，滤波器中谐波负载变化时，电流与电压的失真水平也发生变化。这和电流模型的结果差别不大。图 6.13 为频率扫描图。

表 6.6　电弧炉采用 3 个 ST 滤波器（49Mvar、24.5Mvar、24.5Mvar）及
典型电压注入模型时的谐波发射情况的计算结果

谐波	通过滤波器的电流			TDD 计算值			谐波电压失真率	
	2 次 ST 滤波器	4 次 ST 滤波器	5 次 ST 滤波器	230kV 或 34.5kV 母线的 TDD 值	IEEE 对 34.5kV 母线的 TDD 限值	IEEE 对 230kV 母线的 TDD 限值	34.5kV PCC	230kV 母线
基波电流（A）或电压(V)	1117.5A	439.9A	429.3A	310.76A, 230kV 2071.7A, 34.5kV	2071.7A	310.76A	34.5kV	230kV
$h=2$	7.99	0.71	0.65	**1.14**	2.5	0.75	0.29	0.04
$h=4$	0.08	13.69	0.97	0.18	2.5	0.75	0.09	0.01
$h=5$	0.11	1.32	43.31	0.27	10	3	0.17	0.02
$h=7$	0.61	4.28	9.41	1.61	10	3	1.40	0.17
$h=8$	0.10	0.67	1.31	0.28	2.5	0.75	0.28	0.03
TDD, THDV				2.02	12	3.75	1.46	0.18

注：所有谐波电流和电压以基波电流和基波电压的百分比来展示。

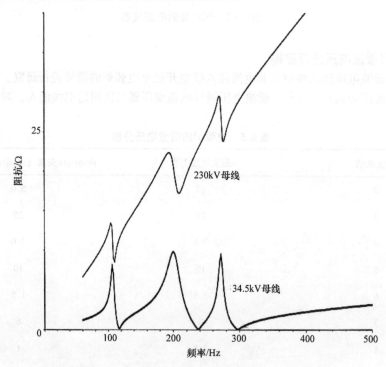

图 6.13　2、4、5 次谐波滤波器和典型谐波电压模型的阻抗

3. 根据最大谐波电压建模

如果对表 6.5 中所示最差情况下的谐波进行建模，所得 34.5kV 母线的谐波电压波形如图

6.14 所示。在这个模型下，尽管所有其他谐波指标均满足 IEEE 在 3.5KV 母线处的要求，但当 34.5kV 母线作为 PCC 时，二阶 ST 滤波器不足以将第 2 次谐波含量控制在 2.5% 以内，第 2 次谐波的失真率为 3.5%。因此，有必要将滤波器的容量由 49Mvar 增加到 72Mvar 以控制第 2 次谐波。这会使得滤波器容量变得很大，连接方式为双星形不接地，3 个额定电压为 7.2kV 的电容器组，每一组容量为 400kvar，每个组并联有 12 个单元。这种方式使得 34.5kV 处的滤波器容量为 73.5Mvar。

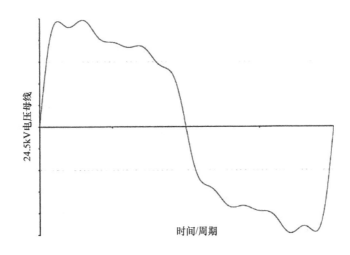

图 6.14　电弧炉模型，最差情况下的谐波电压波形

　　上述结构滤波器的研究结果如表 6.7 所示。尽管增大了滤波器的容量，但失真率和电压失真率仍然比案例 2 的结果略大。

表 6.7　电弧炉采用 3 个 ST 滤波器（73.5 Mvar、24.5 Mvar、24.5Mvar）及
最差情况谐波电压模型下的谐波发射情况计算结果

谐波	通过滤波器的电流			TDD 计算值			谐波电压失真率	
	2 次 ST 滤波器	4 次 ST 滤波器	5 次 ST 滤波器	230kV 或 34.5kV 母线的 TDD 值	IEEE 对 34.5kV 母线的 TDD 限值	IEEE 对 230kV 母线的 TDD 限值	34.5kV PCC	230kV 母线
基波电流（A）或电压（V）	1714A	462.6A	451.3A	341.9A，230kV 2279.6A，34.5kV	2279.6A	341.9A	34.5kV	230kV
$h = 2$	18.47	1.58	1.44	2.37	2.5	0.75	0.565	0.08
$h = 4$	0.19	31.41	2.31	0.40	2.5	0.75	0.22	0.03
$h = 5$	0.10	1.21	39.93	0.23	10	3	0.16	0.02
$h = 7$	0.73	5.17	11.38	1.82	10	3	1.75	0.22
$h = 8$	0.23	1.51	2.98	0.59	2.5	0.75	0.65	0.08
TDD, THDV				3.08	12	3.75	1.92	0.25

注：所有谐波电流和电压以基波电流和基波电压的百分比来展示。

4. 研究 2 次谐波滤波器作为 ST 滤波器，4 次、5 次谐波滤波器作为二阶高通阻尼滤波器的情况

电弧炉负载产生间谐波，由于 ST 滤波器的作用，间谐波有可能进一步增大（尽管在本次研究案例中没有对间谐波进行建模）。阻尼滤波器不会产生转移谐振频率。在本案例中，2 次谐波滤波器仍然作为 ST 滤波器，而 4、5 次滤波器作为二阶高通阻尼滤波器。同样，考虑最差情况下谐波电压的建模情况。

本案例的分析结果如表 6.8 所示。当 230kV 母线作为 PCC 时，不仅 2 次谐波，所有谐波 TDD 均为 4.73%，都超出了 IEEE 的限值要求。这充分表明，电压等级在 161kV 以上的母线作为 PCC，和电网内联变压器的二次侧作为 PCC 的情况差别是非常大的。失真率和电压失真比案例 3 的高，原因是阻尼滤波器不如 ST 滤波器有效。如果我们增加阻尼滤波器的容量，可以降低失真。

表 6.8　电弧炉中第 2 次谐波滤波器为 73.5Mvar 的 ST，4 次、5 次谐波滤波器为 24.5Mvar，二阶阻尼滤波器，最差情况谐波电压模型下的谐波发射情况计算结果

谐波	通过滤波器的电流			TDD 计算值			谐波电压失真率	
	2 次 ST 滤波器	4 次 ST 滤波器	5 次 ST 滤波器	230kV 或 34.5kV 母线的 TDD 值	IEEE 对 34.5kV 母线的 TDD 限值	IEEE 对 230kV 母线的 TDD 限值	34.5kV PCC	230kV 母线
基波电流（A）或电压（V）	1714A	462.6A	451.3A	341.9A，230kV 2279.6A，34.5kV	2279.6A	341.9A	34.5kV	230kV
$h=2$	18.47	1.57	1.43	**2.37**	2.5	0.75	0.65	0.08
$h=4$	1.11	22.14	9.46	2.26	2.5	0.75	1.24	0.15
$h=5$	1.23	13.67	20.24	2.79	10	3	1.91	0.24
$h=7$	0.76	5.63	11.82	1.89	10	3	1.82	0.23
$h=8$	0.23	1.57	3.31	0.57	2.5	0.75	0.63	0.08
TDD, THDV				**4.73**	12	3.5	2.95	0.38

注：所有谐波电流和电压以基波电流和基波电压的百分比来展示。

5. 除 2 次谐波滤波器换为 C 型滤波器以外，其他和案例 3 一样

第 5 章描述了控制电弧炉暂态现象的 C 型滤波器的优点。C 型滤波器的参数按 5 章中的等式确定。

- $C_1 = 161\mu F$；
- $C = 485\mu F$；
- $L = 14.62mH$；
- $R = 18\Omega$。

研究结果如表 6.9 所示。由表可知，计算结果和案例 3 的结果大致相同。

我们可以得到这样的结论：当 34.5kV 母线作为 PCC 时，所有的设计都满足 IEEE 对谐波的要求，但当 230kV 母线作为 PCC 时则不然。在 230kV 母线处，将 2 次谐波的失真率限制到

0.75%，需要在 34.5kV 母线上配置 150Mvar 滤波器，这使得在所有情况下 TDD 都少于 3.5%。不过，滤波器的容量会变得很大，导致过电压，需要采用两个双星形并联滤波器来避免这种情况。无功功率的过补偿是不允许出现的，这时候可以采用 STATCOM、SVC 或 TCR 来解决。

表 6.9　电弧炉中第 2 次谐波滤波器为 73.5Mvar 的 C 型滤波器，4 次、5 次谐波滤波器为 24.5Mvar，二阶阻尼滤波器，最差情况谐波电压模型下的谐波发射情况计算结果

谐波	通过滤波器的电流			TDD 计算值			谐波电压失真率	
	2 次 ST 滤波器	4 次 ST 滤波器	5 次 ST 滤波器	230kV 或 34.5kV 母线 的 TDD 值	IEEE 对 34.5kV 母线 的 TDD 限值	IEEE 对 230kV 母线 的 TDD 限值	34.5kV PCC	230kV 母线
基波电流（A）或基波电压（V）	1714A	462.6A	451.3A	388.9A，230kV 2593A，34.5kV	2593A	388.9A	34.5kV	230kV
$h = 2$	25.62	2.10	1.91	**2.72**	2.5	0.75	0.85	0.11
$h = 4$	1.40	21.10	9.01	1.86	2.5	0.75	1.16	0.14
$h = 5$	1.86	13.20	19.57	2.32	10	3	1.81	0.23
$h = 7$	1.55	5.47	11.48	1.58	10	3	1.73	0.21
$h = 8$	0.52	1.52	3.19	0.48	2.5	0.75	0.59	0.07
TDD，THDV				**4.35**	12	3.5	2.91	0.37

注：所有谐波电流和电压以基波电流和基波电压的百分比来展示。

6. 考虑开关暂态的情况

设计用于电弧炉的滤波器时，需要仔细考虑它对变压器浪涌电流的影响，这个过程会产生大量谐波。电弧炉变压器由于承担熔炉负载，需要经常开关。这需要

- 计算滤波电容器的暂态负载情况。
- 电容器不应该超过暂态负载极限。
- 应考虑频繁开关操作时的动态应力。电弧炉变压器一天可以开合 100 ~ 150 次。
- 也应该考虑其他暂态情况。
- PCC 处的 TDD 应该保持在允许范围里。

每个滤波器组均由一个特制的断路器控制，以减小暂态浪涌电流值，如图 6.7 所示。滤波器按从低次到高次谐波的顺序开合。

投入 100MVA 变压器，分别为 2、4、5 次谐波滤波器提供 49Mvar、24.5Mvar 和 24.5Mvar 的无功功率。采用 EMTP/ATP 对滤波器的暂态浪涌电流进行仿真，结论如下：

图 6.15 ~ 图 6.17 显示了浪涌电流对滤波器的影响，100MVA 变压器在 20ms 内投入运行，暂态过程持续几个周期。

由图 1.4 可知，变压器在 1 年投切 10 000 次的工况下，能承受的峰值暂态电压是额定电压的 $2\sqrt{2}$ 倍。由图 1.5 可知，尽管可以承受峰值电流的 12 倍，暂态过电流的频率并无特别。2 次谐波滤波器中的暂态电流如图 6.15 所示，由图可知，电流暂态过程持续时间很短，峰值大概是正常电流的 1.7 倍。

图 6.18 为 100MVA 变压器开关闭合时浪涌电流的仿真结果。

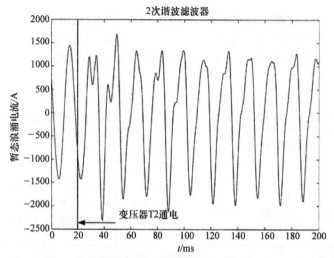

图 6.15 20ms 处, 100MVA 变压器开合下的 2 次谐波滤波器浪涌电流 (无功功率为 49Mvar)

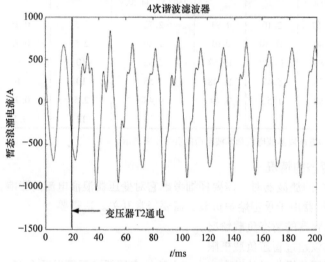

图 6.16 20ms 处, 100MVA 变压器开合下的 4 次谐波滤波器浪涌电流 (无功功率为 24.5Mvar)

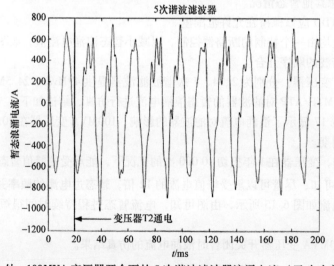

图 6.17 20ms 处, 100MVA 变压器开合下的 5 次谐波滤波器浪涌电流 (无功功率为 24.5Mvar)

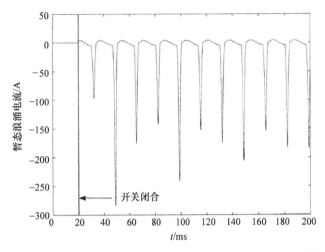

图 6.18　20ms 处，100MVA 变压器开关闭合时的浪涌电流无功功率

6.3　实例 3：两个 8000hp ID 风机驱动装置的滤波器设计

双风机驱动装置的基础系统结构如图 6.19 所示。需注意的是，13.8kV 母线下的配电系统未详细显示。在任何一个谐波分析中，所有配电系统都进行了准确的建模，大型负载也进行了简化处理（见第 4 章）。

假定附近并没有产生谐波的负载与供电系统连接，供电系统就用一个戴维南阻抗电路代表短路电流。

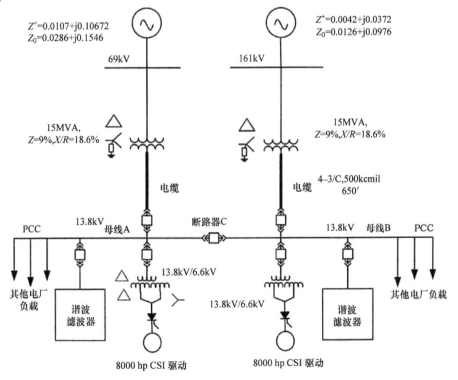

图 6.19　带有两个 8000hp ID 风机驱动装置的系统结构图

两个 ID 风机的 ASD 系统是主要的非线性负载。图中没有显示出用于研究的完整配电系统、中压和低压负载、电动机控制中心、旋转和静止负载（大概 60 根母线）。系统可以通过两个电源 69kV 或 161kV 供电。通常，母线断路器 C 保持打开，13.8kV 母线 A 由 69kV 电源供电，13.8kV 母线 B 由 161kV 电源供电。为了防止电源电力供应中断，断路器 C 闭合，全部负载由 69kV 或 161kV 电源供电。13.8kV 母线为 PCC。

低压系统运行和元件故障时会出现一些问题需要注意，同样，驱动系统中某些电路板也会发生故障，这些情况促使学者开展对谐波问题的研究。

8000hp 驱动系统是配有前端 SCR 的 18 脉波系统，通过三绕组变压器供电，可以等效为双绕组变压器（第 2 章）。由于电缆电容对谐振频率会有影响，因此，电缆电容也应该仔细地进行建模。

1. 测量

虽然系统在运行状态，但谐波测量需在不同运行状态下进行，因此，得不到所有的结果。

电压和电流失真的测量结果图如下所示：

由图 6.20 可知，当 ID 风机运行功率为 2.48MW 时（部分带载），功率因数降到 0.57。13.8kV PCC 处所得电压失真率为 25.5%。

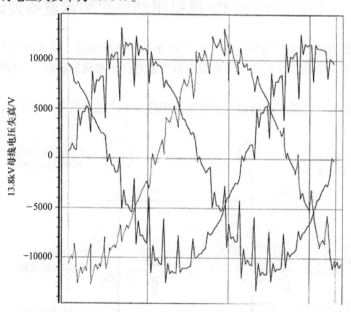

图 6.20　13.8kV（PCC）母线的电压失真（ID 风机运行功率为 2.48MW，$THD_V = 25.5\%$）

由图 6.21 可知，电流波形失真，输入电流的有效值为 165A，电流失真率约为 10%。

由图 6.22 可知，480V 母线处，电压波形失真，失真率约为 26%。

13.8kV 母线的电压失真传递给配电系统下的所有母线。注意如图 6.19 所示的公用电源的高短路阻抗。

虽然 IEEE 519 没有强调用户需要关注电压失真的情况。但值得注意的是，供电系统的电源阻抗很高，表明它与配电系统的联系很弱。流过这种高阻抗的谐波电流会引起高电压失真。在此情况下，用户不仅需要考虑失真率，同时也要考虑电压失真的情况，因为这会对系统产生很不利的影响，如产生谐波负载和系统元件故障，就像本研究案例一样。

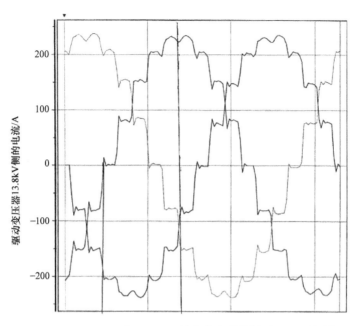

图 6.21　13.8kV 母线（PCC）的电流失真情况（TDD = 10%）

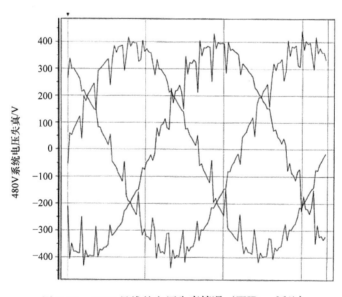

图 6.22　480V 母线的电压失真情况（THD_v = 26%）

2. 对谐波建模

当 ID 风机在不同负载情况下运行时，需在不同运行点下进行多次测量。通过测量结果，可以保守估计出谐波产生的情况。谐波建模如表 6.10 所示。

本文基于非特征谐波和 3 次谐波测量结果和最差运行情况进行了建模。注意，建模谐波达到了 73 次。这是一个 18 脉波系统，因此，特征谐波为 17、19、35、37、53、55、71、73 次等。表 6.10 给出了这些特征谐波相对于其他谐波的高幅值。

表 6.10 ID 风机的发射谐波

谐波次数	谐波相对于基波的百分比	谐波次数	谐波相对于基波的百分比	谐波次数	谐波相对于基波的百分比
2	0.07	14	0.08	49	0.20
3	0.98	15	0.86	53	3.0
4	0.06	17	8.0	55	4.0
5	0.84	19	6.0	59	0.10
6	0.12	23	0.26	61	0.10
7	0.41	25	0.28	65	0.10
8	0.06	29	0.20	67	0.10
9	0.20	31	0.20	71	2.0
10	0.08	35	4.0	73	2.0
11	0.26	37	3.0		
12	0.08	41	0.20		
13	0.26	43	0.20		

注：18 脉波特征谐波如框线所示。

3. 研究没有谐波滤波器的情况

当注入谐波如表 6.10 所示时，PCC 处，也就是在 13.8kV 母线处，电压失真上升到 42.41%。谐波电压波形和它们的频谱分别如图 6.23 和图 6.24 所示。

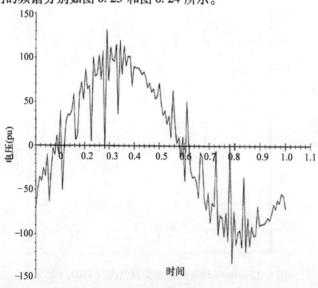

图 6.23 13.8kV 母线电压失真情况的建模（ID 风机运行功率为 6MW）

由图可知，波形严重失真，需要对滤波器的设计进行仔细的研究。

4. 滤波器的选择和设计

观察谐波频谱，很明显不能选择 ST 滤波器。因为，ST 滤波器会导致谐振频率低于陷波频率，但又不可能将这些放置在不同的开关条件下，使其与负载产生的谐波不一致。因此，应该选择二阶高通阻尼滤波器。如第 5 章所述，二阶高通阻尼滤波器不会产生转移谐振频率，但需要更

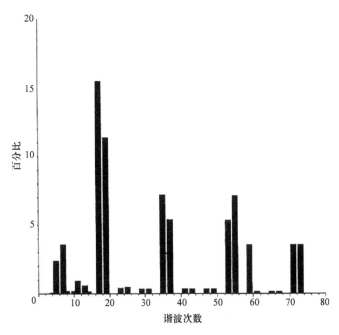

图 6.24　母线部分闭合时 13.8kV 母线侧的谐波失真频谱（电压）

大的电容。另一个优点在于，在本次研究案例中，这些滤波器对滤波元件的精密程度要求更加宽松。

滤波器的重复设计和计算方程在此不再复述（见第 5 章）。设计采用在母线两侧安装两个二阶高通滤波器的方式，元件的参数应遵循以下原则：

- 每相 10 个单元，400kvar，额定电压为 9960V，两个套管，95kV BIL，低耗类，连接方式为不接地星形结构。每一个电容器通过独立的 65A 限流熔断器相连，三相电容器在 13.8kV 电压水平下运行容量为 7679kvar。选择没有负误差，正误差可达 5% 的 400kvar 电容器。选择额定电压为 9960V 的电容器时系统的相电压为 7967V（见第 5 章）。
- 13.8kV，空冷，三相，垂直堆叠线圈，中心相反向缠绕，0.80Ω（2.122mH），持续有效值为 350A，根据研究结果指定电抗器的谐波频谱，容差为 $\pm 2.5\%$。
- 三相 0.25Ω，额定电流有效值为 350A，精度为 $\pm 10\%$，温升限制标注于第 5 章。
- 不接地星形联结。

5. 滤波器的效率

滤波器的效率如图 6.25 所示，由图可知，比图 6.23 中的电压失真率（42.41%）下降了 1.3%。

通过滤波器的电流谐波频谱如表 6.11 所示，按基波电流的百分比呈现。通过滤波器的谐波电流频谱如图 6.26 所示，波形如图 6.27 所示。由图可见，二阶高通滤波器从低次到高次拦截了大量谐波，这对于 ST 滤波器来说是不可能实现的。

6. 研究不同开关状态

研究不同开关状态是很有必要的，如表 6.12 所示。

- 案例 1~3 阐述了不同的 ID 风机运行状况，13.8kV 母线的部分断路器 C 闭合，系统与 161kV 电压相连。
- 案例 4 重复案例 3 的操作，系统和 69kV 母线相连。

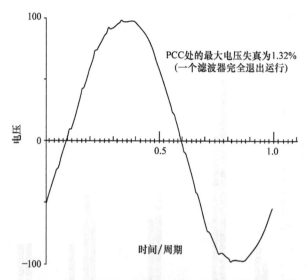

图 6.25 在 13.8kV PCC 处的电压波形，电压失真率从 42.4% 降低到 1.32%

表 6.11　通过滤波器的谐波电流频谱（基波的百分比）

谐波次数	谐波电流	谐波次数	谐波电流	谐波次数	谐波电流
2	3. 17692E − 02	19	22. 7226	49	0. 713385
4	0. 173867	23	0. 84045	53	10. 6922
5	4. 78747	25	0. 965179	55	14. 2526
7	7. 12484	29	0. 726265	59	7. 12395
8	0. 409609	31	0. 723393	61	0. 356168
10	0. 403888	35	14. 386	65	0. 356155
11	1. 86489	37	10. 7676	67	0. 356166
13	1. 18739	41	0. 715698	71	7. 12433
14	0. 329781	43	0. 714922	73	7. 12506
17	31. 0012	47	0. 713789		

- 案例 5 ~ 7 母线部分断路器开路，两个电源为负载供电。
- 案例 8 研究了滤波器电抗和电容器的精度造成的失谐现象。
- 案例 9 研究了当滤波器中的一个电容器退出运行时的失谐现象。
- 案例 10 研究了滤波器完全退出运行的情况。

7. 研究结果

计算结果如表 6.13 所示。在此表中，例 A 和 B 在没有任何滤波器的情况下运行，运行情况如下所述：

- 例 A：ID 风机运行功率为 2.48MW，PF = 0.57，电源为 161kV，13.8kV 母线部分断路器 C 闭合。
- 例 B：ID 风机运行功率为 6MW，PF = 0.84，电源为 161kV，13.8kV 母线部分断路器 C 闭合。

根据 IEEE 519，$I_s/I_r < 20$ 时，最大允许 TDD 为 5%。此外，不仅是 TDD，每一个谐波的最大

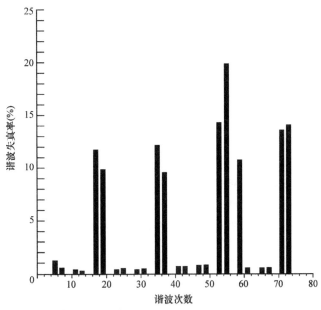

图 6.26　滤波器的谐波电流负载频谱（按基波百分比计算）

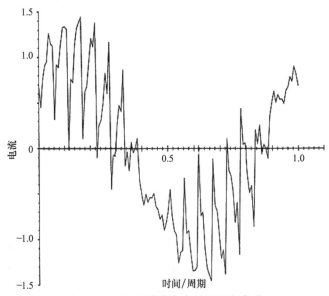

图 6.27　通过谐波滤波器的电流波形

失真率都应该做出限制。由表 6.14 可知，任何一个研究案例中的 TDD 都没有超出限值。案例 5 中最大的 TDD 等于 1.41%。表 6.14^⊖列出了 IEEE 限值与每个谐波直至第 73 次谐波的失真计算结果。注意，对于 18 脉波系统，非特征谐波减少了 25%，特征谐波增加了 $\sqrt{p/6} = \sqrt{3}$。

　　由计算结果可得，在最差情况下，第 5 次谐波超出了 IEEE 限值。不过，由于最差情况不是系统的正常运行模式，因此，这种情况是可以接受的。如果考虑避免这种情况，需将第 5 次谐波滤波器的容量增大一些。由表 6.14 可知，第 3 次谐波时值为 0；这是因为三角形联结的绕组对第

　　⊖　原书为表 6.5，有误，应为表 6.14。——译者注

3 次谐波的零序阻抗很大。

表 6.12　开关状态分析

研究案例编号	详情	母线部分断路器 C	电源
1	ID 风机的运行情况为 1.7MW，0.4PF	闭合	161kV
2	ID 风机的运行情况为 2.48MW，0.57PF	闭合	161kV
3	ID 风机的运行情况为 6MW，0.84PF	闭合	161kV
4	ID 风机的运行情况为 6MW，0.84PF	闭合	69kV
5	ID 风机的运行情况为 1.7MW，0.4PF	断开	161kV 和 69kV
6	ID 风机的运行情况为 2.48MW，0.57PF	断开	161kV 和 69kV
7	ID 风机的运行情况为 6MW，0.84PF	断开	161kV 和 69kV
8	如案例 7 所述，母线 A 的滤波器电容公差在 +10% 以内，电抗器公差在 +2.5% 以内	断开	161kV 和 69kV
9	如案例 7 所述，母线 A 的一个 300kvar 电容器组退出了运行	断开	161kV 和 69kV
10	如案例 3 所述，母线 1 的滤波器完全退出运行	闭合	161kV

表 6.13　不同运行情况下谐波分析的结果总结

滤波器	案例#	THD_V 13.8kV 母线 A	THD_V 13.8kV 母线 B	TDD 母线 A	TDD 母线 B	THD_V 480V 系统
否	A	25.42	25.42	10.06	10.06	25.42
否	B	42.41	42.41	10.95	10.95	42.41
是	1	0.59	0.59	0.6	0.6	0.51
是	2	0.56	0.56	0.47	0.47	0.40
是	3	0.68	0.68	0.46	0.46	0.56
是	4	0.68	0.68	0.41	0.41	0.55
是	5	0.59	0.59	1.41	1.40	0.49
是	6	0.56	0.56	0.97	1.18	0.47
是	7	0.61	0.61	0.87	1.05	0.57
是	8	0.67	0.69	0.76	1.05	0.55
是	9	0.72	0.69	1.01	1.05	0.59
是	10	1.32	1.32	0.92	0.92	1.09

表 6.14　IEEE 允许失真限值和案例 5 中表 6.13 所示母线 B 在 PCC 处计算得到的失真值的对比

h	IEEE 限值	设计值	h	IEEE 限值	设计值
2	1	0.07	6	1	0
3	1	0	7	1	0.18
4	1	0.12	8	1	0.02
5	1	1.06	9	1	0

（续）

h	IEEE 限值	设计值	h	IEEE 限值	设计值
10	1	0.02	41	0.15	0.01
11	0.5	0.05	43	0.15	0
12	0.5	0	0	45	0.15
13	0.5	0.04	0	47	0.15
14	0.5	0.01	49	0.15	0
15	0.5	0	**53**	**0.52**	**0.05**
17	**2.598**	**0.75**	**0.06**	**55**	**0.52**
19	**2.598**	**0.48**	59	0.15	0
23	0.15	0.02	61	0.15	0
25	0.15	0.02	65	0.15	0
29	0.15	0.01	67	0.15	0
31	0.15	0.01	**71**	**0.52**	**0.02**
35	**0.52**	**0.13**	**73**	**0.52**	**0.02**
37	**0.52**	**0.09**			

8. 实际安装情况

滤波器的实际安装情况如图 6.28 所示，这表明：

- 作为一个选择，电阻型开关可用来控制开关暂态。这需要两个断路器（见第 1 章）。不过，开关研究的结果表明，对于正在研究的配置结构来说，两个断路器没有必要。

- MMPR（基于微处理器的多功能继电器）提供了箱式保护。

- 如图 6.28 所示，电容器组由单个熔断器式并联电容器和其他设备组成，安装在一个适合室内或室外的金属屏蔽区内。或者，所有的设备可以安装在室外支架上。

- 提供一个三相四极隔离接地开关，开关之间相互连接。隔离开关采用就地隔离，除非上流断路器首先开路和闭锁，否则不能运行。接地刀开关只能在断路器和输入隔离开关开路和闭锁时才能进行操作。尽管电容器配置内置放电电阻，但当设备维修时，出于安全考虑，也需将不接地电容接地。

- 隔离刀开关不能承受负载电流或短路电流，但必须能承受系统持续 10 个周期的瞬时短路电流（第一个周期）。

- 如图所示，电容器和滤波电抗器的连接处有提供适当额定电压和最大连续工作电压（MCOV）的电涌放电器。浪涌保护不在此讨论，见第 1 章。

- 如果熔断器在电容器中运行，通过配备浪涌保护的电势装置测得电压。不平衡检测装置可以测得单个熔断器故障，提供故障预警，并在多于一个熔断器动作时跳闸。该设备是可编程的。不平衡保护如第 1 章所述。

- 电容器组的隔离中性母线运载放电电流，以防故障，它的容量通常和相母线容量相当。

- 滤波电抗器和电阻电缆的连接方式如图所示，所选择的电缆容量大小都很保守，用运载所需电流有效值乘以系数 1.35 得到。

- 滤波电抗器为干式空气磁心，垂直缠绕，且有所需的品质因数 Q 和公差。虽然铁心电抗器容量小一点，但是电压也可能高达 30kV（见第 5 章）。

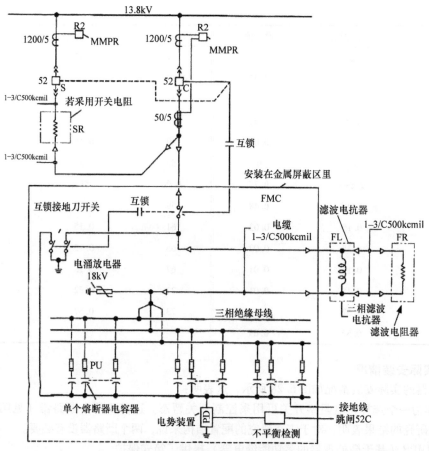

图 6.28　滤波器的实际安装情况

9. 开关瞬态的研究

无电阻开关的滤波器组激发的开关瞬态 EMTP 仿真图如图 6.29 所示。由图可知，瞬变状态持续不到四分之三个周期。某种程度上来说，尽管滤波器中的电阻器有助于抑制瞬态产生，但是它们也会进一步减少电阻开关。因此，可采用不受控制的开关瞬态。

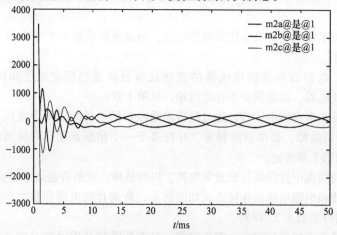

图 6.29　开关浪涌电流的 EMTP 仿真

6.4 实例4：双调谐滤波器在三绕组变压器上的应用

图 6.30 为一个 50MVA 三绕组变压器，分别由 4.16kV 的母线 3 和 13.8kV 的母线 4 供电。4.16kV 的母线上连接一个 5MVA，12 脉波的 ASD 负载和一个 2MVA 的静态负载，13.8kV 母线上连接一个 20MVA 的 6 脉波 ASD 负载和一个 10MVA 的静态负载。这些驱动系统的谐波频谱已在前面的章节进行过讨论。为了获得接近负载的额定运行电压，三绕组变压器的一次侧（138kV）将比 4.16kV 和 13.8kV 母线处高 2.5% 的电压，且 13.8kV 母线需要一个 15Mvar 容性功率补偿。

15Mvar 电容器组的谐波分析表明当没有无功补偿时，失真水平会高于环境要求值。因此，要求：

- 13.8kV 母线处产生的 5 次、7 次谐波采用双调谐滤波器，5 次谐波采用 9Mvar，7 次谐波采用 6Mvar 的滤波器，因为 5 次、7 次谐波是 6 脉波系统的主要谐波。

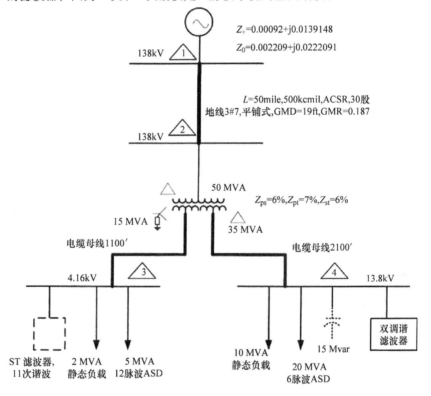

图 6.30 50MVA 三绕组变压器，4.16kV 和 13.8kV 二次侧绕组连接非线性负载

- 同时，可以在 4.16kV 母线侧安装单调谐滤波器滤除 11 次谐波，该滤波器可以用于控制这条母线上 12 脉波负载产生的 11 次和 13 次谐波。

有了这个目标，谐波潮流的计算结果如图 6.31 和图 6.32 所示，图中给出了电流频谱和电缆母线 1 和 2 的电流波形。计算结果如表 6.15 所示。当 13.8kV 母线双调谐滤波器的性能和 13.8kV 母线上的谐波显著减少时，谐波增大的情况出现在 4.16kV 母线上。注意，尽管母线侧安装了容量为 6Mvar 的 11 次谐波滤波器，但是 11 次谐波的失真率仍为 11.29%。

然后，2.4kV 母线处 11 次谐波滤波器退出运行。

计算结果如图 6.33 和图 6.34 所示，由图可知，通过电缆母线 1 的电流失真率显著减少，而

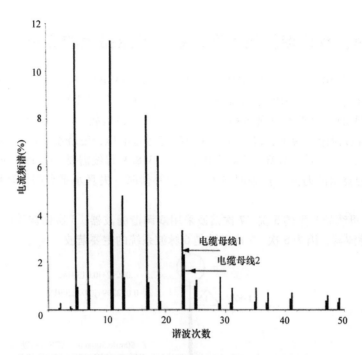

图 6.31　图 6.30 中，在 4.16kV 母线侧安装了 11 次谐波滤波器后，电缆母线 1 和 2 的谐波电流频谱

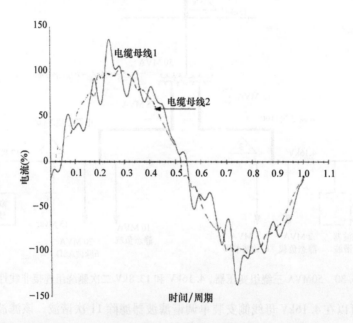

图 6.32　图 6.30 中，在 4.16kV 母线侧安装 11 次谐波滤波器后，电缆母线 1 和 2 的电流波形

通过电缆母线 2 的失真率稍微增加。这些结果如表 6.15 所示。

两条母线耦合的情况是很不常见的，其中一条母线的电压等级为 13.8kV，另一条为 4.16kV，通过三绕组变压器移出而非增加一个 ST 滤波器使谐波失真率降低。然而，通过 138kV 线路的电流失真率略有增加。

表 6.15　6.4 节中谐波失真率的计算结果

编号	安装了 11 次谐波滤波器			没有安装 11 次谐波滤波器		
	2.4kV 电缆母线 1	13.8kV 电缆母线 2	138kV 线路 L1	2.4kV 电缆母线 1	13.8kV 电缆母线 2	138kV 线路 L1
100%	922.68	1056.29	136.05	961.97	1039.12	130.97
2	0.08	0.28	0.23	0.04	0.28	0.22
4	0.14	0.07	0.09	0.03	0.13	0.11
5	**11.18**	**0.96**	**3.27**	**1.73**	**2.59**	**2.76**
7	5.45	1.04	0.43	0.79	0.02	0.23
11	**11.29**	**3.38**	**0.89**	**3.45**	**0.48**	**2.85**
13	4.79	1.37	0.72	2.05	0.31	1.93
17	**8.17**	**1.15**	**1.83**	**2.42**	**2.17**	**3.76**
19	6.45	0.36	1.89	1.36	2.19	2.33
23	3.32	2.31	1.76	0.66	2.28	1.40
25	1.0	1.25	0.68	0.57	1.25	0.65
29	0.27	1.37	0.44	0.08	1.37	0.46
31	0.30	0.92	0.25	0.10	0.91	0.27
35	0.34	0.92	0.21	0.26	0.90	0.25
37	0.29	0.72	0.16	0.20	0.69	0.18
41	0.47	0.71	0.14	0.24	0.69	0.16
43	0.01	0	0	0.02	0	0
47	0.37	0.60	0.15	0.25	0.57	0.18
49	0.31	0.48	0.15	0.17	0.46	0.17
THD（%）	20.65	5.38	4.81	5.33	5.33	6.41

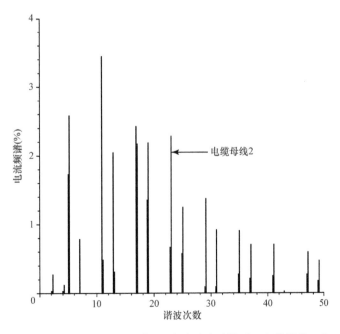

图 6.33　图 6.30 中，在 4.16kV 母线侧未安装 11 次谐波滤波器时，电缆母线 1 和 2 的谐波电流频谱

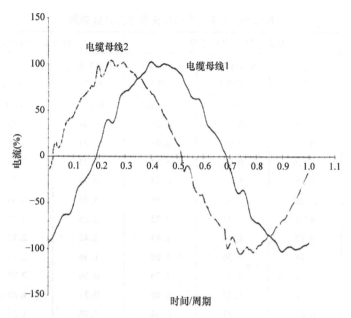

图 6.34 图 6.30 中，在 4.16kV 母线侧未安装 11 次谐波滤波器时，电缆母线 1 和 2 的谐波电流波形

    表中的结果是通过研究图 6.35a ~ c 的 138kV 母线 2，4.16kV 母线 3 和 13.8kV 母线 4 的 $Z - \omega$ 图得出的。关注滤波器间的相互作用机制，在 4.16kV⊖ 母线 3 的 11 次谐波滤波器投入和退出运行时，发现滤波器的相互作用改变了这些母线的频谱图。部分原因是母线 3 和 4 之间通过三绕组变压器的耦合低阻抗。

    阻尼滤波器可用于减小滤波器间的相互影响。

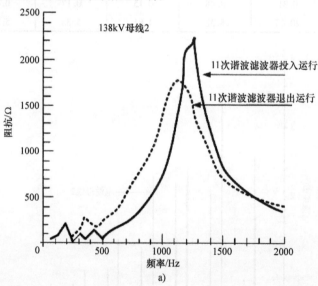

图 6.35 图 6.30 中，138kV、4.16kV 和 13.8kV 母线处，安装的 11 次谐波滤波器投入或退出运行时，阻抗幅值频率扫描结果

⊖ 原书为 2.4kV，有误。——译者注

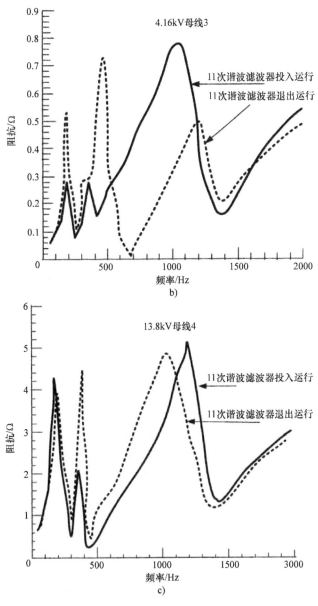

图 6.35　图 6.30 中，138kV、4.16kV 和 13.8kV 母线处，安装的 11 次谐波滤波器投入或
退出运行时，阻抗幅值频率扫描结果（续）[⊖]

6.5　实例 5：光伏太阳能发电装置

我们并非讨论太阳能发电。太阳能以 $400Btu/ft^2$ [⊜] 的辐射水平反射，可用于水加热、工业过程加热、家用电器、风机气泵、交通灯和混合光伏住宅。将太阳能转换为电能的两种技术如下：

- 太阳能热机系统中太阳辐射用于加热运转汽轮机的工作液体。太阳能是通过跟踪太阳轨

⊖　原书中图 6.35c 为 138kV 母线 4，有误。——译者注

⊜　1Btu = 1055.06J。

迹的反射镜收集而得，然后将能量汇集用于加热液体。

* 太阳能光伏电池，直接将太阳辐射转换为电流。

光伏电池最早用于给卫星供能。光伏是一个能直接将太阳能转换为电能的装置。光伏电池的基本结构如图 6.36 所示。入射光子导致在 P 层和 N 层中产生电子空穴对。少数产生的光子自由通过节点，这大幅增加了少数光子的流动。当负载和电池相连时，主要的成分为光电流。同时也存在反相热电流，由于它在没有光的时候也能流动，故也称黑电流。光电流沿与前向二极管节点电流的相反方向流动。

光伏电池分类如下：

* 按材料分类，如非晶体硅、多晶体硅、非晶硅、砷化镓、碲化镉和硫化镉。
* 按技术分类，如单个晶体键和薄膜。

转换效率各有不同。在正常温度 25℃ 下，透光水平为 100mW/cm^2 时，非晶硅的转换效率为 5% ~ 6%，而砷化镓的转换效率为 20% ~ 25%。

在美国，生产太阳电池的能效已经提高了 20%，官方宣布已研发出新型薄膜式设备，联邦太阳能系统，能每年生产 30MW 的太阳电池。光伏电池板安装在多伦多 CN 塔的顶部。加拿大大多数的太阳能板容量为 6.5MW，主要用于轻型房屋、家居、导航浮标和遥控通信塔等非并网设备。估计仅在加拿大，居民太阳能水系统、季节性水池加热器、热水装置就有 12 000 个。

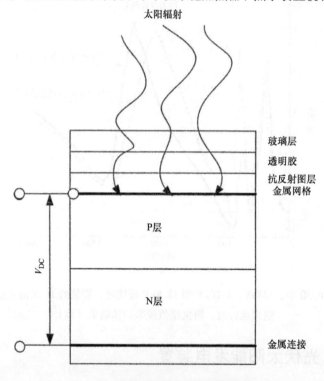

图 6.36　太阳能光伏电池的基本结构

直到 20 世纪 90 年代中期前，光伏太阳能的应用都是独立的，与公用电网连接的想法都是不实际的。电网里的光伏电池按 IEEE 929 标准进行分类。通常，电网系统在运行时不兼容任何形式的储能、供能。由于输出为直流，将它在接入电网前转换为交流电是很有必要的。因此，采用了逆变器，这里称之为功率转换单元（PCU）。当电网电压降落时，自动隔离装置会动作。PCU 和电网电压同步。图 6.37 为美国的太阳能电源分布情况。

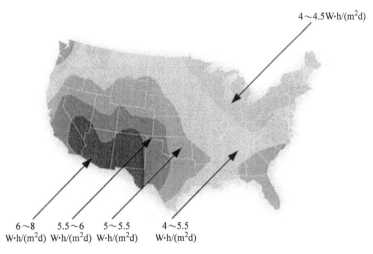

4～4.5W·h/(m²d)

6～8
W·h/(m²d)　5.5～6
W·h/(m²d)　5～5.5
W·h/(m²d)　4～5.5
W·h/(m²d)

图 6.37　美国太阳能资源

6.5.1　计及谐波分析的太阳能发电装置

　　本次研究，对大型太阳能发电装置的注入谐波进行了建模。在逆变器构思设计阶段，尽力做到从太阳电池获得大电流，并提高其输出电压。图 6.38 给出了一个 2.5MVA、13.8kV/0.8kV，与两个太阳能逆变器相连的三相变压器，逆变器依次连接多个串联和并联配置的太阳电池，需要达到最大输出电流为 900A，三相逆变器输出电压为 800V。

　　图中给出了 10 个这样的 13.8kV/0.8kV 的变压器，一次绕组为三角形联结，二次侧绕组为星形联结，固态接地，形成了一个 1200A、13.8kV 的断路器提供的"单支路"。因此，一条支路中最大可能输出功率大概为 75MW。3 个这样的支路由 3000A、13.8kV 母线 1（见图 6.39）供电。运行功率因数在 0.95 滞后到 0.95 之间变换。当在滞后功率因数运行时，需要通过电压控制自动投切电容器组来实现 6Mvar 的无功功率补偿。

　　图 6.39 给出了 3 条 13.8kV 的母线，母线 1、母线 2 和母线 3，都与一个 55/92MVA、13.8kV/230kV 升压变压器相连。因此，共 9 条支路安装容量，由 10 个 2.5MVA 变压器（共 90 个变压器）组成，在发电峰值时期能达到 225MW。

　　确定研究的项目：

　　• 如果有 180 个太阳能逆变器，其中每一个变压器的二次侧都有两个逆变器作用，是否会存在谐波失真问题？

　　• 当每一条母线上都投入 6Mvar 电容器组，是否会产生谐振问题？

　　• 投切电容器是否会产生对逆变器造成损害的暂态过电压？

　　这里我们将不再对开关暂态进行讨论。可以参照第 1 章中所列出的参考文献。

　　研究结果如下述图、表所示。

　　表 6.16 给出了与一个 13.8kV/0.8kV，三角 - 星形联结接地，容量为 2.5MVA 的变压器二次侧相连逆变器的发射谐波电流情况，按基波电流百分比计算。奇偶次谐波分开列写。这些谐波的含量很少，逆变器附近安装了滤波器。相与相之间的发射谐波各有不同，表 6.16 列出了最大值。各厂商得到的发射谐波情况都不一样，确定正确的频谱是很重要的。

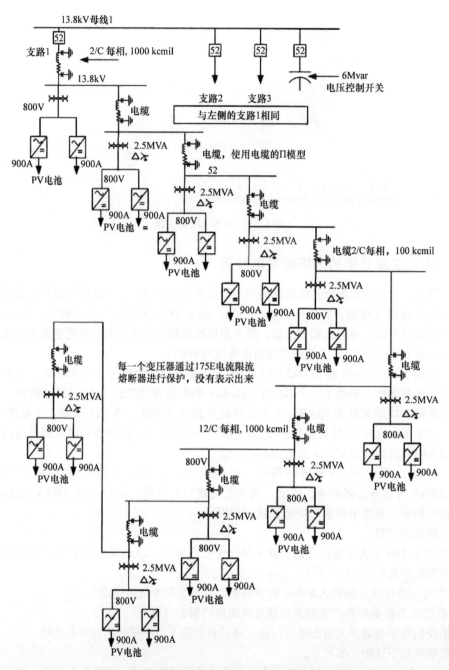

图 6.38   太阳能发电装置的系统结构，3 条支路，每条支路由
10 个 2.5MVA 升压变压器连接到一条 13.8kV 母线组成

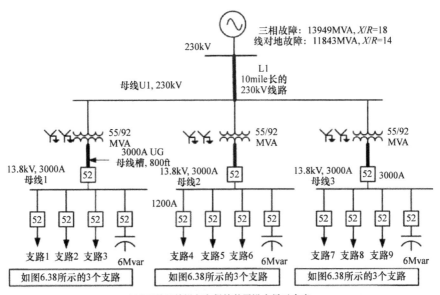

图 6.39　一个 225MW 太阳能发电装置的总布局

表 6.16　太阳能发电装置的发射谐波

谐波次数奇次谐波	基波百分比	谐波次数偶次谐波	基波百分比
3	0.14	2	0.24
5	0.18	4	0.30
7	0.09	6	0.05
9	0.06	8	0.11
11	0.09	10	0.13
13	0.04	12	0.05
15	0.06	14	0.12
17	0.12	16	0.15
19	0.30	18	0.06
21	0.12	20	0.16
23	0.25	22	0.20
25	0.10	24	0.12
27	0.07	26	0.12
29	0.11	28	0.13
31	0.24	30	0.11
33	0.11	32	0.19
35	0.11	34	0.22
37	0.12	36	0.09
39	0.07	38	0.14
		40	0.14

　　图 6.40 为 13.8kV 母线处阻抗模量和相角的频率扫描情况。由于对称性，在任何一条 13.8kV 母线 1、2、3 上的结果都是一样的。当电容器（总共 18Mvar）投入运行时，谐振频率会有所降低。当电容器不在运行状态时，会出现高于 40 次的谐波。由于对高于 40 次的谐波没有进

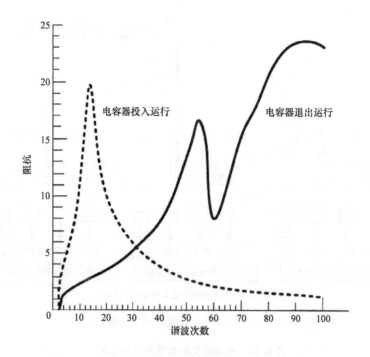

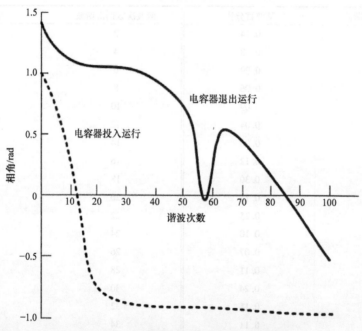

图 6.40 13.8kV 母线处的频率扫描（相角和模量）

行建模，这不会产生影响。

图 6.41 为 13.8kV 母线处电容器退出运行和投入运行时谐波电压频谱情况。当电容器投入运行时，高次谐波减少了 1/4 ~ 1/3。例如，当电容器投入运行时，第 23 次谐波减少了 1/2.3，第 29 次谐波减少了 1/3.5。当电容器退出运行时，13.8kV 母线的电压总失真率为 0.14%，当电容器投入运行时，失真率再减少 0.08%。通常，在相反情况下，电容器的存在会使失真率升高。

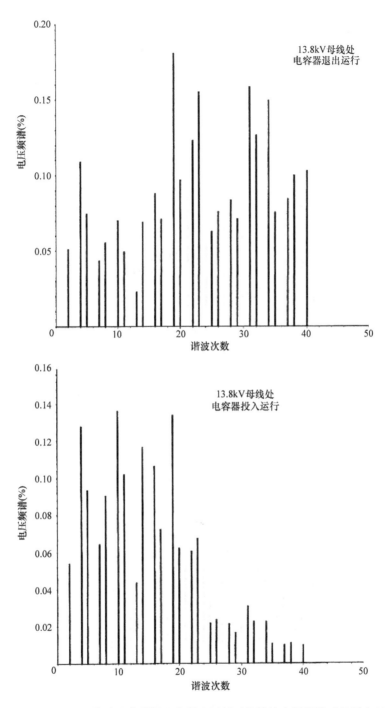

图 6.41　13.8kV 母线处电容器投入和退出运行时的谐波电压频谱（见图 6.39）

图 6.42 为 230kV 母线处的谐波电压频谱。它和图 6.41 中 13.8kV 母线的规律相同。当电容器退出运行时，230kV 母线的谐波电流失真率为 0.13%，当电容器投入运行时，电流失真率减少了 0.08%。

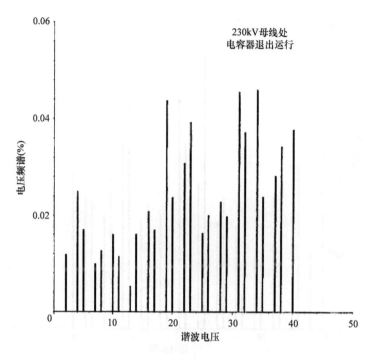

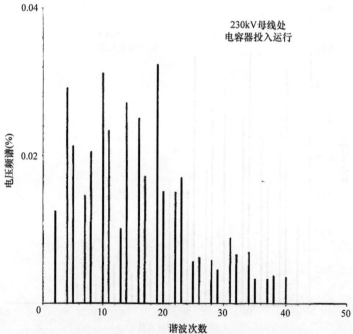

图 6.42 230kV 母线处电容器投入和退出运行时的谐波电压频谱图（见图 6.39）

表 6.17 列出了单个谐波的幅值。由于存在变压器的三角形联结绕组，因此第 3 次谐波得以消除。

电容器退出和投入运行时，通过 230kV 线路 L1 的谐波频谱如表 6.18 所示。它的规律和电压频谱一样。

没有任何一项研究的成果能适用于所有情况。太阳能发电站采用了许多电压控制设备，如 STATCOM、并联电抗器和滤波器。光伏逆变器产生的谐波各异，无功补偿各异，都会产生截然不同的结果。

表 6.17　电容器组投入和退出运行时的谐波电压失真情况

奇次谐波次数	所有 13.8kV 母线处的电容器退出运行	230kV 母线处的电容器退出运行	所有 13.8kV 母线处的电容器投入运行	230kV 母线处电容器投入运行	偶次谐波次数	所有 13.8kV 母线处的电容器退出运行	230kV 母线处电容器退出运行	所有 13.8kV 母线处的电容器投入运行	230kV 母线处电容器投入运行
3	0	0	0	0	2	0.05	0.01	0.05	0.01
5	0.07	0.02	0.09	0.02	4	0.11	0.02	0.13	0.03
7	0.04	0.01	0.06	0.11	6	0	0	0	0
9	0	0	0	0	8	0.06	0.01	0.09	0.02
11	0.05	0.01	0.10	0.02	10	0.07	0.02	0.14	0.03
13	0.02	0.01	0.04	0.01	12	0	0	0	0
15	0	0	0	0	14	0.07	0.02	0.12	0.03
17	0.07	0.02	0.07	0.02	16	0.09	0.02	0.11	0.03
19	0.18	0.04	0.13	0.03	18	0	0	0	0
21	0	0	0	0	20	0.10	0.02	0.06	0.02
23	0.16	0.04	0.07	0.02	22	0.12	0.03	0.06	0.02
25	0.06	0.02	0.02	0.01	24	0	0	0	0
27	0	0	0	0	26	0.08	0.02	0.02	0.01
29	0.07	0.02	0.02	0	28	0.08	0.02	0.02	0.01
31	0.16	0.05	0.03	0.01	30	0	0	0	0
33	0	0	0	0	32	0.13	0.04	0.02	0.01
35	0.08	0.02	0.01	0	34	0.15	0.05	0.02	0.01
37	0.08	0.03	0.01	0	36	0	0	0	0
39	0	0	0	0	38	0.10	0.03	0.01	0
					40	0.10	0.04	0.01	0

电容器投入运行时的 THDv
230kV 母线：0.08%
13.8kV 母线：0.08%

电容器退出投入运行时的 THDv
230kV 母线：0.13%
13.8kV 母线：0.14%

表 6.18　230kV 线路电容器投入和退出运行时的谐波电流失真情况

奇次谐波次数	注入 2500kVA 变压器二次侧的谐波含量	电容器退出运行时 230kV 线路的谐波含量	电容器投入运行时 230kV 线路的谐波含量	偶次谐波次数	注入 2500kVA 变压器二次侧的谐波含量	电容器退出运行时 230kV 线路的谐波含量	电容器投入运行时 230kV 线路的谐波含量
3	0.14	0	0	2	0.24	0.20	0.22
5	0.18	0.12	0.15	4	0.30	0.22	0.26
7	0.09	0.05	0.08	6	0.05	0	0
9	0.06	0	0	8	0.11	0.06	0.09
11	0.09	0.04	0.08	10	0.13	0.06	0.11
13	0.04	0.01	0.03	12	0.05	0	0
15	0.06	0	0	14	0.12	0.04	0.07
17	0.12	0.04	0.04	16	0.15	0.05	0.06
19	0.30	0.09	0.06	18	0.06	0	0
21	0.12	0		20	0.16	0.04	0.03

（续）

奇次谐波次数	注入2500kVA变压器二次侧的谐波含量	电容器退出运行时230kV线路的谐波含量	电容器投入运行时230kV线路的谐波含量	偶次谐波次数	注入2500kVA变压器二次侧的谐波含量	电容器退出运行时230kV线路的谐波含量	电容器投入运行时230kV线路的谐波含量
23	0.25	0.06	0.03	22	0.20	0.05	0.03
25	0.10	0.02	0.01	24	0.12	0	—
27	0.07	0	0	26	0.12	0.03	0.01
29	0.11	0.03	0.01	28	0.13	0.03	0.01
31	0.24	0.06	0.01	30	0.11	0	0
33	0.11	0	0	32	0.19	0.05	0.01
35	0.11	0.03	0	34	0.22	0.05	0.01
37	0.12	0.03	0	36	0.09	0	0
39	0.07	0	0	38	0.14	0.04	0
				40	0.14	0.04	0

注：电容器退出运行时，THDL=0.13%；电容器投入运行时，THDL=0.08%。

6.6 实例6：远距离谐波的影响

图6.43为工业和商业用户的发电、输电、二次输电、用电设施。

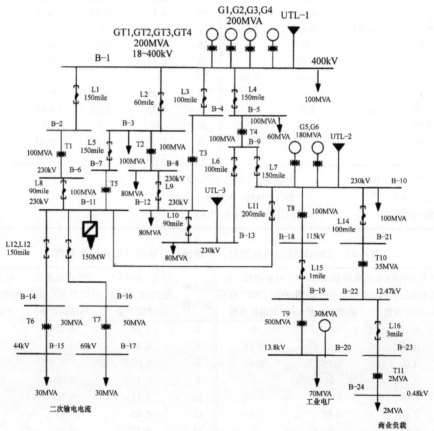

图6.43 为工业和商业用户供电的发电、输电、二次输电、用电设施，用来研究远距离谐波的影响

由图可知，有4个和400kV母线相连的发电机G1、G2、G3和G4；2个和230kV相连的发电

机 G5 和 G6，以及一个容量为 30MVA 的工业发电机连接到 13.8kV 母线 B - 20 工业发电负载。所有的发电机均通过一个配电变压器实现大电阻接地，容量为 30MVA 的工业发电机小电阻接地。

共 15 条输电线路，5 条为 400kV，9 条为 230kV，1 条为 115kV，1 条配电线路为 12.47kV，对这些线路进行建模，线路的长度如图 6.43 所示。

共有 17 个变压器，额定值、电压比如图所示。所有发电机的升压变压器一次侧为三角形联结，高压侧为星形联结，固态接地。除了为工业负载供电的 500MVA$^{\ominus}$ 的变压器为星形联结，小电阻接地外，所有其他变压器为三角形联结一次侧绕组和固态接地的二次侧绕组。

系统的总负载为 731.5MW 和 360Mvar。有的负载为综合负载，也就是静态和交流电动机负载，图 6.43 并无显示。总发电量为 1020MW 和 73Mvar。系统中的有功损耗大概为 16MW。

在整个系统中，母线 B - 11 上仅有一个 150MW 的换流器负载，没有配备其他的并联电容器或无功功率补偿设备。

当系统负载情况如图所示时，并不需要无功功率补偿。除满足负载无功需求和系统损耗外，系统大概需要 341Mvar 功率。因为长距离输电线路的并联电容会产生超前无功功率。当系统空载时，需要为控制和非控制形式的并联电抗器、SVC 或其他设备提供滞后无功功率补偿。

当变压器的电压比设置合适时，没有任何电压调节器的情况下，所有母线的负载电压可维持在允许范围内。在不同负载情况下，为了解决电压变化的情况，需要配备可控和固定无功功率补偿装置。

3 个公用电源，一个 400kV，另外两个为 230kV，分别为 U1、U2 和 U3，用基频下的单线对地故障代表阻抗，没有外在谐波。

本次是为了研究当只有 1 个 150MW 谐波产生负载时，对含 2MVA 小商业负载的电力系统各部分的谐波影响。

研究结果如下所示。

- 图 6.44 和图 6.45 分别给出了流入 3 个公用电源的谐波电流频谱和电流波形。图 6.46 是电源内联时母线的频率扫描。注入系统的谐波电流如表 6.19 所示。这意味着尽管没有并联电容，系统中仍然存在谐波增益的情况。

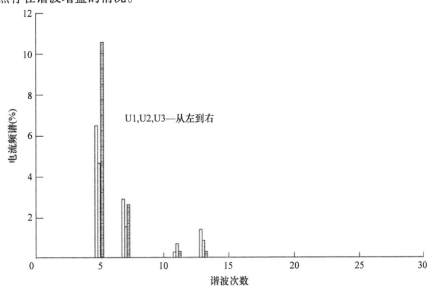

图 6.44　图 6.43 中，流入 3 个公用电源的谐波电流频谱

$\ominus$　原书为 50MVA，有误。——译者注

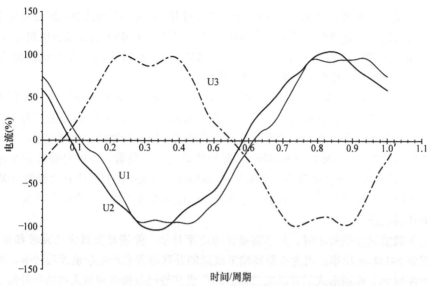

图 6.45 图 6.43 中，流入 3 个公用电源的谐波电流波形

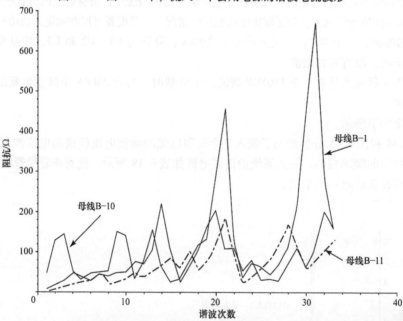

图 6.46 图 6.43 中，与公用电源相连一些母线的阻抗模量频率扫描（给出了一些谐振频率）

表 6.19 公用电源的谐波电流潮流 （单位：A）

谐波次数	U1，400kV	U2，230kV	U3，230kV
基波	587.82	372.46	295.01
5	6.5	4.68	10.71
7	2.94	1.59	2.60
11	0.15	0.66	0.09
13	1.4	0.76	0.10
17	0.16	0.16	0.20
19	0.04	0.05	0.23
23	0.02	0.01	0.03
25	0.01	0.01	0.01

● 图 6.47 和图 6.48 给出了系统远端变压器 T6（二次输电系统）、变压器 T9（工业配电系统）、2MVA 变压器 T11（商业配电）的谐波电流和波形。由图可知，这些系统会受一定谐波的影响（见表 6.20）。

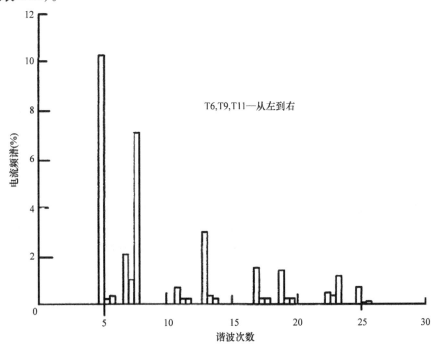

图 6.47   图 6.43 中，系统远端变压器的谐波电流频谱

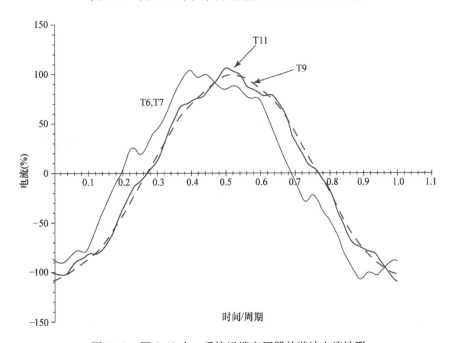

图 6.48   图 6.43 中，系统远端变压器的谐波电流波形

表 6.20　变压器 T6、T9 和 T11 的谐波电流潮流　　　　（单位：A）

谐波	T6，50MVA 输电	T9，50MVA 工业负载	T11，2MVA 商业负载
基波	75.33A = 100%	179.01A = 100%	96.92A = 100%
5	10.08	0.11	0.15
7	2.06	1.05	7.06
11	0.66	0.07	0.10
13	2.91	0.25	0.27
17	1.36	0.16	0.16
19	1.36	0.15	0.19
23	0.37	0.07	1.05
25	0.71	0.02	0.04

注：谐波电流以基波电流的百分比展示。

● 谐波电压的放大和衰减通过输电线路实现。图 6.49 为母线 B-11、B-6、B-14 的谐波电压波形。由图可知，谐波电压各异。图 6.50 描绘出了母线 B-1、B-2 和 B-5 的类似图像。谐波电压是在特定谐波电流潮流下谐波阻抗的函数，展示了谐振的情况。

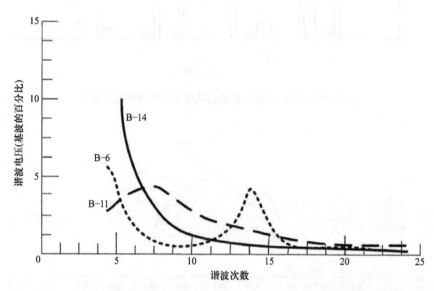

图 6.49　图 6.43 中，母线 B-6、B-11 和 B-14 的谐波电压
随谐波次数的变化而放大和衰减情况

单个谐波源能通过几英里产生远距离影响。这是因为，根据长线路模型能在输电系统中产生谐振和部分谐振。参见第 3 章中高压输电线路的电容充电电流估计。

通过这项研究可知，需要通过配备滤波器，消除母线 B-11 的谐波。消除如 5、7 次的低次谐波能降低一定距离下的谐波幅值，而非完全消除，因为部分谐振的情况依然会发生。

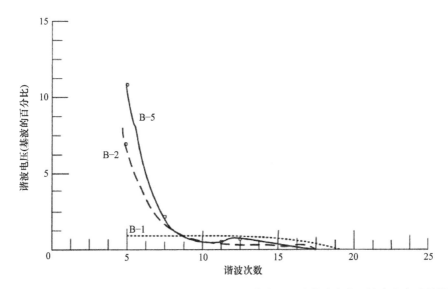

图 6.50　图 6.43 中，母线 B-1、B-2 和 B-5 的谐波电压随谐波变化而放大和衰减的情况

6.7　实例 7：风电场

2007 年末，全球已新增超过 94GW 的风力发电量，其中美国超过 12GW，德国 22GW。纵观能源分布水平（风力占总的能源比例），丹麦以超过 20% 的比例领先，德国紧随其后。在 1 年中的某些时候，丹麦风力占有率超过了 100%，超出的部分出售给了德国和北欧电力市场。欧洲的 19 个海上项目产生 900MW。美国的海上风力资源很充足。

在美国，风力发电占总发电量 0.6%，可再生能源实验室（DOE/NREL）对 2030 年时占能源总量 20% 的风力前景进行了调研。考虑因素如下：

- 潮流控制；
- 无功补偿；
- 阻塞管理；
- 长期和短期电压稳定；
- 暂态稳定和低电压穿越能力；
- 温室气体减少；
- 谐波和谐振。

在美国，单个风电机组的额定功率已经从 20 世纪 80 年代的 100kW 上升到海上机组的 5MW。全球范围内，在 2014 年 1 月已有一台叶片长 80m 的 8MW 齿轮式单个机组投入使用。

当运行速度超过同步速度时，感应电动机将如感应发电机一般运行。在 $s=0$ 时，感应电动机的转矩为 0，运行速度高于同步速度时，转差率为负值，以发电机模式运行。转矩 - 速度特性和感应电动机类似（见图 6.51）。同样，等效电路和感应电动机类似（见图 6.52）。

最大转矩可以写为

$$T_{\mathrm{m}} = \frac{V_{\mathrm{s}}^{2\ominus}}{2\sqrt{\left[R_{\mathrm{s}}^2 + (X_{\mathrm{s}} + X_{\mathrm{r}})\right]^2} \pm R_{\mathrm{s}}} \tag{6.2}$$

⊖　原书为 V_{s}^2，有误。——译者注

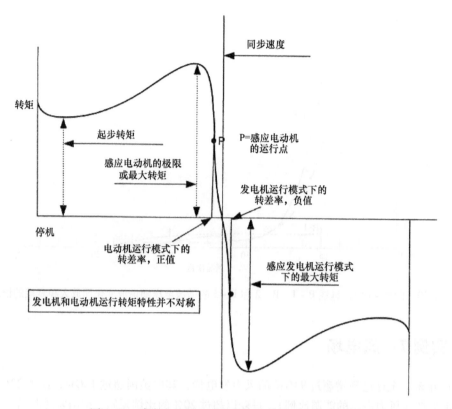

图 6.51　感应电动机和感应发电机的转矩 – 速度特性

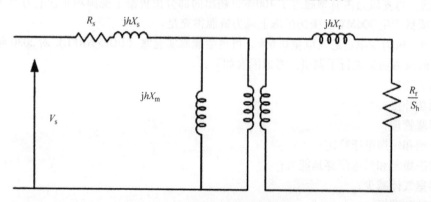

图 6.52　感应发电机的等效电路模型

负 R_s 代表了以发电机模式运行时需要的最大转矩。最大转矩与转子阻抗无关。对于超同步速度运行（发电机运行）时，最大转矩和 R_r（转子电阻）无关，与电动机运行模式类似，但随着定子和转子的电抗降低，电阻增大。

感应发电机不需要同步，在没有任何频率下可以并列运行，原动机的速度变化相对不重要。因此，这些机器常被应用于风力发电。

感应电动机由供电系统获得励磁，通常需要无功功率。感应电动机可以在没有外置直流电源的情况下，通过电容器组自激励，但频率和感应电压受速度、负载情况和电容额定值影响。对于一个感应负载，磁性能量循环需要通过电容器组完成，但感应发电机则不能完成这样的工作。突然短路时，励磁失败，发电机也能维持输出。因此，这样的发电机能实现自我保护。

当转子速度超过了同步速度，转子电动势与同步时的位置相位相反，这是因为转子移动速度比定子快，这使得转子电流反相，定子电流同样反相。转子电流中心是一个完整的圆。定子电流是超前一定相角的电流。它的输出不能为一个滞后型负载供电。电容器会导致谐振和自励磁。感应发电机产生谐波和同步脉动转矩，类似感应电动机。

根据 WECC（西部电力协调委员会）风力发电部门（WGTF）的建议，风电场和电网连接时，需遵循如电压控制、故障清除时间和电压骤降持续时间等一系列严格规程；这里并没有完全进行讨论。因此，需要进行前期无功功率补偿研究。正如我们先前所见，无功功率补偿、功率因数和电压波形都是相互关联的，系统阻抗在其中至关重要。根据图 6.53 所示的等效电路，一个感应发电机需要的无功功率可以写为

$$Q = \frac{-b}{2a}V_1^2 + \frac{\sqrt{(b^2-4ac)\ V_1^4 + 4aPV_1^2}}{2a} \tag{6.3}$$

式中，$a = \dfrac{R_r X_{ss}^2}{X_m \sin^2\varphi}$；$b = \dfrac{2R_r X_{ss}}{X_m^2} + \dfrac{1-s}{\tan\varphi}$；$c = \dfrac{R_r}{X_m^2}$；$X_{ss} = X_s + X_m$； $\tag{6.4}$

P 是有功功率；φ 是功率因数角。

风力发电机的动态模型包括节距角控制，有功和无功功率控制，驱动系统模型和发电机模型。这些模型是涡轮机制造商的专利，只能在保密协议下使用。WECC 已经开始开发一些在目前商业软件中没有的通用模型。

图 6.53 给出了使用 DFIG 风力发电的总体控制系统图。它有 4 个主要的控制组件：

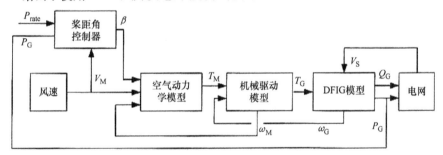

图 6.53　风力发电的主要控制电路元件

- 节距角控制模型；
- DFIG 的矢量解耦控制系统；
- 电网 VSC 控制模型；
- 转子 VSC 控制系统。

风力发电机并不能维持电压水平和所需的功率因数。根据规定，它应该能够在 PCC 处，将功率因数从滞后到超前 0.95 之间的任何点上提供额定功率。在滞后功率因数下，以额定功率因数定义的无功功率限值，适用于高于额定功率输出 20% 的有功功率输出水平。同样，在超前功率因数下，以额定功率因数定义的无功功率限值也适用于高于额定功率输出 50% 的所有有功功率输出水平。具体细节如图 6.54 所示；图中给出了电网侧 PCC 处的内联情况，而不是单个运行机组。因此，在某一特定地区，由于风速在 1 天、月度、峰值和最低原始电力中产生的有功功率会发生变化，无功功率补偿、故障水平和短路分析是规划阶段的首要研究问题。这些问题影响基础设备额定值的选择和保护系统的设计。也会出现一些需要考虑的问题，例如电缆与用于集电器

母线与电网升压变压器连接的架空线；还需要进行动态特性、电压分布、故障清除时间、记录电网连接要求的研究。事实上，风力发电和电网互连除了需要考虑谐波外，还需要进行更广泛的研究。

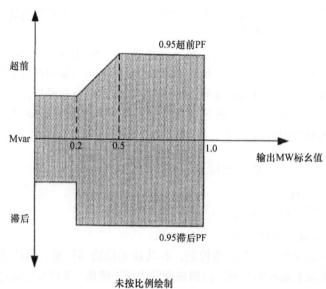

图 6.54 并网风电场的运行需求，输出功率随功率因数变化的情况

由于风力发电机谐波的随机性，需采用概率概念。自回归移动平均（ARMA）模型是对时间序列的统计分析，并用两个多项式对一个平稳随机过程进行简洁的描述，一个用于自回归，另一个用于移动平均。

在 dq 同步旋转坐标系下的恒频变速发电机的数学模型由下式给出：

$$\begin{vmatrix} v_{sd} \\ v_{sq} \\ v_{rd} \\ v_{rq} \end{vmatrix} = \begin{vmatrix} pL_s + R_s & -\omega_1 L_s & pL_m & -\omega_1 L_m \\ \omega_1 L_s & pL_s + R_s & \omega_1 L_m & pL_m \\ pL_m & -(\omega_1 - \omega_r)L_m & pL_r + R_r & -(\omega_1 - \omega_r)L_r \\ (\omega_1 - \omega_r)L_m & pL_m & (\omega_1 - \omega_r)L_r & pL_r - R_r \end{vmatrix} \begin{vmatrix} i_{sd} \\ i_{sq} \\ i_{rd} \\ i_{rq} \end{vmatrix} \tag{6.5}$$

式中，下标 s 和 r 表示定子和转子；p 是求导算子。

发电机磁通量给定如下：

$$\begin{vmatrix} \varphi_{sd} \\ \varphi_{sq} \\ \varphi_{rd} \\ \varphi_{rq} \end{vmatrix} = \begin{vmatrix} L_s & 0 & L_m & 0 \\ 0 & L_s & 0 & L_m \\ L_m & 0 & L_r & 0 \\ 0 & L_m & 0 & L_r \end{vmatrix} \begin{vmatrix} i_{sd} \\ i_{sq} \\ i_{rd} \\ i_{rq} \end{vmatrix} \tag{6.6}$$

如果定子的漏磁通和旋转坐标系的 d 轴方向相同，则 $\varphi_{sd} = 0$。因此

$$\begin{aligned} \phi_{sd} &= \phi_s \\ \phi_{sq} &= 0 \end{aligned} \tag{6.7}$$

如果忽略定子绕组电阻，有

$$\begin{aligned} v_{sd} &= 0 \\ v_{sq} &= |v_s| \end{aligned} \tag{6.8}$$

发电机侧有功和无功功率为

$$P_s = v_{sd}i_{sd} + v_{sq}i_{sq} = v_{sq}i_{sq}$$
$$Q_s = v_{sd}i_{sd}$$

(6.9)

P_s、Q_s 可以用上述方程解耦。

撬棒保护是 DFIG 特有的。在附近发生故障时，转子侧换流器必须受到保护。当电流超过一定限制时，转子侧换流器被旁路以避免遭受损坏。

6.7.1　谐波分析的模型

对于谐波潮流分析，谐波电流与异步电机模型并行建模。与发电机和电流源并联的电阻负载被放置在汽轮机辅助负载模型上。

考虑到电缆长度，对电缆电容进行建模是重要的。需考虑

* 涡轮机电容器组电容（若有）；
* 集电器电缆的电容；
* 变电站电容器的电容。

可以做一些简化的假设，即三相谐波会被变压器绕组捕获，甚至由于波形对称性而消除谐波，所有涡轮机产生的谐波电流均可以假定为具有相同的相位角。

对于谐波分析，最好从制造商那里获得谐波频谱，用于特定安装。输出滤波器影响传递到交流线路的注入谐波。

图 6.55 为一个用于谐波分析的 100MW 风电场结构（正在计划在一个独立的地点进行 1000MW 的风力发电），图中包括电缆的长度、尺寸，以及源阻抗和变压器阻抗。

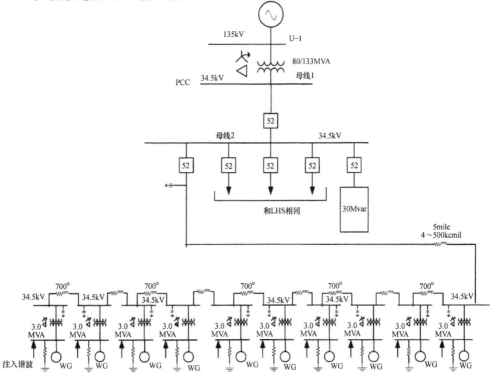

图 6.55　一个 100MW 风电场的结构

表6.21列出了英国能源网络协会推荐的谐波标准。谐波电流频谱通常由制造商提供，表6.22给出了WTG提供的谐波发射情况。第3次谐波不需要建模。

对电网并网本身的一些谐波污染也进行了建模：

- 5次谐波电压 = 3%；
- 7次谐波电压 = 2.0%；
- 11次谐波电压 = 1.5%；
- 13次谐波电压 = 10%；
- 17次谐波电压 = 0.5%。

这些谐波在公用电源处产生的环境谐波失真为4.06%，并且使滤波器的设计变得困难。

容性无功功率总需求为30Mvar，在主变电站总线上以并联电容器形式显示。集电器总线上没有额外的电容器。

表6.21　>20kV 和 <145kV 系统的谐波电压标准

奇谐波		3 的倍数次谐波		偶谐波	
次数	电压（%）	次数	电压（%）	次数	电压（%）
5	2.0	3	2.0	2	1.0
7	2.0	9	1.0	4	0.8
11	1.5	15	0.3	6	0.5
13	1.5	21	0.2	8	0.4
17	1.0	>21	0.2	10	0.4
19	1.0			12	0.2
23	0.7			>12	0.2
25	0.7				
>25	0.2 + 0.5 (25/h)				

表6.22　典型 DFIG 的谐波发射情况

谐波次数	相对基波的谐波电流百分比	谐波次数	相对基波的谐波电流百分比
2	1.0	17	0.76
3	0.51	19	0.42
4	0.43	22	0.33
5	1.32	23	0.41
6	0.42	25	0.24
7	1.11	26	0.2
8	0.42	28	0.15
10	0.61	29	0.27
11	1.52	31	0.24
13	1.91	35	0.35
14	0.50	37	0.26
16	0.37		

为避免谐振问题，已在风电场中使用 ST、DT、LP 和 C 型滤波器。还采用了 STATCOM 和

SVC，这些滤波器的使用减少了谐波污染及谐振问题。

该研究按以下步骤进行：

- 建立无 30Mvar 电容器组的环境谐波模型。
- 确定 30MVA 蓄电池投入使用时的谐振。
- 提供滤波器，使谐波失真水平达到可接受的限度。
- 30Mvar 电容器组/滤波器是否适用于此应用？

下面的图表给出了环境谐波和 30 Mvar 电容器的研究结果。

图 6.56a 和 b 为无 30Mvar 电容器组的频率扫描阻抗角和模量。

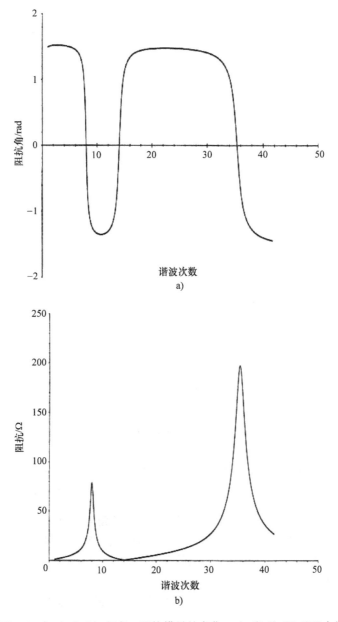

图 6.56　图 6.55 中 a）和 b）相角、阻抗模量的变化；c）和 d）34.5kV 电压等级下，投入 30Mvar 电容器组后，相角、阻抗模量的变化

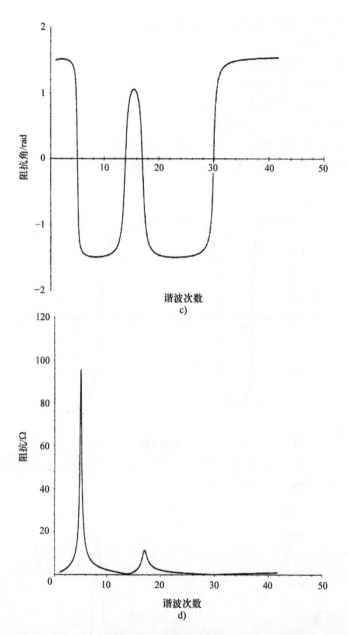

图 6.56　图 6.55 中 a）和 b）相角、阻抗模量的变化；c）和 d）34.5kV 电压等级下，
投入 30Mvar 电容器组后，相角、阻抗模量的变化（续）

图 6.56c 和 d 为投入 30Mvar 电容器组后频率扫描阻抗角度和模量。

图 6.57a 和 b 为无 30Mvar 电容器组的 PCC 处的谐波电压频谱及其波形。

图 6.57c 和 d 为投入 30Mvar 电容器组后的 PCC 处的谐波电压频谱及其波形。

图 6.58a 和 b 为无 30Mvar 电容器组 PCC 处的电流失真及其波形。

图 6.58c 和 d 为 30Mvar 电容器组后投入 PCC 的电流失真及其波形。

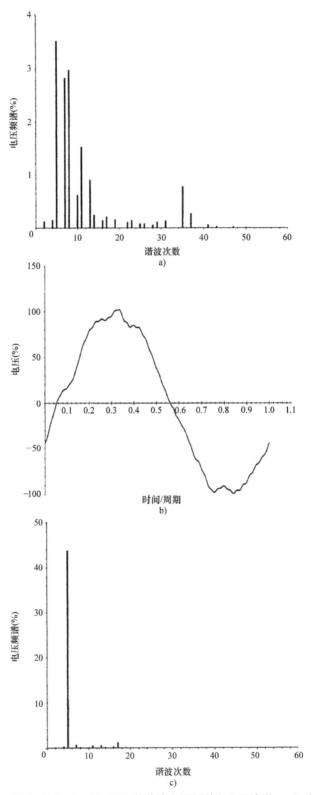

图 6.57　图 6.55 中 a)、b) PCC 处谐波电压频谱和电压波形；c) 和 d) 在
34.5kV 电压等级下，投入 30Mvar 电容器组后，谐波电压频谱和电压波形的情况

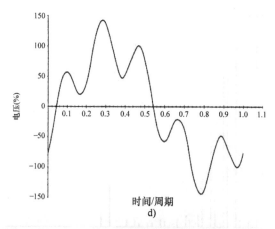

图 6.57　图 6.55 中 a)、b) PCC 处谐波电压频谱和电压波形；c) 和 d) 在
34.5kV 电压等级下，投入 30Mvar 电容器组后，谐波电压频谱和电压波形的情况（续）

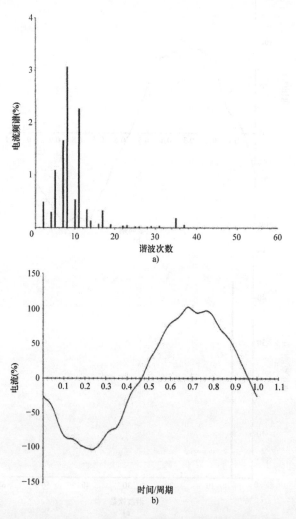

图 6.58　图 6.55 中，a) 和 b) PCC 处谐波电流频谱和电流波形；c) 和 d) 在
34.5kV 电压等级下投入 30Mvar 电容器组后，谐波电流频谱和电流波形的情况

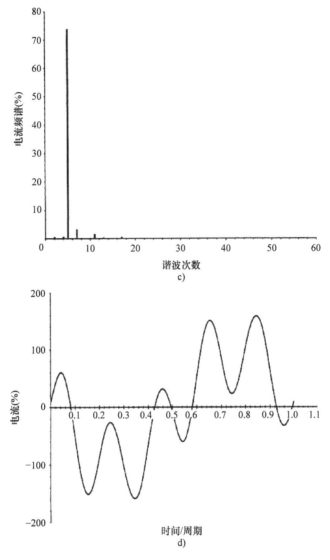

图 6.58　图 6.55 中，a) 和 b) PCC 处谐波电流频谱和电流波形；c) 和 d) 在
34.5kV 电压等级下，投入 30Mvar 电容器组后，谐波电流频谱和电流波形的情况（续）

电流和电压失真的结果也绘制在表 6.23 和表 6.24 中。由表可知，30Mvar 的电容器组在第 5 次谐波时发生谐振，是标称电压的 73.70%，基波电流的 43.82%。图 6.57d 和图 6.58d 中的失真波形说明了这种情况。

研究表明，一个第 5 次谐波滤波器会降低第 5 次谐波失真。如果 30Mvar 电容器组变成第 5 次谐波 ST 滤波器，则 PCC 处的电流失真结果如图 6.59a 所示。第 2 次谐波和第 4 次谐波会发生谐波放大的情况。而调谐频率的改变只能稍微控制这些谐波。

我们尝试了各种筛选滤波器及其类型的策略，发现带阻尼滤波器的两个 ST 滤波器可获得最佳效果。然而，3 个滤波器的容量达到 60Mvar。滤波器设计也受到在 138kV 电源中建模的谐波电压的影响。图 6.59b 为使用这些滤波器在 PCC 处的电流失真情况。

除了谐波控制，我们也不能忽视风电厂的运行状况。由图 6.54 可知，即使使用 30Mvar 滤波器，在低负载下也需要进行一些感性无功补偿。

表 6.23　34.5kV 电压等级下，PCC 处的谐波电流失真情况

谐波次数	30Mvar 电容器退出运行	30Mvar 电容器投入运行	IEEE 限值
基波	1572.3A（100%）	1533.8A（100%）	
2	0.49	0.58	1.0
4	0.29	0.66	1.0
5	1.09	**73.70**	**4.0**
7	1.65	3.27	4.0
8	**3.06**	0.19	**1.0**
10	0.53	0.15	1.0
11	**2.26**	1.53	**2.0**
13	0.34	0.30	2.0
14	0.13	0.11	0.5
16	0.07	0.15	0.5
17	0.32	0.45	1.5
19	0.07	0.07	1.5
22	0.04	0.01	0.375
23	0.05	0.01	0.6
25	0.03	0	0.6
26	0.02	0	0.15
28	0.02	0	0.15
29	0.03	0	0.6
31	0.03	0	0.6
35	0.17	0	0.3
37	0.05	0	0.3
41	0.01	0	0.3
43	0	0	0.3
47	0	0	0.3
50	0	0	0.075

注：1. 允许 TDD＝5%。

2. 30Mvar 电容器退出运行时 TDD＝4.39%，黑体数字代表谐波超过了允许值。

3. 30Mvar 电容器投入运行时 TDD＝73.80%。

表 6.24　34.5kV 电压等级下，PCC 处的谐波电压失真情况

谐波次数	30Mvar 电容器退出运行	30Mvar 电容器投入运行
2	0.12	0.14
4	0.14	0.31
5	3.49	**43.82**
7	2.84	0.72
8	2.98	0.18

（续）

谐波次数	30Mvar 电容器退出运行	30Mvar 电容器投入运行
10	0.65	0.18
11	1.56	0.55
13	0.91	0.58
14	0.23	0.19
16	0.21	0.30
17	0.35	1.20
19	0.11	0.16
22	0.14	0.04
23	0.08	0.04
25	0.08	0.01
26	0.06	0.01
28	0.11	0
29	0.13	0.01
31	0.79	0.01
35	0.26	0
37	0.06	0
41	0.03	0
43	0.02	0
47	0.01	0
50	0.01	0
THD_V	5.90	44.25

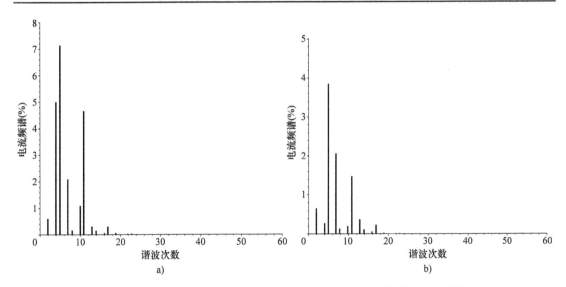

图 6.59　a）配备 30Mvar ST 5 次谐波滤波器时，PCC 处的谐波电流频谱；
b）配备多个 60Mvar 滤波器时，PCC 处的谐波电流频谱

STATCOM 的研究

以上研究表明用 STATCOM 作为可变无功补偿装置是一个合适的选择。它可以根据所需的功率因数和功率输出进行控制。

STATCOM 会产生一些谐波。因此，为了满足精度要求，这些谐波应该进行建模。

STATCOM 向系统提供 30 Mvar 容性无功功率的研究结果，如图 6.60 所示。图 6.60a 和 b 为电压频谱及其波形，图 6.60c 和 d 为 PCC 处的电流频谱及其波形。由图可知，谐波几乎降至环境水平。总结结果如表 6.25 所示。有意思的是，

- 8 次谐波被放大，并在这个频率下发生谐振，超过了 IEEE 的限值。需注意的是，对于发电厂，IEEE 限制对应于 $I_s/I_r < 20$，与实际的 I_s/I_r 无关。
- 这说明了偶次谐波建模的重要性。偶次谐波很可能发生谐振，这种情况是有记录的。
- 相对于 5% 的允许失真水平，PCC 的总电流失真为 3.86%。
- 138kV 市电环境谐波电压失真为 4.06%。如果 PCC 处电压失真限制在 5% 以内，那么 PCC 处的谐波就会进一步降低。

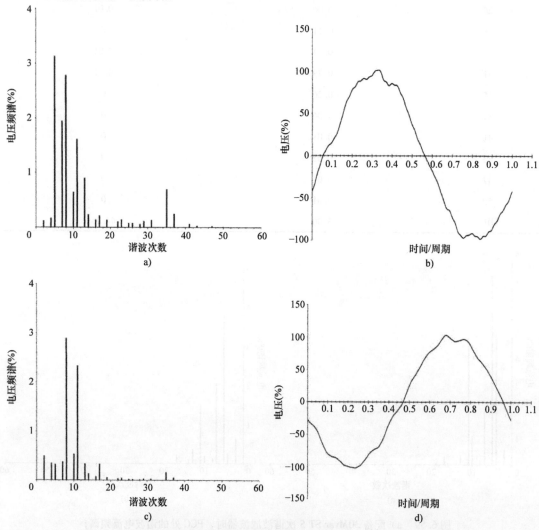

图 6.60　在 PCC 处配备 STATCOM，输出功率为 30Mvar（容性）时的谐波
电压频谱、电压波形、电流频谱、电流波形

通过将容性无功功率的输出降低到 20 Mvar 并安装两个 5Mvar 的 ST 滤波器，可以进一步降低 PCC 处的谐波失真。

在尝试了各种调谐频率和滤波器类型后，选择调谐频率分别为 147 Hz 和 602 Hz 的滤波器。虽然看上去这似乎是一个很奇怪的选择，但是这种选择给出了最小的谐波失真率。由于源端的第 5、7、11、13 和 17 次谐波，调谐到这些频率的滤波器会从源端吸收谐波电流。图 6.61a 和 b 为电压频谱及其波形，而图 6.61c 和 d 为 PCC 处的电流频谱及其波形。

在设计最终确定之前，还应该考虑低负载操作，如本章其他一些研究（见表 6.26）所示，滤波器或滤波器组件的损耗。

表 6.25　34.5kV 电压等级下，配备 STATCOM 时，PCC 处的谐波电流失真

谐波次数	配备 STATCOM	IEEE 限值	电压失真
基波	1572.3A（100%）		
2	0.49	1.0	0.12
4	0.35	1.0	0.17
5	0.32	4.0	3.13
7	0.38	4.0	1.95
8	**2.88**	1.0	2.78
10	0.53	1.0	0.64
11	**2.33**	2.0	1.61
13	0.34	2.0	0.90
14	0.13	0.5	0.23
16	0.07	0.5	0.14
17	0.32	1.5	0.21
19	0.07	1.5	0.13
22	0.04	0.375	0.11
23	0.05	0.6	0.14
25	0.03	0.6	0.08
26	0.02	0.15	0.08
28	0.02	0.15	0.06
29	0.03	0.6	0.11
31	0.03	0.6	0.13
35	0.17	0.3	0.69
37	0.05	0.3	0.25
41	0.01	0.3	0.06
43	0	0.3	0.03
47	0	0.3	0.02
50	0	0.075	0.01

注：1. 允许 THD$_I$ =5%。

　　2. 计算 TDD THD$_I$ =3.86%。黑体数值超过了 IEEE 限值。

　　3. THD$_v$ =5.18%。

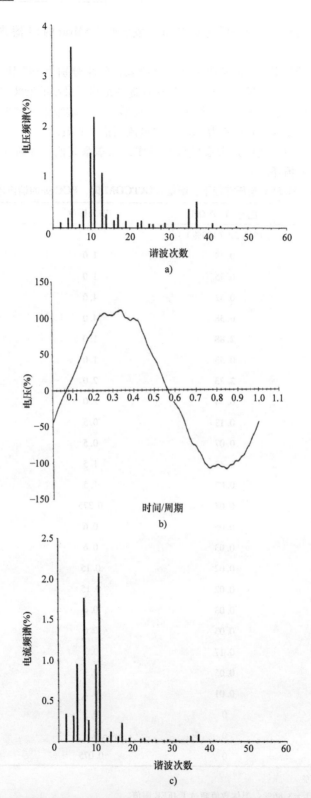

图 6.61　在 PCC 处配备 STATCOM，两个 5Mvar 的 ST 滤波器，输出功率为 20Mvar（容性）时的谐波电压频谱、电压波形、电流频谱和电流波形

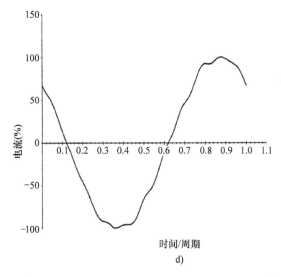

d)

图 6.61 在 PCC 处配备 STATCOM，两个 5Mvar 的 ST 滤波器，输出功率为 20Mvar（容性）时的谐波电压频谱、电压波形、电流频谱和电流波形（续）

表 6.26 34.5kV 电压等级下，PCC 配备 STATCOM 和滤波器的谐波电流失真

谐波次数	配有 STATCOM 和滤波器	IEEE 限值	电流失真[①]
基波	1572.3A（100%）		
2	0.34	1.0	0.10
4	0.31	1.0	0.20
5	0.96	4.0	3.57
7	1.77	4.0	0.07
8	0.26	1.0	0.32
10	0.95	1.0	1.48
11	1.98	2.0	2.19
13	0.04	2.0	1.08
14	0.12	0.5	0.26
16	0.06	0.5	0.15
17	0.23	1.5	0.27
19	0.04	1.5	0.13
22	0.03	0.375	0.11
23	0.04	0.6	0.14
25	0.02	0.6	0.08
26	0.02	0.15	0.07
28	0.01	0.15	0.05

（续）

谐波次数	配有 STATCOM 和滤波器	IEEE 限值	电流失真①
29	0.02	0.6	0.10
31	0.02	0.6	0.11
35	0.07	0.3	0.37
37	0.09	0.3	0.51
41	0.01	0.3	0.09
43	0.01	0.3	0.04
47	0	0.3	0.03
50	0	0.075	0.01

注: 1. 允许 $THD_I = 5\%$ 。

2. 计算 $THD_I = 3.09\%$ 。

3. $THD_V = 4.69\%$ 。

① 原为电压失真，有误。——译者注